高职高专园林专业系列规划教材

园 林 植 物

主　编　夏振平
副主编　李玉舒　赵　敏
参　编　张　艳　裴宝红
主　审　李　夺　李志强

机 械 工 业 出 版 社

本书依据高职高专园林工程技术专业和相关专业的教学基本要求，按照高等职业教育教学改革的要求，以为专业课服务为原则，将植物学、植物生理学、土壤学、肥料学和植物分类学等课程内容进行充分整合，构建成新的结构体系，将理论教学和实践教学融为一体。

全书共分为4个项目、14个任务和34个技能。主要内容包括园林植物的器官、园林植物分类、环境因子对园林植物生长发育的影响、园林花卉、园林树木及草坪的建植与养护等。

本书可作为高职高专园林工程技术及相关业基础课的通用教材，也可供高职高专院校、成人高校及二级职业技术院校、继续教育学院和民办高校的相关专业的学生使用，还可作为相关从业人员的培训教材。

图书在版编目（CIP）数据

园林植物/夏振平主编 . —北京：机械工业出版社，2017.1
高职高专园林专业系列规划教材
ISBN 978-7-111-55361-8

Ⅰ.①园… Ⅱ.①夏… Ⅲ.①园林植物—高等职业教育—教材
Ⅳ.①S688

中国版本图书馆CIP数据核字（2016）第271600号

机械工业出版社（北京市百万庄大街22号 邮政编码100037）
策划编辑：时 颂 责任编辑：时 颂
责任校对：刘秀芝 封面设计：张 静
责任印制：李 洋
三河市国英印务有限公司印刷
2017年1月第1版·第1次印刷
184mm×260mm·14印张·337千字
标准书号：ISBN 978-7-111-55361-8
定价：35.00元

凡购本书，如有缺页、倒页、脱页，由本社发行部调换

电话服务 网络服务
服务咨询热线：010-88379833 机工官网：www.cmpbook.com
机工官博：weibo.com/cmp1952
读者购书热线：010-88379649 教育服务网：www.cmpedu.com
封面无防伪标均为盗版 金书网：www.golden-book.com

高职高专园林专业系列规划教材
编审委员会名单

主任委员： 李志强

副主任委员：（排名不分先后）

迟全元　夏振平　徐　琰　崔怀祖　郭宇珍
潘　利　董凤丽　郑永莉　管　虹　张百川
李艳萍　姚　岚　付　蓉　赵恒晶　李　卓
王　蕾　杨少彤　高　卿

委　　员：（排名不分先后）

姚飞飞　武金翠　周道姗　胡青青　吴　昊
刘艳武　汤春梅　雒新艳　雍东鹤　胡　莹
孔俊杰　魏麟懿　司马金桃　张　锐　刘浩然
李加林　肇丹丹　成文竞　赵　敏　龙黎黎
李　凯　温明霞　丁旭坚　张俊丽　吕晓琴
毕红艳　彭四江　周益平　秦冬梅　邹原东
孟庆敏　周丽霞　左利娟　张荣荣　时　颂

出 版 说 明

近年来，随着我国的城市化进程和环境建设的高速发展，全国各地都出现了园林景观设计的热潮，园林学科发展速度不断加快，对园林类具备高等职业技能的人才需求也随之不断加大。为了贯彻落实国务院《关于大力推进职业教育改革与发展的决定》的精神，我们通过深入调查，组织了全国二十余所高职高专院校的一批优秀教师，编写出版了本套"高职高专园林专业系列规划教材"。

本套教材以"高等职业教育园林工程技术专业教学基本要求"为纲，编写中注重培养学生的实践能力，基础理论贯彻"实用为主、必需和够用为度"的原则，基本知识采用广而不深、点到为止的编写方法，基本技能贯穿教学的始终。在编写中，力求文字叙述简明扼要、通俗易懂。本套教材结合了专业建设、课程建设和教学改革成果，在广泛的调查和研讨的基础上进行规划和编写，在编写中紧密结合职业要求，力争能满足高职高专教学需要，并推动高职高专园林专业的教材建设。

本套教材包括园林专业的16门主干课程，编者来自全国多所在园林专业领域积极进行教育教学研究，并取得优秀成果的高等职业院校。在未来的2~3年内，我们将陆续推出工程造价、工程监理、市政工程等土建类各专业的教材及实训教材，最终出版一系列体系完整、内容优秀、特色鲜明的高职高专土建类专业教材。

本套教材适合高职高专院校、应用型本科院校、成人高校及二级职业技术院校、继续教育学院和民办高校的园林及相关专业使用，也可作为相关从业人员的培训教材。

机械工业出版社
2015 年 5 月

丛 书 序

  为了全面贯彻国务院《关于大力推进职业教育改革与发展的决定》，认真落实教育部《关于全面提高高等职业教育教学质量的若干意见》，培养园林行业紧缺的工程管理型、技术应用型人才，依照高职高专教育土建类专业教学指导委员会规划园林类专业分指导委员会编制的园林专业的教育标准、培养方案及主干课程教学大纲，我们组织了全国多所在该专业领域积极进行教育教学改革，并取得许多优秀成果的高等职业院校的老师共同编写了这套"高职高专园林专业系列规划教材"。

  本套教材包括园林专业的《园林绘画》《园林设计初步》《园林制图（含习题集）》《园林测量》《中外园林史》《园林计算机辅助制图》《园林植物》《园林植物病虫害防治》《园林树木》《花卉识别与应用》《园林植物栽培与养护》《园林工程计价》《园林施工图设计》《园林规划设计》《园林建筑设计》《园林建筑材料与构造》等 16 个分册，较好地体现了土建类高等职业教育培养"施工型""能力型""成品型"人才的特征。本着遵循专业人才培养的总体目标和体现职业型、技术型的特色以及反映最新课程改革成果的原则，整套教材在体系的构建、内容的选择、知识的互融、彼此的衔接和应用的便捷上不但可为一线老师的教学和学生的学习提供有效的帮助，而且必定会有力推进高职高专园林专业教育教学改革的进程。

  教学改革是一项在探索中不断前进的过程，教材建设也必将随之不断革故鼎新，希望使用该系列教材的院校以及老师和同学们及时将你们的意见、要求反馈给我们，以使该系列教材不断完善，成为反映高等职业教育园林专业改革最新成果的精品系列教材。

高职高专园林专业系列规划教材编审委员会
2015 年 5 月

前　言

　　为了满足高职高专教学改革的需要，编者在研究了园林类专业课程体系总体框架的基础上，遵循"以能力为本位，以就业为导向"的职业教育理念，以植物学、植物生理学、土壤学、肥料学和植物分类学为基础，结合专业课教学内容，坚持基本知识"够用"和理论密切联系园林生产实际的理念，构建成新的结构体系，编写了园林类专业基础课教材《园林植物》。本书的特点是：

　　1. 根据园林从业人员职业岗位的需求确定教材内容，减少以学科为体系时的内容重复与遗漏，内容深度以高中毕业文化程度为教学起点，以从事园林类工作的高职层次够用为度。

　　2. 本书的体例新颖，按照项目教学的形式将教学内容划分为相应的学习任务，同时再将任务按照技能点的形式进行编排，每个技能均由技能描述、技能情境、技能实施、技能提示、知识链接、学习评价、复习思考7个部分构成。

　　3. 在表现形式上，尽量以图代文、以表代文，增强了直观性和生动性。

　　通过本课程的学习，学生应具备科学阐释园林植物生长发育规律、分析园林植物生长发育过程中遇到的问题、解决园林植物生产及养护中出现的实际问题等能力。

　　参加本书编写的人员包括：北京农业职业学院的夏振平（前言、项目一中的任务二、任务三、项目二中的任务三、任务四、项目三中的任务四）、北京农业职业学院的李玉舒（项目一中的任务一）、湖州职业技术学院的张艳（项目二中的任务一、任务二、项目四中任务一的技能1）、黑龙江建筑职业技术学院的赵敏（项目三中的任务一、任务二、任务三）、甘肃林业职业技术学院的裴宝红（项目四中除任务一的技能1之外全部内容）。

　　本书由北京绿京华园林工程有限公司总经理李夺及北京农业职业学院李志强主审。本书在编写过程中引用参考了文献中所列作者的文献，在此表示感谢。

　　由于编者水平有限，书中难免有不妥之处，诚请各位专家、同行和广大读者批评指正。

编　者

2016. 07

目　录

项目一 园林植物形态结构识别

【项目引言】

植物器官是由多种组织按一定分布规律构成的，共同担负同一生理功能的结构单位。植物体一般由根、茎、叶、花、果实和种子等器官组成。植物的器官具有特定的形态结构并行使特定的生理功能。

不同的植物因生长环境不同其形态也存在着差异，为了更好地识别和利用园林植物，避免在不同的国家或同一国家不同地区之间出现同物异名或同名异物的混乱现象，同时也为了方便交流，需统一植物名称。园林植物分类也是植物景观设计、植物引种驯化、观赏植物种质资源保护等相关应用的前提。

【学习目标】

本项目主要学习植物器官的形态结构、类别及主要功能，并掌握识别各种器官的方法；了解植物分类的方法、植物分类的系统和植物分类的单位；掌握植物的命名法则；掌握园林植物的不同分类方法并能应用于实践中；重点掌握植物分类检索的方法。

任务一 园林植物基本形态认知

【任务分析】

植物自身的形态特征在营造植物景观的构图和布局时具有重要的作用，它影响着景观的统一性和多样性。只有认识植物自身的形态特征，了解植物的生长类型、生长的高度变化、分枝状况、树冠轮廓等，才能够利用植物自身的形态围合出具有不同私密度及不同使用功能的景观空间。

植物根、茎、叶、花、果的形、色和质对于景观空间的塑造具有不可忽视的作用，它们所表达出来的细部特征可以使景观具有更细致的表达，对渲染景观气氛、表达意境能起到很

1

好的作用。

【任务目标】

（1）熟悉各种园林植物的形态特征及特点。

（2）掌握各种园林植物不同器官的作用、形态及应用价值。

（3）通过学习，能够很好地按照园林植物的形态特征认知各种园林植物。

技能一　园林植物形态识别——根

【技能描述】

（1）能够了解根的结构和主要功能。

（2）能够识别根系的类型。

（3）能够用有关术语描述根的形态特征。

【技能情境】

1. 根系的类型

根据所给材料进行根的形态特点及特征分析，总结根的种类及根系的类型。

2. 根的变态

按照所给定的图片辨别出储藏根（大丽花等）、气生根（榕树等）和寄生根（菟丝子等），同时总结各种变态根的特点。

【技能实施】

一、目的要求

掌握植物根及根系的形态特征，能够独立观察根尖的主要形态特征以及根瘤的结构。

二、相关材料工具

（1）材料。毛叶秋海棠，浸泡过的高羊茅和白三叶种子，根瘤永久制片，花生或白三叶根的标本。

（2）工具。显微镜，放大镜，刀片，镊子等。

三、实施过程

1. 根及根系的观察

分小组进行观察，每组5～6人。

每组选取生长健壮、充分成熟的毛叶秋海棠叶片，剪去叶柄及叶缘薄嫩部分，并在背面叶脉上用小刀切些横口，然后将叶片平铺在细砂或草炭与沙土各半的基质上，用竹签将叶脉固定，使之紧贴基质不断吸收水分，以后在切口处即可长出根来并发芽长成小植株。这种由叶片扦插长出的根为（　　）。

每组取白三叶的种子若干，均匀、整齐地摆放于垫有4～5层吸水纸的培养皿内，洒上水（让纸浸透），再盖上两层湿润的吸水纸，放在室温下培养，观察生根情况。这种由种子培育长出的根来源于种子中的（　　），属于（　　）。

选择经吸涨萌发 5～7d 的高羊茅和白三叶的幼苗,观察高羊茅与白三叶植物的根。白三叶的主根发达、明显,极易与侧根相区别,由这种主根及各级侧根组成的根系属于(　　)。高羊茅的主根不发达,早期停止生长或枯萎,由茎基部节上产生大量的不定根,这些不定根继续发育形成分枝,整个根系形如须状,这种根系称为 (　　)。

2. 根尖的观察

选择经吸涨萌发 3～4d 的高羊茅的幼苗,取其直而生长良好的幼根置于载玻片上进行观察。幼根上有一区域密布白色绒毛,为 (　　)(成熟区);根尖的最先端微黄而略带透明的部分是 (　　),呈帽状罩在分生区外面;紧接其后的是 (　　);在分生区与根毛区之间是 (　　)。注意:成熟区与根冠分界十分明显,而分生区和伸长区的界限并不清楚,想想这是为什么?

3. 根瘤的观察

取花生或白三叶根的标本,观察其上的根瘤。不同植物根瘤的形状不同。取花生或白三叶根瘤永久制片,依据根的特点,区分根的结构和根瘤部分。根瘤的外围是栓质化的细胞,其内为薄壁细胞,是根的皮层细胞受到刺激而畸形增生的结果,中央部分为含菌细胞,根瘤菌充满在细胞质中,呈 (　　)状。

【技能提示】

(1) 根多数分布在园林植物的地下部分,尤其是一些园林植物的根系分布较广,在观察过程中往往存在困难,因此在此技能操作中,要获取足够的高清晰图片,同时也可以结合现场条件,挖掘出相应的园林植物 (尽可能少伤根系,有条件的也可以用水洗的方法来实现)。

(2) 在根系分类实训中,要结合本地的园林植物种类选择不同的根系进行安排,同时要总结出各种根系的特征及分布特点。

【知识链接】

一、根的功能

1. 吸收

根能够从土壤中吸收水分及溶解于水中的无机盐,也能够吸收一部分二氧化碳作为光合作用的碳源。根系还能够吸收利用一些小分子有机物,如某些氨基酸、磷酸脂、可溶性糖、有机酸、维生素、抗生素及植物激素等。

2. 固定与支持

庞大的根系内部有许多机械组织,能将植物体牢牢地固着在土壤中,并支持地上部分,使茎、叶能够伸展在空中,以利于它们行使各自承担的生理功能。

3. 转化与合成

根系能够将从土壤中吸收的无机氮 (硝酸盐和铵盐) 转变成有机氮 (氨基酸、酰胺、多肽等),将无机磷转变成有机磷,如糖磷脂、磷酸胆碱、核蛋白和拟脂等。一些块根还能将叶部运来的可溶性糖 (蔗糖、单糖、磷酸脂) 转化成不溶性碳水化合物和淀粉。

4. 分泌

根系能向周围环境分泌许多有机物和无机物。分泌的有机物有氨基酸、磷脂、维生素、有机酸、碳水化合物等，分泌的无机物有二氧化碳、磷、钾、钙、硫等。

5. 储藏营养物质和繁殖

根的薄壁组织比较发达，常可储藏养分。有的植物如萝卜、胡萝卜、甜菜、甘薯等的根特别肥大，成为储藏有机养料的器官。

二、根的种类

根据根的发生部位不同，可分为主根、侧根和不定根。由种子的胚根发育形成的根称为主根，主根上产生的各级大小分枝都称为侧根。主根和侧根都是从植物体的固定部位生长出来的，均属于定根。还有许多植物能从茎、叶、老根或胚轴上产生根，这些根称为不定根（表1-1）。

表1-1　根的种类

根的种类	图　例	根的来源	定　义
定根	主根 侧根	种子的胚根	用种子播种发育成的根
不定根	杨树扦插生根　秋海棠叶片上不定根	胚轴、茎、叶等部位	扦插、压条等无性繁殖产生的根

三、根系的类型

植物地下部分所有根的总体称为根系。根系可分为直根系和须根系两种类型（表1-2）。

表1-2　根系的类型

根系种类	图　例	根系组成	实　例
直根系		由明显而发达的主根及各级侧根组成的根系	一般裸子植物及大多数双子叶植物的实生苗多为直根系，如油松、刺槐、毛白杨等

（续）

根系种类	图　例	根系组成	实　例
须根系	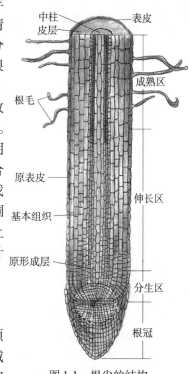	主根不发达或早期死亡，而由茎的基部节上生出许多大小、长短相似的不定根组成的根系	一般单子叶植物为须根系，如竹类、百合、吊兰等

1. 直根系

主根粗壮发达，能明显区分主根和侧根，由定根组成的根系。

2. 须根系

主根不发达，不能明显区分主根和侧根，由不定根组成的根系。

根系在土壤中分布的深度和广度因植物种类、生长发育状况、土壤条件和人为影响等因素而不同。根据根在土壤中的分布状况，通常把根系分为深根系和浅根系。

直根系多为深根系，其主根发达，根系深入土层可达3～5m，甚至10m以上；须根系则多为浅根系，通常浅根系的侧根和不定根较发达并主要分布在土壤表层。一般直根系由于主根长，可以向下生长到较深的土层中，形成深根系，能够吸收到土壤深层中的水分；而须根系由于主根短，侧根和不定根向周围发展，形成浅根系，可以迅速吸收地表和土壤浅层的水分。直根系并不都是深根系，须根系也并不都是浅根系，由于环境条件的改变，直根系可以分布在土壤浅层，须根系也可以深入到土壤深处，如高羊茅的须根系在雨量多的情况下，根入土较深，雨量少的情况下，根则主要分布在表层土壤中；松树的直根系在水分适中、营养比较丰富的土壤中，主根适当向下生长，侧根向四周扩展形成浅根系。

植物生长时，地上部分与地下部分，或者说根系的吸收表面积与地上部光合作用总面积之间维系着一定的平衡关系。幼小的植物根系的吸收表面积总是远远大于地上部光合作用总面积，然而随着植物体的生长，这种关系逐渐改变，光合作用总面积不断增加。因此在农林生产以及园艺生产中，我们应当注意生产措施对这种平衡关系的影响，并适时做出调整。如进行植物移栽时，大量的吸收根被切断，植物体地上部分与地下部分的平衡关系被破坏，因此适当剪掉一些枝叶有利于移栽植物的成活。

四、根的构造

1. 根尖及其分区

根尖是指从根的最顶端到着生根毛的部位。根尖从顶端起依次分为根冠、分生区、伸长区、成熟区四个区域（图1-1），成熟区由于具有根毛又被称为根毛区。各区的细

图1-1　根尖的结构

胞形态结构不同，从分生区到成熟区逐渐分化成熟，除根冠外，各区之间并无严格的界线，各区域的主要特点及功能不同（表1-3）。

表1-3　根尖及其分区

根尖分区	所在位置	细胞特点	功能
根冠	位于根尖的最前端	薄壁细胞，外层细胞排列疏松，细胞壁常黏液化	保护根尖免受土壤颗粒的磨损；感觉重力的部位，保持根的向地性生长
分生区	位于根冠上方	全部由顶端分生组织细胞构成，分裂能力强	分裂产生的细胞一部分补充到根冠，以补充根冠中损伤脱落的细胞；大部分细胞进入根后方的伸长区，是产生和分化成根各部结构的基础
伸长区	位于分生区的上方	细胞多已停止分裂，突出的特点是细胞显著伸长	伸长区细胞的延伸，使得根尖不断向土壤深处推进
成熟区	位于伸长区的上方	细胞停止伸长，分化出各种成熟组织；表皮细胞的外壁向外突起生长成毛状，称为根毛	植物体吸收土壤养分的主要部位

2. 双子叶植物根的构造

（1）根的初生构造（图1-2）。在根尖的成熟区已分化形成各种成熟组织，这些成熟组织是由顶端分生组织细胞分裂产生的细胞经生长分化形成的，称为根的初生构造，这种由顶端分生组织活动所进行的生长称为顶端生长。由根毛区横切，可见根的初生构造由外至内可分为表皮、皮层和中柱三部分。

（2）根的次生生长和次生构造（图1-3）。大多数双子叶植物和裸子植物的根在完成初生生长后，由于次生分生组织——维管形成层和木栓形成层具有旺盛的分裂能力，使根不断地增粗，这个过程称为次生生长，由它们产生的次生维管组织和周皮共同组成的构造称为次生构造。

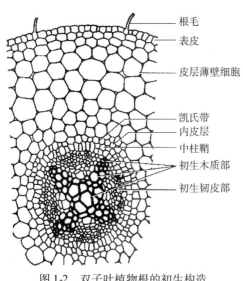

图1-2　双子叶植物根的初生构造

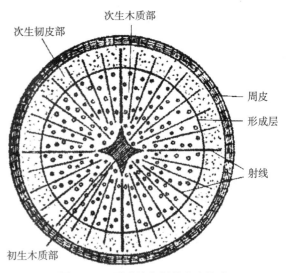

图1-3　双子叶植物根的次生构造

（3）禾本科植物根的结构特点（图1-4）。禾本科植物属于单子叶植物，其根的结构也是由表皮、皮层和中柱三部分组成，与双子叶植物根的结构相似但也有不同。禾本科植物的根没有维管形成层和木栓形成层，不能进行次生生长，不能形成次生结构。

右侧标注（从上到下）：
表皮
厚壁组织
皮层薄壁细胞
内皮层
通道细胞
中柱鞘
原生木质部
后生木质部
髓
原生韧皮部
后生韧皮部

五、侧根的发生

1. 侧根的起源

侧根起源于根中柱鞘的一定部位。由于中柱鞘位于根内部，这种起源方式称为内起源。

2. 侧根的形成过程

中柱鞘细胞恢复分裂形成侧根原基，侧根原基分化产生根冠及生长点，经生长穿过内皮层、表皮进入土壤成为侧根。

图1-4　禾本科植物根的结构

六、植物根系与根际微生物的关系

植物的根与土壤中的微生物有着密切的关系，两者形成特定的结构，彼此互利。土壤中的微生物从根的组织内得到所需物质，而植物同样由于微生物的代谢而得到好处，两种物质生活在一起并相互有利的关系称为共生。根际微生物有细菌、放线菌、真菌、藻类、原生动物等。

1. 根瘤（图1-5）

根瘤是由于土壤中的根瘤菌侵入根内而生成的。根瘤菌的最大特点是具有固氮作用，根瘤菌中的固氮酶能将空气中游离的氮转变为氨，供给植物生长发育，同时它也可以从根的皮层细胞中吸取其生长发育所需的水分和养料。

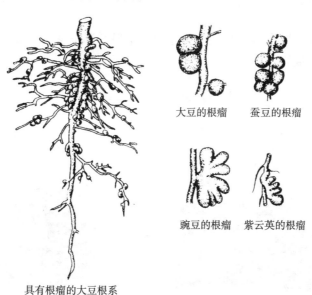

大豆的根瘤　　蚕豆的根瘤

豌豆的根瘤　　紫云英的根瘤

具有根瘤的大豆根系

图1-5　几种豆科植物的根瘤

2. 菌根（图1-6）

菌根是植物的根与真菌的共生体，有外生菌根、内生菌根、内外生菌根等类型。其功能是：

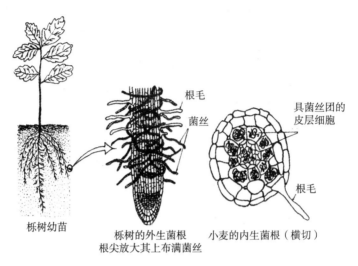

图1-6　菌根（外生菌根、内生菌根）

（1）扩大了根与土壤水分、无机盐的接触面积，加强了根的吸收能力。

（2）产生生长活跃物质，刺激根系发育。

七、根的变态

植物的营养器官（根、茎、叶）由于长期适应周围环境，会在形态结构及生理功能上发生变化，成为该种植物的遗传特性，并已成为这种植物的鉴别特点，这就是变态。

根的变态主要有以下几种类型：

1. 储藏根

根据来源可分为肉质直根（图1-7）（主要由主根发育而成）和块根（图1-8）（主要由不定根或侧根发育而成）两类。

图1-7　甜菜的肉质直根

图1-8　大丽花块根

2. 气生根（图1-9）

露出地面，生长在空气中的根均称为气生根。根据生理功能不同分为以下几种类型：

（1）支持根。生长在地面上空气中的根称为支持根。这些在较近地面茎节上的不定根不断延长后，根先端伸入土中并继续产生侧根，成为增强植物整体支持力量的辅助根系，因此也称为支柱根。

（2）攀援根。有些藤本植物从茎的一侧产生许多很短的不定根，这些根的先端扁平，常可分泌黏液，易固着在其他树干、山石或墙壁等物体的表面并攀援上升，这类气生根称为攀援根。

（3）呼吸根。一些生长在沼泽或热带海滩地带的植物如水松、红树等，可产生一些垂直向上生长、伸出地面的支根，这些根中常有发达的通气组织，称为呼吸根。

3. 寄生根（图1-10）

寄生植物如菟丝子，以茎紧密回旋缠绕在寄主的茎上，叶退化成鳞片状，以突起状的根伸入寄主的茎组织内，彼此维管组织相通，吸取寄主体内的养料和水分，这种根称为寄生根，也称为吸器。

图1-9　气生根

图1-10　寄生根

【学习评价】

一、自我评价

1. 如何区别直根系与须根系？举例说明。
2. 根尖可分为几个区域？各区域有何特点和功能？
3. 举例说明根的变态类型，变态后各有什么功能？
4. 根瘤是怎样形成的？主要作用是什么？
5. 列表比较双子叶植物与单子叶植物根的结构特点。

二、小组评价

小组评价见表1-4。

表1-4　小组评价

序　　号	评价项目	评价情况	
1	小组成员一直都能准时并有所准备地参加小组工作	□能	□不能
2	为了完成小组工作，各自利用业余时间做了相关准备	□是	□否
3	大家对团队的工作成果满意	□是	□否
4	在小组中，大家都能彼此信任	□能	□不能
5	所有成员都对小组工作提出了自己的想法与意见	□是	□否
6	小组内的良好合作建立在所有成员都能礼貌待人的基础上	□是	□否

三、教师评价

1. 对实施观察的点评。

2. 对学习过程的总体评价。

【复习思考】

1. 名词解释。

根系　定根　根瘤　菌根

2. 植物的根对植物有何作用？

3. 植物根的变态类型包括哪些种类？各有何特点？

技能二　园林植物形态识别——茎

【技能描述】

茎是植物体地上部分联系根和叶的营养器官，少数植物的茎生于地下。

通过本技能的学习，能够：

（1）了解茎的五大作用（支持作用、疏导作用、储藏作用、繁殖作用、光合作用）。

（2）熟悉各种园林植物茎的特点及形态特征。

（3）能够根据茎的形态特征识别常见园林植物。

（4）能够识别芽的类型、茎的分枝类型与生长习性。

（5）能够用有关术语描述茎的形态特征。

【技能情境】

1. 茎的种类

选取常见园林植物的茎8～10种，根据所给材料进行茎的形态特点及特征分析，总结茎的类型及分枝方式，同时总结芽的类型。

2. 茎的变态

选取本地常见园林植物地下变态的茎3～5种，分析并总结各类变态茎的形态特征（根状茎、块茎、鳞茎、球茎）。

选取本地常见园林植物地上变态的茎 3 ~ 5 种，分析并总结各类变态茎的形态特征 ［枝（茎）刺、肉质茎、叶状茎、茎卷须］。

【技能实施】

植物茎的观察

一、目的要求

通过观察，掌握茎的基本形态及芽的基本结构，能正确区分长枝与短枝。

二、相关材料工具

（1）材料：3 年生木本植物的枝条，银杏或苹果的枝条。

（2）工具：放大镜，刀片，镊子，解剖镜等。

三、实施过程

1. 茎的基本形态的观察

分小组进行观察，每组 5 ~ 6 人。

（1）每组取 3 年生木本植物（核桃、杨属等）的枝条（最好带着侧枝），观察分析它的形态特征。

1）茎上着生叶的位置叫（　　），两节之间的部分叫（　　）。

2）着生于枝条顶端的芽叫（　　），着生在叶腋处的芽叫（　　），也称（　　）。

3）叶脱落后在茎上留下的痕迹，叫（　　），在叶痕上的点状突起是叶柄与枝条中的维管束断离后留下的痕迹，叫（　　）。

4）（　　）是芽发育为新枝时，芽鳞脱落后留下的痕迹。常在茎的周围排列成环状，根据枝条上（　　）的数目可以判断它的生长年龄。

（2）长枝与短枝的区分。观察银杏枝条，注意区分长枝与短枝。（　　）的节间较长，（　　）的节间极具缩短，生长很慢，一般果树只在短枝上开花结果，所以也叫（　　）。银杏的叶片多呈（　　），在长枝上为单叶（　　），在短枝上为 4 ~ 14 片叶（　　）。注意：不同植物节间长短是否一致？

2. 观察芽的结构

任选一种植物的叶芽，用双面刀片将其从正中纵剖，放在双目解剖镜下观察。芽顶端为（　　），中间为（　　），两侧为（　　）和（　　），还有幼叶叶腋内的腋芽原基，鳞芽的外围还有芽鳞（片）包围。温带地区的木本植物，越冬枝条上的芽多有芽鳞的保护，属于（　　）。一般草本植物芽外没有芽鳞的包被，属于（　　）。

【技能提示】

茎是植物体地上部分联系根和叶的营养器官，少数植物的茎生于地下。因此在技能实训中要尽可能多地结合实例进行案例分析，同时，根据季节的不同变态茎的形态会发生变化，建议在教学过程中要与植物生长的物候期相结合。

在茎上着生的叶、花、果实等内容的认知需结合本地植物资源特点进行实物教学，增强学生的实践认知能力。

【知识链接】

一、茎的基本形态与生理功能

1. 茎的基本形态

茎是植物体地上部分联系根和叶的营养器官，少数植物的茎生于地下。由于多数植物体的茎顶端具有无限生长的特性，因此可以形成庞大的枝系。从茎的质地上看，茎内含木质成分少的称为草本植物，而木质化程度高的植物茎往往长得高大，称为木本植物。多数植物的茎呈圆柱形，但也有少数植物的茎呈三棱形（如莎草）、四棱形（如蚕豆）或扁平柱形（如仙人掌）。

茎上通常着生有叶、花和果实。着生叶和芽的茎称为枝或枝条。茎上着生叶和芽的位置称为节，两节之间的部分称为节间。节和叶之间的夹角称为叶腋，叶腋处的芽称为腋芽，茎顶端的芽称为顶芽。叶脱落后在茎上留下的痕迹称为叶痕，叶痕上可见的点状突起称为叶迹（维管束痕），叶迹是叶柄与枝条相连的维管束断离后留下的痕迹。芽鳞脱落后在茎上也留下芽鳞痕，根据芽鳞痕可以辨别茎的生长年龄和生长量。皮孔为茎表面突起的裂缝状小孔，是通气结构，叶痕、叶迹和皮孔都是木本植物冬态的鉴别特征（图1-11）。

节间较长的正常枝条称为长枝，节间显著缩短的枝条称为短枝。一般短枝着生在长枝上，能生花结果，所以又称结果枝。如银杏（图1-12）、金钱松、雪松、梨和苹果等均有明显的长短枝之分。

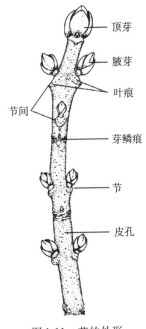

图1-11 茎的外形

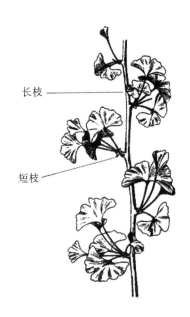

图1-12 银杏的长枝和短枝

2. 茎的生理功能

茎是植物体的枝干，包括植物的主干（主茎）和侧枝（枝条）。茎的主要功能是支持作用和输导作用。叶片合成的有机物通过茎的韧皮部运送到根、幼叶以及发育中的花、果实和种子中，而根从土壤中吸收的水分和无机盐则经木质部运送到植物体的各个部分。茎中的纤维和石细胞主要起支持作用，同时茎中的导管和管胞也有一定程度的支持功能。有些植物的茎还有储藏营养物质和繁殖的作用，如杨树、紫薇、蔷薇等许多树种均可用扦插法进行繁殖。

二、芽的结构和类型

1. 芽的结构

芽是茎上处于幼态未伸展的枝、花或花序，也就是枝、花或花序尚未发育前的雏体。如果把一个芽纵切（图 1-13），可以看到以下结构：

（1）芽轴。芽的中央轴，芽的各部分均着生其上，是未发育的茎。

（2）生长锥。芽的中央轴顶端的分生组织。

（3）叶原基。生长锥周围的一些小突起，是叶的原始体。

（4）幼叶。生长锥周围的大型突起，将来形成成熟的叶。

（5）腋芽原基。生长在幼叶腋内的突起，将来形成腋芽。

（6）鳞片。包围在芽的外面，起保护作用。

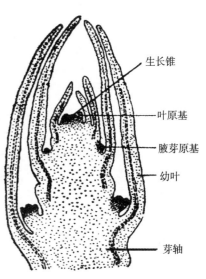

图 1-13 芽的结构

2. 芽的类型

根据生长的位置、性质、结构、用途和生理状态可将芽分为多种类型（表 1-5）

表 1-5 芽的类型

分类依据	芽的类型	实 例	特 点
按芽在枝上的位置分类	定芽	顶芽　侧芽　并生芽　叠生芽　柄下芽	着生位置固定即指顶芽（顶端）和腋芽（叶腋） 一个叶腋处通常只有一个腋芽，但有些植物一个叶腋处的腋芽不止一个，中央的为主芽（腋芽），旁边的为副芽。两个或两个以上的芽并列在一起的称为并生芽，如桃等；两个或两个以上的芽上下叠在一起称为叠生芽，如紫穗槐等；叶柄基部膨大成鞘状，把芽覆盖称为柄下芽，如悬铃木等
	不定芽	秋海棠叶上的芽	从茎的节间、叶片、根等部位长出的芽，如秋海棠叶上的芽、刺槐生在根上的芽等

（续）

分类依据	芽的类型	实　例	特　点
按芽发育后形成的器官分类	枝芽	幼叶 生长锥 叶原基 腋芽原基 忍冬	将来发育成枝、叶的芽
	花芽	芽鳞 花萼 花冠 雌蕊 雄蕊 桃	将来发育成花、花序的芽，外观较叶芽肥大
	混合芽	芽鳞 幼花 幼叶 苹果	发育成枝、叶、花的芽，如苹果、梨、海棠等的芽
按芽鳞的有无分类	鳞芽		芽外有芽鳞包被，预防冬天的低温和干旱，芽鳞是起保护作用的变态叶，如杨树、玉兰等的芽
	裸芽		芽外没有芽鳞包被，只有幼叶包住，如枫杨、苦木等的芽

（续）

分类依据	芽的类型	实　　例	特　　点
按芽的生理活动状态分类	活动芽	一年生草本植物的植株上，多数芽都是活动芽	在生长季节活动的芽，即能在当年生长为枝叶或花、花序的芽
	休眠芽	温带的多年生木本植物枝条上，近下部的许多腋芽在生长季节往往是不活动的，暂时保持休眠状态	茎基部的芽，不活动呈休眠状态。休眠芽能使植物体内的养料有大量的储备，在植株受到创伤或虫害时才打破休眠开始活动，形成新枝，这是植物长期适应外界环境的结果

三、茎的分枝方式

1. 分枝类型

分枝是植物生长的普遍现象。茎的分枝能增加植物的体积，使植物充分利用阳光和外界物质，有利于繁衍后代。种子植物的分枝方式一般有单轴分枝、合轴分枝和假二叉分枝三种类型（图 1-14）。

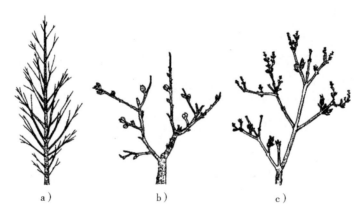

图 1-14　茎的分枝方式图解
a）单轴分枝　b）合轴分枝　c）假二叉分枝

（1）单轴分枝，又称总状分枝。主茎的顶芽生长旺盛，形成直立粗壮的主干，侧芽相继展开，形成细的侧枝，侧枝以同样方式再形成次级分枝，各级分枝由下向上依次细短，形成尖塔形、圆锥形树冠，这种分枝方式称为单轴分枝。多数裸子植物如水杉、松、柏等，部分被子植物如杨、山毛榉等都属于单轴分枝。单轴分枝的树木高大挺直，出材率较高，适用于建筑、造船等。

（2）合轴分枝。顶芽生长活动一段时间就停止生长或分化为花芽，由靠近顶芽的侧芽代替它生长发育形成侧枝，侧枝又以同样的方式分枝，最后形成多折的主轴，这种分枝方式称为合轴分枝，如苹果、无花果、桃等。合轴分枝植株的上部或树冠呈开展状态，既提高了支持和承受能力，又使枝叶繁茂、通风透光，有效地扩大了光合作用面积，较单轴分枝是先进的分枝方式。

（3）假二叉分枝。具有对生叶序的植物，主茎顶芽生长到一定时期停止发育甚至死亡，或顶芽是花芽，顶芽下面的两个侧芽同时生长形成两个侧枝，侧枝再以同样的方式分枝，这种分枝方式称为假二叉分枝，如丁香、石竹、泡桐等。

2. 禾本科植物的分蘖

分蘖是禾本科植物的特殊分枝方式，它是从靠近地面的茎基部产生分枝，并在其基部产生不定根，如小麦、水稻等（图1-15）。

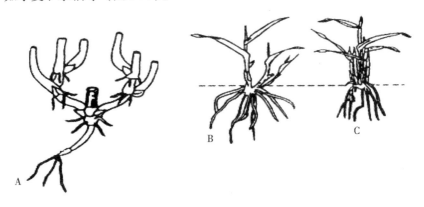

图1-15 禾本科植物的分蘖

四、茎的生长习性

植物的茎在长期进化过程中，为适应外界环境，使叶尽可能地充分接受阳光照射、制造营养物质，形成了直立茎、缠绕茎、攀援茎、匍匐茎和平卧茎五种类型（表1-6）。

表1-6 茎的生长习性

茎的生长习性	图　例	特　点	实　例
直立茎		茎直立向上（背地性）生长，较为常见	如松、柏、杨等
缠绕茎		茎细长柔软、不能直立，缠绕于支持物上升	如茑萝、牵牛、何首乌等

（续）

茎的生长习性	图 例	特 点	实 例
攀援茎		茎细长柔软、不能直立，依靠它物支持才能向上生长	按照攀援结构的性质可分为以下几种：卷须，如葡萄等；吸盘，如爬山虎等；钩刺，如白藤等；不定根，如常春藤、络石等
匍匐茎		茎细长柔软，沿地面蔓延生长，一般节间较长，在接近地面处的节上能长出不定根，生长成新株。生产上可利用这一特性进行繁殖	如草莓、酢浆草等
平卧茎		茎平卧于地面上，节上不产生根	如地锦等

五、茎的变态

茎的变态类型很多，按变态发生的位置可分为地下茎的变态和地上茎的变态两大类。

1. 地下茎的变态

地下茎的形态结构虽然发生了明显的变化，转变为储藏或营养繁殖的器官，但仍具有茎的基本特征。常见地下茎的变态可分为四类（表1-7）。

表1-7 地下茎的变态

类 型	主要特点	图 例	主要功能	实 例
根状茎	由多年生植物的茎变态形成的，横卧于地下、形状似根	节间 不定根 节 莲藕	节上可产生不定根，具有繁殖能力	如莲藕、姜、芦苇、竹、白茅等

（续）

类　型	主要特点	图　例	主要功能	实　例
块茎	由茎的侧枝变态形成的短粗的肉质地下茎，一般呈不规则的块状	顶芽 侧芽 马铃薯	储藏组织特别发达，内含丰富的营养物质	如马铃薯、菊芋等
鳞茎	扁平或圆盘状的地下变态茎，鳞茎盘上着生多层肉质鳞片叶	水仙	营养物质主要储存在肥大的变态叶中，鳞片起保护作用	如洋葱、水仙、百合等
球茎	植物主茎基部膨大形成的球形、扁球形或长圆形的变态茎	荸荠	储有大量的营养物质，供营养繁殖之用	如荸荠、慈姑、唐菖蒲、番红花等

2. 地上茎的变态

地上茎的变态可分为四种类型（表1-8）。

表1-8　地上茎的变态

类　型	主要特点	图　例	主要功能	实　例
茎（枝）刺	植物的部分茎变成刺状，分枝或不分枝		保护作用	如山楂、月季、皂荚、柑橘等

（续）

类　　型	主要特点	图　　例	主要功能	实　　例
肉质茎	由茎变态形成的，肥厚多汁，呈绿色，有肉质状、球状、柱状等多种形态		储藏水和养料，光合作用	如仙人掌类的肉质植物
叶状茎	叶完全退化或不发达，茎扁化变态形成绿色的叶状体		光合作用	如竹节蓼、昙花、文竹、假叶树等
茎卷须	由茎变态形成的具有攀援功能的卷须		攀援作用	如南瓜、葡萄等藤本植物

六、茎的构造

（一）双子叶植物茎的结构

1. 双子叶植物茎的初生结构

由茎顶端的分生组织经过分裂、伸长和分化而产生的结构，称为双子叶植物茎的初生结构。从横切面看，该结构由表皮、皮层和维管柱三部分组成（图1-16）。

（1）表皮。表皮是幼茎最外面的一层细胞。表皮上有气孔、角质层、表皮毛等附属物。表皮起保护作用，气孔则是植物体与外界进行气体交换的通道。

（2）皮层。皮层位于表皮和维管柱之间。靠近表皮部位常有一至数层厚角细胞，内含叶绿体，故幼茎呈绿色而且能进行光合

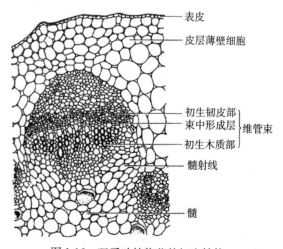

图1-16　双子叶植物茎的初生结构

表皮
皮层薄壁细胞
初生韧皮部
束中形成层
初生木质部
髓射线
髓
维管束

19

作用，厚角细胞对幼茎还具有机械支持作用。

（3）维管柱。维管柱位于皮层以内，由维管束、髓和髓射线三部分组成。

2. 双子叶植物茎的次生结构

在初生结构的基础上，由茎的次生分生组织（形成层、木栓形成层）的细胞经过分裂、生长和分化形成的次生维管组织和周皮合称为茎的次生结构。双子叶植物茎的次生结构由外向内包括周皮（木栓层、木栓形成层、栓内层）、皮层（有或无）、初生韧皮部、次生韧皮部、维管形成层、次生木质部、初生木质部、髓（有或无）和维管射线。

（二）年轮的形成

温带的木本植物，次生木质部的横切面上有很多同心的环纹，一般每年一轮，称为年轮。春天气候温和、雨水较多，维管形成层的活动较强，所产生的次生木质部量多、壁较薄、细胞较大、材质疏松、颜色较淡，叫早材（春材）；夏末秋初天气转冷，干、旱，形成层活动慢慢减弱，形成的次生木质部量少、壁较厚、细胞较小、颜色较深、材质坚实，叫晚材（夏材）。早材和晚材就是一个年轮，早材和晚材逐渐过渡，上年晚材和今年早材有明显分界，这个界线叫年轮线（图1-17）。

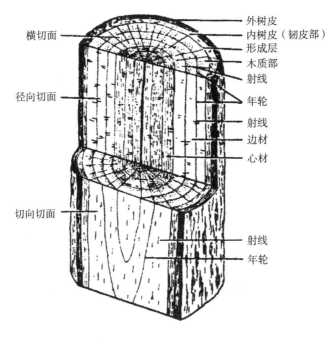

图1-17　木材三切面

（三）周皮与树皮

1. 周皮

由木栓层、木栓形成层、栓内层组成。

2. 树皮

林业采伐木材加工上把木质部以外的剥离部分称为树皮，它包括了形成层以外的部分。

【学习评价】

一、自我评价

1. 取一段完整的枝条，描述其各个部分。

2. 植物茎的分枝方式有哪些？各有何特点？

3. 在校园内选取丁香、大叶黄杨、杨、枫杨、桃、悬铃木、苹果和梨等的枝条，从芽着生的位置、结构、生理状态来判断枝条上芽的类型。纵剖其中的芽，辨别芽的性质是叶芽、花芽还是混合芽？通过观察发现花芽和叶芽有何区别？

4. 茎的主要生理功能有哪些？

5. 茎有哪些变态类型？变态后有什么功能？

二、小组评价

小组成员：_____

1. 在我的小组团队工作中，我非常满意的是：_____

_____

2. 在我的小组团队工作中，干扰我的是：_____

_____

3. 在下次小组团队工作中，我想从下面几个方面进行改善（请说明理由）：_____

_____

三、教师评价

1. 对实施观察的点评。

2. 对学习过程的总体评价。

【复习思考】

1. 名词解释。

年轮　年轮线　早材　晚材

2. 填空。

芽的类型：_____

（1）按位置分：_____

_____

（2）按芽鳞有无分：_____

（3）按性质分：_____

（4）按芽的生理活性分：_____

技能三　园林植物形态识别——叶

【技能描述】

（1）了解叶的组成与主要功能。

（2）能够识别叶的类型及叶序。

（3）能够用有关术语描述植物叶的形态特征。

【技能情境】

（1）根据本地区的园林植物资源情况，选择15～20种常见园林植物的实物标本（叶的形状及种类没有重复），总结其叶的形态特征。

（2）观察所给叶的叶基、叶尖、叶缘、叶裂的形态及叶脉的类型等，进行识别及特征总结。

【技能实施】

植物叶片的观察

一、目的要求

了解叶片的组成，能区分单叶与复叶。

二、相关材料工具

（1）材料。各种形态的叶的蜡叶标本，天竺葵、紫荆、七叶树、五叶地锦、柑橘、槐树、合欢、栓皮栎、梧桐、苹果、玉簪等植物的叶，刺槐、毛白杨、加杨、夹竹桃、银杏及女贞等植物带叶的枝条。

（2）工具。放大镜。

三、实施过程

1. 观察叶的组成

叶一般由三部分组成，即（　　）、（　　）和（　　）。观察天竺葵叶，扁平呈圆心形的部分是（　　），叶片以细长的柄着生于茎上，此柄是（　　），在叶柄基部，有两片薄膜状物是（　　），具以上三部分的叫完全叶。

2. 观察单叶与复叶的区别

分别观察毛白杨与刺槐的枝条，毛白杨枝条的每个节上只着生1片叶，称为（　　），叶腋处有（　　）。刺槐枝条上有许多小叶生长在1个总叶柄上，总叶柄顶端具有（　　）片小叶，其余小叶在总叶柄两侧排列为（　　）状，属于（　　），小叶的叶腋处则无（　　）。

3. 观察不同植物叶的形态，记录观察结果（表1-9）。

4. 观察所给植物带叶的枝条，区别各属于何种叶序，记录结果

加杨的枝条上每节只着生1枚叶，交互而生，是（　　），夹竹桃的枝条上每节生3叶，是（　　），银杏的短枝上叶成簇着生，是（　　），女贞的枝条上每节生2叶，相对排列，是（　　）。

表1-9　植物叶片形态记录表

标本名称	单叶/复叶	叶形	叶缘	叶尖	叶基	叶裂	叶脉
刺槐							
紫荆							
七叶树							
五叶地锦							
柑橘							

（续）

标本名称	单叶/复叶	叶形	叶缘	叶尖	叶基	叶裂	叶脉
槐树							
合欢							
栓皮栎							
梧桐							
紫叶李							
玉簪							
高羊茅							
银杏							
女贞							
剑麻							

【技能提示】

叶是种子植物进行光合作用、蒸腾作用和气体交换的重要器官。光合作用和蒸腾作用的进行与叶的形态结构有着紧密联系。园林植物种类繁多，叶的形态也各不相同，即使相同的植物在不同的环境中生长其叶的形状也存在差异，因此该部分的内容繁多，教学难度较大，在进行此部分技能学习时要特别注意归纳总结、化繁为简。

【知识链接】

一、叶的组成与生理功能

1. 叶的组成

植物的叶一般由叶片、叶柄和托叶三部分组成（图 1-18）。

（1）叶片。叶片是叶最重要的组成部分，一般为绿色的扁平体，有利于光能的吸收和气体交换。

（2）叶柄。叶柄是叶片与茎的连接部分，是两者之间物质交流的通道，还能支持叶片并通过本身的长短和扭曲使叶片处于对光合作用有利的位置。

（3）托叶。托叶是叶柄基部所生的小型叶状物，通常成对着生，一般呈小叶状，因植物种类而异。

具有叶片、叶柄和托叶三部分的叶称为完全叶，如桃、梨、月季等。仅具有其一或其二的叶称为不完全叶。在不完全叶当中，无托叶的最为普遍，如丁香、茶、白菜等，还有一些不完

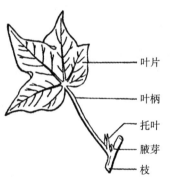

图 1-18　叶的组成（完全叶）

全叶既无托叶，又无叶柄，如荠菜、莴苣等，这样的叶又称为无柄叶。不完全叶中只有个别种类缺少叶片，如我国台湾的相思树，除幼苗时期外，全树的叶都不具叶片，但它的叶柄扩展成扁平状，能够进行光合作用，称为叶状柄。

禾本科植物等单子叶植物的叶，从外形上仅能区分为叶片和叶鞘两部分，为无柄叶。一般叶片呈带状、扁平，叶鞘往往包围着茎，保护茎上的幼芽和居间分生组织，并能够增强茎的机械支持力。在叶片和叶鞘交界处的内侧常生有很小的膜状突起物，称为叶舌，能够防止雨水和异物进入叶鞘的筒内。在叶舌两侧有由叶片基部边缘处伸出的两片耳状的小突起，称

为叶耳（图1-19）。叶耳和叶舌的有无、形状、大小和色泽等可以作为鉴别禾本科植物的依据。

2. 生理功能

叶片的主要功能是进行光合作用合成有机物，并具有蒸腾作用提供根系从外界吸收水和矿物质营养的动力，叶表皮上的气孔是植物与外界进行气体交换的通道。有些植物的叶片还具有储藏营养物质和繁殖的功能，叶片还有一定的吸收作用，因此生产上常进行叶面施肥。

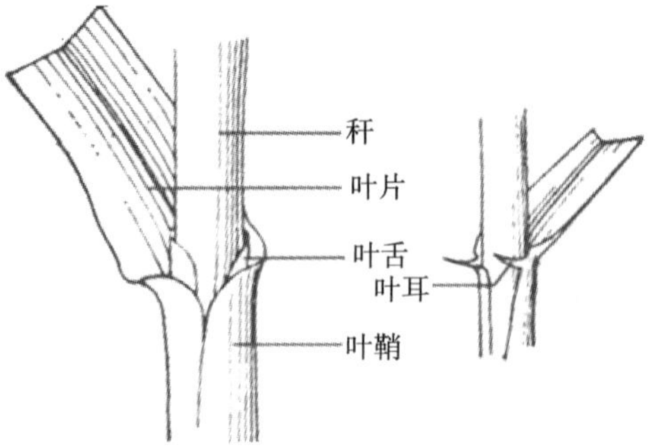

二、叶片的形态

叶片的形态类型极多，描述的要点包括叶形、叶尖、叶基、叶缘、叶裂及叶脉的形态。叶形即叶片的全形或基本轮廓，上端称为叶尖，基部称为叶基，周边称为叶缘，贯穿于叶片内部的维管束称为叶脉，叶尖、叶缘、叶裂和叶基的形状、叶片的质地以及叶脉的类型等因植物种类的不同而各有区别，因此可作为鉴定植物的依据。

1. 叶形

叶片的形状主要是以叶片的长与宽的比例（即长宽比）和最宽处的位置来决定的，叶片的具体形状见表1-10和表1-11。

图 1-19　禾本科植物的叶

（图右侧标注：秆、叶片、叶舌、叶耳、叶鞘）

表 1-10　叶片的基本形状

	长宽相等或长比宽大的很少	长比宽大 1.5～2 倍	长比宽大 3～4 倍	长比宽大 5 倍以上
最宽处在叶的基部	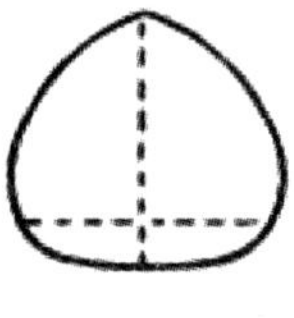 阔卵形	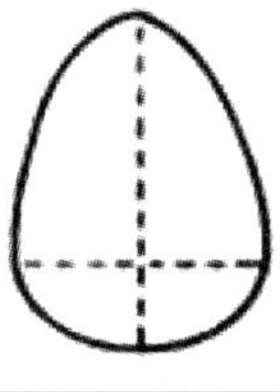 卵形	 披针形	 线形
最宽处在叶的中部	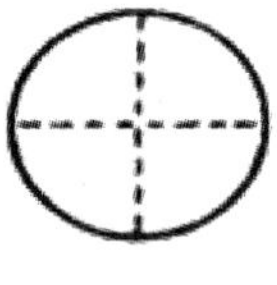 圆形	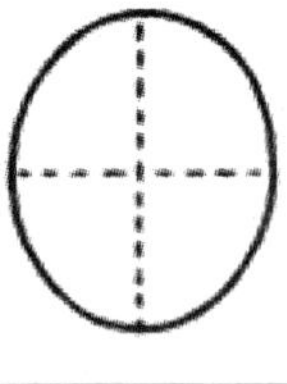 阔椭圆形	 长椭圆形	
最宽处在叶的先端	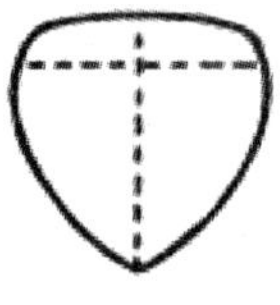 倒阔卵形	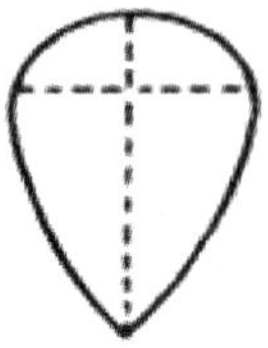 倒卵形	 倒披针形	 剑形

表 1-11　叶的常见形状

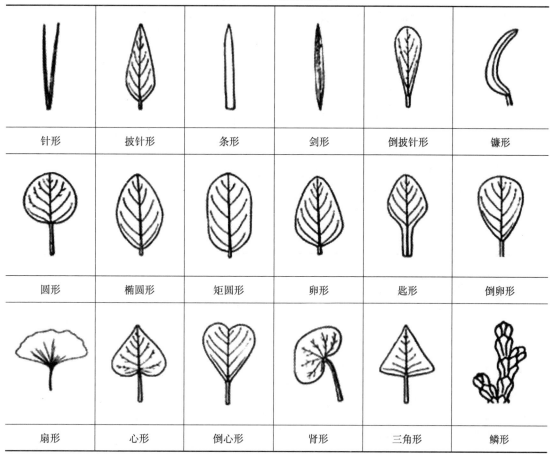

针形	披针形	条形	剑形	倒披针形	镰形
圆形	椭圆形	矩圆形	卵形	匙形	倒卵形
扇形	心形	倒心形	肾形	三角形	鳞形

2. 叶尖

叶的顶端称为叶尖，叶的基部与叶柄连接的部分称为叶基（图 1-20）。

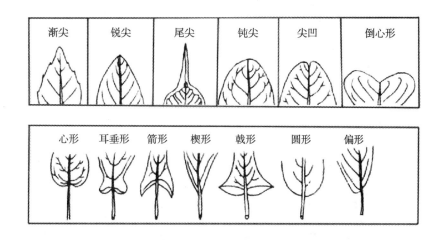

图 1-20　常见的园林植物叶尖及叶基的形状

25

3. 叶缘和叶裂

叶片的边缘称为叶缘，常见的叶缘有全缘、波状缘、锯齿缘等（表1-12）。

表1-12　叶缘的形态

类型	全　缘	波　状　缘			锯　齿　缘			
图例		浅波状	波状	深波状	睫毛状	钝锯齿	锯齿	重锯齿

叶缘凹凸很深的称为叶裂（表1-13），可分为掌状裂、羽状裂两种，每种又可分为浅裂、深裂和全裂三种。

表1-13　叶裂的形态

类型	羽　状　裂			掌　状　裂		
	浅　裂	深　裂	全　裂	浅　裂	深　裂	全　裂
标准	裂口至中脉不及1/2	裂口至中脉超过1/2	裂口深达中脉	裂口至中脉不及1/2	裂口至中脉超过1/2	裂口深达中脉
图例						
实例	如一品红、辽东栎等	如山楂、蒲公英等	如茵陈蒿等	如五角枫、元宝枫等	如葎草、蓖麻等	如红枫等

4. 叶脉

叶脉是贯穿在叶肉内的维管束，是叶内的输导和支持结构，叶脉通过叶柄与茎内的维管组织相连。叶脉在叶片上呈现出的各种有规律的脉纹分布称为脉序，脉序主要有平行脉和网状脉两种类型（表1-14）。网状脉叶的叶脉相互交织成网状，是双子叶植物的特征之一；平行脉叶的叶脉接近平行而不交叉，是单子叶植物的特征之一。

表 1-14　叶脉的类型

类型	网　状　脉		平　行　脉			
	羽状脉	掌状脉	直出平行脉	射出平行脉	横出平行脉	弧状平行脉
图例						
实例	如女贞、桃、杨树等	如梧桐、元宝枫等	如竹、麦冬等	如蒲葵、棕榈等	如美人蕉、芭蕉等	如车前、玉簪等

三、单叶和复叶

　　一个叶柄上只长一个叶片的称为单叶，落叶时叶片与叶柄同时脱落。一个叶柄上着生两个或两个以上叶片的称为复叶。复叶的叶柄称为总叶柄（叶轴），总叶柄上着生的叶片称为小叶，每一小叶均有一小叶柄，小叶脱落时，总叶柄不同时脱落。复叶因小叶片数及排列的不同可分为羽状复叶、掌状复叶、三出复叶和单身复叶四种类型（表 1-15）。

表 1-15　复叶的类型

类型	羽状复叶			掌状复叶	三出复叶		单身复叶
	奇数羽状复叶	偶数羽状复叶	二回羽状复叶		三出掌状复叶	三出羽状复叶	
图例							

1. 羽状复叶

　　小叶排列在叶轴的左右两侧，类似羽毛状，如紫藤、月季、国槐等。依顶端小叶数目的不同可将羽状复叶分为奇数羽状复叶和偶数羽状复叶两类，又因叶轴分枝情况不同可再分为一回羽状复叶（叶轴不分枝，小叶直接生在叶轴左右两侧，如刺槐等）、二回羽状复叶（叶轴分枝一次，再生小叶，如合欢等）和多回羽状复叶（叶轴多次分枝，再生小叶，如南天竹等）。

2. 掌状复叶

小叶 5 个或以上，生在叶轴的顶端，排列如掌状，如五叶地锦、七叶树等。也可因叶轴分枝情况再分为一回、二回掌状复叶等。

3. 三出复叶

每个叶轴上生 3 个小叶，如果 3 个小叶柄是等长的，称为三出掌状复叶，如橡胶树等；如果顶端小叶柄较长，称为三出羽状复叶，如苜蓿等。

4. 单身复叶

三出复叶的侧生 2 个小叶退化，仅留下一个顶生的小叶，外形似单叶，但在其叶轴顶端与顶生小叶相连处有一明显的关节，形似一小叶，这种复叶称为单身复叶，是芸香科柑橘属植物所特有的，如柑橘、橙、柚的叶。

四、叶序和叶镶嵌

叶在茎上的排列方式称为叶序。叶序的主要类型有互生、对生、轮生和簇生（图1-21）。

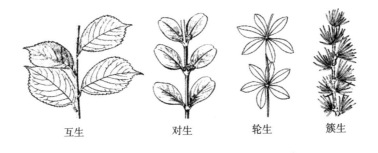

互生　　　　　对生　　　　　轮生　　　　　簇生

图 1-21　叶序的类型

1. 互生

每节只生 1 片叶，叶交互而生，如杨、柳、榆等。

2. 对生

每节相对着生 2 片叶，如丁香、黄杨、泡桐等。

3. 轮生

每节着生 3 片或 3 片以上的叶，如夹竹桃等。

4. 簇生

2 片以上的叶着生于极度缩短的短枝上，如金钱松、银杏等。

无论是互生、对生还是轮生，叶序、叶柄扭曲及叶柄长度变化的共同作用可使茎上相邻两节的叶的着生位置、伸展方向均不同，减少相互遮挡，有利于叶片充分地接受阳光，进行光合作用，同时使茎的负载平衡。

五、叶的变态

叶的变态见表1-16。

表 1-16 叶的变态

类型	鳞 叶	叶 卷 须	叶 刺	叶捕虫器	叶 状 柄	苞 片
主要特点	叶特化或退化成鳞片状	叶的一部分变成卷须状	叶或叶的一部分（如托叶）变成刺状	叶变成能捕食昆虫的结构	叶柄变成扁平的片状，并行使叶的功能	生在花或花序下面的变态叶
图例	鳞叶 鳞茎盘	卷须 小叶 托叶				
主要功能	储藏营养物质	攀援作用	保护功能	捕食昆虫	光合作用	保护花果
实例	如百合、洋葱、水仙等	如豌豆等	如仙人掌、金合欢、刺槐等	如猪笼草等	如相思树、金合欢等	如叶子花、马蹄莲等

【学习评价】

一、自我评价

1. 叶有哪些主要功能？

2. 怎样鉴别叶轴和小枝，从而判断单叶和复叶？绘图说明。

3. 观察柑橘叶、七叶树叶、月季叶、刺槐叶、合欢叶、皂荚叶和五叶地锦叶，区别各属于何种复叶，记录观察结果。

4. 叶有哪些变态类型？变态后各有什么功能？

二、教师评价

1. 对实施观察的点评。

2. 对学习过程的总体评价。

【复习思考】

1. 绘制 15 种以上的园林植物叶的形状，并总结其形态特征。
2. 名词解释。

叶的组成　叶片　叶柄　托叶　完全叶　不完全叶　无柄叶　叶状柄　叶镶嵌

技能四　园林植物形态识别——花

【技能描述】

（1）能够观察识别花的组成与结构。
（2）了解花的各部分的作用与主要功能。
（3）能够识别花的类型。
（4）能够用有关术语描述花的形态特征。

【技能情境】

　　花是园林景观主要的观赏内容，也是植物造景中重要的造景要素。园林植物的开花季节、花的形状及花的颜色丰富多样，因此掌握园林植物的开花习性及观花特点是十分重要的技能，在该技能实施过程中需设计好技能情景。

　　结合本地条件及物候期特点选择 15～20 种开花植物，总结以下内容：
（1）花的组成与结构。
（2）各种花的花冠形状。
（3）根据花冠的形状及开花特点总结识别植物的主要方法。
（4）根据花期的观测，总结各个季节开花植物的种类及应用方法。

【技能实施】

植物花的观察

一、目的要求
（1）掌握组成花的各部分。
（2）能够识别各种花序类型。

二、相关材料工具
（1）材料：桃花，刺槐花。
（2）工具：放大镜，刀片，镊子，解剖针等。

三、实施过程
1. 桃花的观察
（1）分小组进行花朵的采集，每组 5～6 人。
（2）每组取几朵桃花，用镊子由外向内剥离，观察其组成同时绘出桃花纵剖图，并注明各部分名称，将各组观察结果填入表中（表1-17）。

表 1-17 桃花观察结果

各部分类型	各部分特点	各部分图解
花柄	花下面的短柄，是连接（ ）与（ ）的中间部分	
花托	花柄顶端的部分为（ ），花的其他部分都着生在它的（ ）位置上，桃花的花托凹陷成（ ）状	
花萼	位于花的（ ），由（ ）枚绿色叶片状萼片组成，各萼片完全（ ），属于（ ）	
花冠	位于花萼的上方，由（ ）片分离的粉红色花瓣排列成（ ）状，这种花冠称为（ ）	
雄蕊	雄蕊在花托边缘作（ ）排列，数目多，不定数，每一个雄蕊由（ ）和（ ）两部分组成，花丝细长，花药呈（ ）状	
雌蕊	雌蕊着生于杯状花筒底部的花托上，是由一个心皮组成的（ ），顶端稍膨大的部分为（ ），基部膨大部分为（ ），柱头与子房之间的细长部分为（ ）	

2. 刺槐花的观察

（1）分小组进行花朵的采集，每组 5 ~ 6 人。

（2）每组取几朵刺槐花，观察花的各个部分。将空白处填写完整。

1）花柄。通过观察，长花的小梗为（   ）。

2）花托。花柄顶端膨大的部分为（   ），花托是承载（   ）、（   ）、（   ）、（   ）的结构。

3）花萼。刺槐花萼位于花的（   ），由（   ）枚萼片组成。

4）花冠。花为（   ）色，有芳香，花瓣（   ）片离生，从外向内剥离其花瓣，最外面的一片最大，称为（   ），两侧的两瓣为（   ），彼此分离，最里面的两瓣合生为（   ），这种花冠为（   ）。由于构成刺槐花的花瓣大小、形态不一，通过刺槐花的中心只能做出一个对称面，因此，刺槐花为（   ）。

5）雄蕊。花冠以内的花丝联合成（   ）组，其中（   ）枚花丝联合成一组，一枚单生，为（   ）雄蕊。

6）雌蕊。花的中央为（   ），其中子房为（   ）状，花柱（   ）状，先端具（   ）。

（3）取一段带有刺槐花序的枝条，观察刺槐花序的特点。

通过观察可见刺槐花序（   ）生，长（   ）cm；花轴单一，较长，呈（   ）状，上常有毛；各小花自下而上（   ）排列在花轴上，它们的花梗几乎（   ），小花由（   ）向（   ）陆续边生长边开放，为（   ）花序。

【技能提示】

（1）对花的观察要从宏观到微观，即从花的形状、颜色、开花季节到花瓣的组合方式、花瓣的大小、雄蕊的形状、雌蕊的特点等逐步进行。

（2）在技能实施中，要结合季节及物候期的特点安排2～3次该项技能的培训，同时尽可能多的用实物来培训，图片、挂图、模型只能作为辅助使用。

【知识链接】

一、花芽的分化

花和花序皆由花芽发育而成。当植物由营养生长阶段转入生殖生长阶段时，芽内的顶端分生组织不再产生叶原基和腋芽原基，而分化成花原基或花序原基，进而形成花或花序，这一过程称为花芽分化（图1-22）。

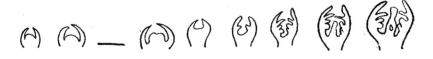

图1-22　桃花芽的分化

春季开花的植物，花芽分化一般在前一年的夏季进行，花的各部分原基形成后，花芽转入休眠，到第二年春季开花。春夏开花的植物，花芽分化大都在冬季或早春。秋冬开花的植物，花芽则在当年夏天分化，无休眠期，如茶及山茶等。

二、花的组成

一朵典型的花通常分为6个部分：花柄、花托、花萼、花冠、雌蕊群、雄蕊群（图1-23）。花萼和花冠合称花被，它保护着雄蕊和雌蕊并有助于传粉。雄蕊和雌蕊合称花蕊，能够完成花的有性生殖过程，是花的重要组成部分。

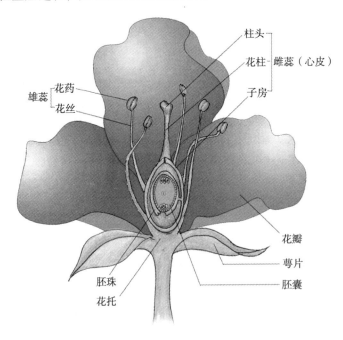

图1-23　植物花的模式图

1. 花柄

花柄也称花梗，呈圆柱形，是连接花和茎的柄状结构，其基本构造与茎相似，既是营养物质由茎向花输送的通道，又能支持着花，使其向各个方向展布。花柄的长短常因植物种类不同而不同，如梨、垂丝海棠的花柄很长，有的则很短或无花柄，如贴梗海棠。果实形成时花柄发育成果柄。

2. 花托

花托位于花柄的顶端，是花器官其他各组成部分着生的部位。花托通常膨大，形态多样（图1-24）。

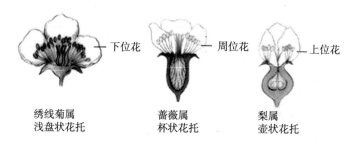

图 1-24　花托的形状

3. 花萼

花萼位于花的最外一轮，由一定数目的萼片组成，常呈绿色，保护幼花，并能进行光合作用，为花芽提供营养，但也有一些植物的花萼呈花瓣状，如玉兰等。在某些植物的花萼外侧还有一轮绿色的瓣片，称为副萼，如棉花、草莓等。根据萼片间分离或联合的关系，花萼可分为离萼和合萼两种类型（表1-18）。

表 1-18　花萼的类型

种　类	示例图片	特　点	实　例
离萼		各萼片之间完全分离	如桃、桑、茶等
合萼		各萼片彼此之间基部合生或全部合生，合生部位称为萼筒，未合生部位称为萼齿或萼裂片	如泡桐、五叶槐等

一般植物开花以后萼片即脱落，但也有的植物在其果实成熟时，花萼依然存在，这种花萼称为宿存萼，如茶、石榴、柿子等。

4. 花冠

花冠位于花萼的上方或内侧，由若干花瓣组成，可排列为一轮或多轮。花冠常具有各种鲜艳的颜色，这是细胞中的有色体或花青素所致。花瓣或花冠具有多种功能，有的花瓣基部有分泌结构，可释放挥发油类和分泌蜜汁，可发出特殊香气吸引昆虫、有利传粉，人类也常用它提取精油或用于保健，另外花冠还有保护雌蕊、雄蕊的作用。

根据花瓣的离合情况，花冠可分为离瓣和合瓣两种类型（表1-19）。

表1-19 花冠的类型

种　类	示例图片	特　点	实　例
离瓣花冠		花瓣之间完全分离	如玉兰、苹果、桃等
合瓣花冠		花瓣彼此联合，联合的部位称为花冠筒，分离的部位称为花冠裂片，有的花瓣全部联合	如金钟花、桂花、泡桐等

花冠的形状多样，是被子植物分类的依据之一，常见花冠的形状见表1-20。

表1-20 常见花冠的形状

种　类	示例图片	特　点	实　例
蔷薇花冠		由5个（或5的倍数）分离的花瓣排列成五星辐射状	如桃、李、苹果等
十字花冠		由4个分离的花瓣排列成"十"字形	如二月兰、白菜、萝卜等十字花科植物

（续）

种 类	示 例 图 片	特 点	实 例
蝶形花冠		花瓣 5 片离生，花形似蝶，最外面的 1 片最大，称为旗瓣，两侧的两瓣称为翼瓣，最里面的两瓣顶部稍联合或不联合，称为龙骨瓣	如刺槐、紫藤等
漏斗状花冠		花瓣联合成漏斗状	如牵牛、甘薯等
钟状花冠		花冠较短而广，上部扩大成钟形	如南瓜、桔梗等
唇形花冠		花冠裂片是上下二唇	如芝麻、薄荷等
筒状花冠		花冠大部分成管状或圆筒状，花冠裂片向上伸展	如向日葵花序的盘花
舌状花冠		花冠筒较短，花冠裂片向一侧延伸成舌状	如向日葵花序周边的边花
轮状花冠		花冠筒短，裂片由基部向四周扩展	如茄、常春藤等

5. 雄蕊（群）

一朵花内所有的雄蕊总称为雄蕊群。雄蕊着生在花冠的内方，由花药和花丝组成。花丝一般细长，基部着生在花托或贴生在花冠上，起支持和输导作用；花药是花丝顶端膨大成囊状的部分，内部有花粉囊，可产生大量的花粉粒。

6. 雌蕊（群）

一朵花内所有的雌蕊总称为雌蕊群。雌蕊位于花的中央，由柱头、花柱和子房组成。柱头位于雌蕊的上部，是传粉时接受花粉粒的部位；花柱连接着柱头和子房，是花粉萌发后花粉管进入子房的通道，起支持和输导作用；子房是雌蕊基部膨大的部分。子房内孕育着胚珠，是雌蕊的主要部分。

三、花的类型

1. 按照花的组成分类

根据花的组成部分是否完整可将花分为完全花和不完全花两类。完全花包括花柄、花托、花萼、花冠、雌蕊和雄蕊六部分。缺少其中任何一部分即为不完全花。

2. 按照花被的数目分类

根据花被的数目或有无可将花分为三种类型（表1-21）。

表1-21 花的类型（一）

种　类	特　点	实　例
双被花	花萼、花冠都存在，而且有明显区别	如玉兰、桃、杏、豌豆等
单被花	仅有花萼或花冠	如榆、桑等
无被花（裸花）	无花萼和花冠	如杨、柳、杜仲等

3. 按照花中雌、雄蕊的有无分类

根据花中雌、雄蕊的有无可将花分为三种类型（表1-22）。

表1-22 花的类型（二）

种　类	特　点	实　例
两性花	兼有雄蕊和雌蕊，又称雌雄同花	如丁香、苹果、国槐等
单性花	仅具雌蕊或雄蕊，分别称为雌花和雄花	如板栗、桑等
中性花（无性花）	既无雌蕊，又无雄蕊	如绣球花序边缘的花

4. 按照花中花瓣的轮数及形态进行分类

根据花中花瓣的轮数及形态可将花分为四种类型（表1-23）。

表1-23 花的类型（三）

种　类	特　点	实　例
单瓣花	仅有1轮花冠	如桃、苹果等
重瓣花	具有多轮花冠	如碧桃、月季等
整齐花（辐射对称花）	通过一朵花的中心可作几个对称面	如李、牡丹等
不整齐花（两侧对称花）	通过一朵花的中心只可作1个对称面	如国槐、紫荆等

雄花和雌花生于同一植株上，称为雌雄同株，如胡桃等。雄花和雌花分别生在不同植株上，称为雌雄异株，其中只长有雄花的称为雄株，只长有雌花的称为雌株，如柳、桑、银杏等。两性花和单性花生于同一植株上，称为杂性同株，如鸡爪槭、红枫等。

四、花序的类型

有些植物的花单生于枝顶或叶腋处，如玉兰、芍药、桃等，称为单生花，但大多数植物的花是按照一定的规律排列在总花轴上，称为花序。花序的总花柄或主轴称为花轴（花序轴）。花柄及花轴基部生有苞片，有的花序的苞片密集在一起，组成总苞，如马蹄莲、蒲公英等；有的苞片转变为特殊形态，如禾本科植物小穗基部的颖片。

根据花序的结构和花在花轴上开放的顺序，可将花序分为无限花序和有限花序两类。

1. 无限花序

无限花序的花轴顶端可以不断生长，开花顺序是花序轴基部的花最先开放，然后依次向上方开放，无限花序是一种边生长边开花的花序。如果花轴很短，各花密集排列成平面或球面时，则花由边缘向中央依次开放。无限花序又可以分为简单花序和复合花序两类。

（1）简单花序。花序轴不分枝的花序称为简单花序，常见的简单花序的类型见表1-24。

表1-24 常见简单花序的类型

种 类	示 例 图 片	特 点	实 例
总状花序		花序轴较长，不分枝，上面着生多枝花柄近等长的花	如紫藤、刺槐等
穗状花序		花序轴长，不分枝，着生的小花无柄或柄极短	如车前、马鞭草等
伞房花序		小花有柄但不等长，下部的花柄长，上部的花柄短，所有的花排列近于一个平面	如樱花、苹果、梨等
伞形花序		小花花柄等长，集中生长在花轴顶端，排列成圆顶状，形如张开的伞	如人参、报春花等

（续）

种　类	示例图片	特　点	实　例
头状花序		花轴缩短并膨大成球形或盘形，上生许多无柄或近无柄的小花	如向日葵、金盏菊等菊科植物
隐头花序		花轴顶端膨大，中央凹陷如囊状，许多无柄或短柄花全部隐藏于囊内	如无花果、榕树等
肉穗及佛焰花序		与穗状花序相似，但花轴膨大、肥厚而肉质化，呈棒状。肉穗花序外面还包有一大型总苞片的，称为佛焰花序	如天南星、红掌等
荑荑花序		单性花互生于一细长而柔软下垂的花轴上，小花无柄或几乎无柄，开花后整个花序一起脱落	如杨、柳、桑等

（2）复合花序。花序轴分枝，每一分枝呈现一个简单花序的称为复合花序。常见复合花序的类型见表1-25。

表 1-25　常见复合花序的类型

种　类	示例图片	特　点	实　例
复总状花序（圆锥花序）		花序轴呈互生分枝，每一分枝为1个总状花序	如泡桐、珍珠梅等
复穗状花序		花序轴呈互生分枝，每一分枝为1个穗状花序	如小麦、马唐等

（续）

种　类	示例图片	特　点	实　例
复伞形花序		花序轴顶端丛生若干长短相等的分枝，每一分枝为1个伞形花序	如前胡、小茴香等
复伞房花序		花序轴上的分枝成伞房状排列，每一分枝又为1个伞房花序	如花楸、火棘等

2. 有限花序

有限花序又称为聚伞花序。其特点与无限花序相反，花轴顶端的顶花先开放，限制了花轴的继续生长，开花的顺序是由上向下或由内向外。有限花序的类型见表1-26。

表1-26　有限花序的类型

种　类		示例图片	特　点	实　例
单歧聚伞花序	蝎尾状聚伞花序		主轴顶端先开一花，而后在顶花的下面左、右间隔生出侧枝，侧枝的顶端又开花	如鹤望兰、射干、委陵菜、唐菖蒲等
	螺状聚伞花序		主轴顶端先开一花，而后在顶花的下面向着一个方向依次分出侧枝，侧枝的顶端又开花	如勿忘草、附地菜、紫草等
二歧聚伞花序			主轴顶端先开一花，然后在其下方两侧同时发育出1对分枝，侧枝的顶端又开花，如此反复分枝开花	如元宝枫、石竹科植物
多歧聚伞花序			主轴顶端先开一花，顶花下方同时分出3个以上的分枝，各分枝顶端又开花，如此反复分枝开花	如榆、大戟等

3. 开花与传粉

（1）开花。一朵花中雄蕊和雌蕊（或二者之一）发育成熟，花萼和花冠开放，露出雄蕊和雌蕊，这种现象或过程称为开花。

不同植物的开花年龄、开花的季节、开花期的长短以及一朵花开放的具体时间因种类和环境不同而不同。一般一、二年生植物一生中仅开花 1 次，结实后植株枯萎死亡。多年生植物在达到开花年龄后，能够每年按时开花结实并延续多年。多年生植物的开花年龄有很大差异，如桃 3~5 年、柑橘 6~8 年、桦木 10~12 年、麻栎 10~20 年、椴树 20~25 年，以后则每年开花。竹类虽为多年生植物却一生只开 1 次花，花后即死去。

植物花期是指一株植物从第一朵花开放到最后一朵花开完所历经的时间，植物花期的长短因种类不同而不同，如樱花、梨花的花期只有数天，而月季的花期可持续数月。植物的花时是指同一植株上 50% 以上的花同时开放的时间，初花期是指某一植物第一朵花开放的时间，终花期是指某一植物的最后一朵花开放的时间，盛花期是指某一植物有 50% 以上的花盛开着的时期。研究植物的花时、花期对人工授粉、杂种优势的研究和利用有重要意义。

（2）传粉。传粉或授粉是指开花以后花药中的花粉散出，借助外力传到雌蕊柱头上的过程。传粉是植物有性生殖不可缺少的环节，有自花传粉和异花传粉两种方式。传粉的媒介主要是风和昆虫等。

1）自花传粉。一朵花中成熟的花粉粒传到同一朵花的雌蕊柱头上的过程称为自花传粉，如大豆等。农林生产中，将同株异花间的传粉或同一品种内株间的传粉也作为自花传粉。自花传粉会引起闭花受精，长期的自花传粉会引起种质的逐渐衰退。

2）异花传粉。借助于生物的和非生物的媒介，将一朵花中的花粉粒传播到另一朵花的柱头上的过程称为异花传粉。异花传粉是植物界最普遍的传粉方式，是植物多样化的重要基础。异花传粉可以发生在同一株植物的各朵花之间，也可发生在作物的品种内、品种间或植物的不同种群、不同物种的植株之间。

植物进行异花传粉时，必须借助于各种外力才能把花粉传到其他花的柱头上去。传送花粉的媒介主要是风和昆虫两类（表 1-27）。

表 1-27　风媒花和虫媒花

种　类	概　念	特　点	实　例
风媒花	靠风传粉的花	花被细小或根本不存在，无鲜艳的颜色，无香气，无蜜腺，花丝细长，花粉小、轻、多，外壁光滑，或具有柔软下垂的花序	如裸子植物，禾本科、莎草科植物，木本植物中的杨、桦等
虫媒花	靠昆虫传粉的花	花冠大而显著，有鲜艳的色彩，香气浓，有蜜腺或花盘，花粉粒大、重，外壁粗糙，或结合成花粉块。常见的传粉昆虫有蜂、蚁、蝶、蛾、蝇类等	多数有花植物是依靠昆虫传粉的，如泡桐、茶等

在自然界中还有些植物靠水传粉，例如水生植物中的金鱼藻。在植物栽培及育种工作中，常用人工授粉的方法进行传粉。人工授粉是指用人工的方法授粉，如雪松的雌、雄花不同时成熟，可以采用人工授粉的方法达到结籽的目的。

【学习评价】

一、自我评价

1. 取一朵正在开放的花，描述其各个部分。

2. 花序的类型有哪些?

3. 什么是传粉？为什么异花传粉具有优越性？

4. 说明双受精的意义。

5. 简述果实和种子是由花的哪些部分发育来的？

二、小组评价

小组评价见表1-28。

表1-28　小组评价

序号	评价项目	评价情况			
1	我们大家（　）参与了团队	□很好地	□大多数时候还不错地	□有时	□很少
2	我们（　）进行了合作	□非常好地	□较好地	□基本满意地	□没有合作
3	我们收集并处理了（　）的信息	□非常多	□较多	□很少	□根本没有
4	我们在团队中（　）目标明确且专心地工作	□总是	□基本上	□很少	□根本没有
5	我们在团队中的说话方式（　）	□总是很好	□大多数时候还不错	□有时不好	□经常不好

三、教师评价

1. 对实施观察的点评。

2. 对学习过程的总体评价。

【复习思考】

1. 简述花的组成。

2. 简述花冠的常见类型。

3. 简述雄蕊的类型。

4. 什么叫花？什么叫花芽分化？

5. 简要说明被子植物适应异花传粉的结构特征。

技能五　园林植物形态识别——果实（种子）

【技能描述】

（1）了解果实的组成与结构。

（2）能够识别常见植物的果实类型。

（3）能够用有关术语描述植物果实。

（4）了解不同类型果实的发育来源。

【技能情境】

果实（种子）是园林植物重要的器官，不同园林植物其果实（种子）的形态特征不同，它们也是园林植物识别及应用的重要元素。

（1）结合本地园林植物的种类及物候期，选择15～20种园林植物的果实（种子），根据这些果实（种子）的特点总结其形态特征。

（2）根据果皮的来源，分辨真果和假果两种类型。

（3）将果实（种子）切开，总结其内部结构特点。

【技能实施】

植物果实的观察

一、目的要求

了解桃、苹果和刺槐等果实的基本构造及特点。

二、相关材料工具

（1）材料。桃、杏、苹果、刺槐等植物的果实。

（2）工具。放大镜，刀片，镊子，解剖针等。

三、实施过程

分小组解剖桃（或杏）、苹果、刺槐的果实，每组5～6人，仔细观察各部分结构，将下列空白处填写完整。

1. 观察桃（或杏）果实

由外向内地观察桃（或杏）果实的结构，果实最内层的果核是坚硬木质化的（　　　），敲开果核可见一粒种子，种子为（　　　）形，中间肉质多汁部分是果实的（　　　），最外层有绒毛较薄的一层是（　　　），这是（　　　）果的典型结构特征，属于（　　　）果类型（真果、假果）。

2. 观察苹果果实结构

（1）解剖前先观察果实的外形，果实末端能看到有宿存的（　　　）。苹果的果实是由花筒和子房共同发育而成的（　　　）（真果、假果）。

（2）观察纵剖面形态，果实的外果皮和中果皮是彼此结合在一起的，无明显界限，内果皮（　　　）质，是（　　　）果的典型特征。

3. 观察刺槐果实的结构

果实为（　　　）形，扁平，果实成熟时果皮干燥，果实一侧有（　　　），长（　　　）cm，暗褐色，内有种子（　　　）粒、赤黑色，种子（　　　）形，种子整齐地生长在一侧边缘的（　　　）上，是（　　　）果的典型特征。

【技能提示】

由于园林植物的果实（种子）成熟期不同，在进行技能培养时要结合本地区的实际情况来安排实训材料，尽可能多地让学生认知各种果实（种子）的形状、结构等特征，同时在选择材料时尽可能使用园林植物的果实（种子）。

【知识链接】

植物的传粉意味开花的结束和结实的开始。在传粉后子房中发生受精作用，通常受精完成后，花的各部分就会发生显著变化，花萼（宿萼种类除外）、花瓣衰老脱落，雄蕊和雌蕊的柱头及花柱凋谢，子房或子房外与之相连的部分迅速生长，逐渐发育成果实。被子植物的果实包裹种子，不仅起保护作用，还有助于种子的传播。

一、果实的结构

果实是由子房发育形成的，由果皮和包含在果皮内的种子组成，果皮可分为三层，即外果皮、中果皮和内果皮（图1-25），种子位于内果皮以内。

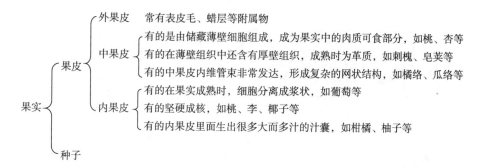

$$果实 \begin{cases} 果皮 \begin{cases} 外果皮——常有表皮毛、蜡层等附属物 \\ 中果皮 \begin{cases} 有的是由储藏薄壁细胞组成，成为果实中的肉质可食部分，如桃、杏等 \\ 有的在薄壁组织中还含有厚壁组织，成熟时为革质，如刺槐、皂荚等 \\ 有的中果皮内维管束非常发达，形成复杂的网状结构，如橘络、瓜络等 \end{cases} \\ 内果皮 \begin{cases} 有的果实成熟时，细胞分离成浆状，如葡萄等 \\ 有的坚硬成核，如桃、李、椰子等 \\ 有的内果皮里面生出很多大而多汁的汁囊，如柑橘、柚子等 \end{cases} \end{cases} \\ 种子 \end{cases}$$

图1-25　果实的结构

二、果实的类型

果实的类型可以从不同方面来划分。

1. 按照果皮来源分类

根据果皮的来源可将果实分为真果和假果两种类型（表1-29）。

表1-29　果实的类型（一）

种类	图　例	特　点	实　例
真果	内果皮　外果皮　中果皮　果柄	单纯由子房发育而成	如桃、李等大多数植物
假果	花托部分　果皮　种子　子房室　花托部分　子房室　种子　果皮　心皮维管束	除子房外，还有花托、花萼、花冠甚至是整个花序一起参与果实的形成	如梨、苹果、桑葚等

2. 按照发育成果实的雌蕊类型分类

根据发育成果实的雌蕊的类型可将果实分为单果、聚合果和聚花果三类（表1-30）。

表1-30　果实的类型（二）

种类	图　例	特　点	实　例
单果		由一朵花中的单雌蕊或复雌蕊发育成	大多数果实属于单果，如苹果、李、桃等
聚合果	小瘦果 花托	一朵花中有多数离生的单雌蕊，每个雌蕊发育成一个小果，多个小果聚生在同一花托之上，共同发育形成	如草莓、八角茴香、牡丹、莲等
聚花果		由整个花序（花序轴参与）发育形成	如桑葚、无花果、凤梨等

3. 按照果皮是否肉质化分类

根据果皮是否肉质化可将单果分为肉质果和干果两大类，每一类又包含许多不同的类型（表1-31）。

表1-31　果实的类型（三）

种　类		图　例	特　点	实　例
肉质果（果实成熟时果皮肉质多汁）	浆果		外果皮薄，中果皮和内果皮肉质多浆，内有1至多枚种子	如葡萄、枸杞、番茄、忍冬等

（续）

种　　类		图　例	特　点	实　例
肉质果（果实成熟时果皮肉质多汁）	柑果		外果皮革质，有挥发油囊，中果皮疏松，白色海绵状，内果皮膜质囊状，为可食部分	芸香科柑橘属所特有的果实，如橙、柚、桔、柑、柠檬等
	核果		外果皮薄，中果皮肉质，为食用部分，内果皮坚硬、木质、形成坚硬的果核	如杏、桃、梅、李等
	梨果		外果皮、中果皮与花托、萼筒发育为肥厚多汁的果肉，为可食部分，内果皮纸质或革质，俗称"果心"	如苹果、梨、山楂等
	瓠果		花托与外果皮形成坚韧的果实外层，中果皮、内果皮及胎座肥厚肉质，为可食用部分	葫芦科特有的果实，如西瓜、冬瓜、南瓜等
干果（果实成熟时果皮干燥）	裂果类（成熟时果皮开裂）	蓇葖果	由单心皮或离生心皮雌蕊发育形成，成熟时沿腹缝线或背缝线开裂	如牡丹、芍药、玉兰、梧桐、绣线菊等
		荚果	由单心皮发育形成，成熟时沿背腹2条缝线开裂，也有成熟时不开裂的	豆类植物，如皂荚、刺槐、合欢、含羞草等

园林植物

（续）

种 类			图 例	特 点	实 例
干果（果实成熟时果皮干燥）	裂果类（成熟时果皮开裂）	角果		由2心皮雌蕊发育形成，内具假隔膜，种子着生在假隔膜两侧，果实成熟后，果皮沿两侧腹缝线开裂	十字花科所特有的果实，如紫罗兰、香雪球、羽衣甘蓝等
		蒴果		由合生心皮的复雌蕊发育形成，开裂方式有纵裂、孔裂和周裂等	如丁香、连翘、乌桕、罂粟等
	闭果类（成熟时果皮不开裂）	瘦果		由1～3心皮雌蕊发育形成，成熟时果皮与种皮分离，果皮坚韧，内含1粒种子	如蒲公英、向日葵等
		颖果		由2～3心皮雌蕊发育形成，成熟时果皮与种皮愈合不能分离，果实内含1粒种子，常把颖果称"种子"	禾本科植物特有，如玉米、结缕草、狗牙根等
		翅果		由2心皮雌蕊发育形成，果皮延展成翅状，只含1粒种子	如榆、元宝枫、臭椿、白蜡、枫杨等
		坚果		由2～3心皮雌蕊发育形成，果皮木质化而坚硬，内含1粒种子，果实外面常由总苞发育成的壳斗包被	如板栗、辽东栎、栓皮栎、榛等
		分果		由2心皮以上的复雌蕊发育形成，各室具1枚种子，成熟时沿中轴彼此分开	如锦葵、蜀葵等

46

【学习评价】

一、自我评价

1. 简述果实的结构及特点。

2. 如何区别单果、聚合果和聚花果？

3. 如何区分真果和假果？请举例说明。

4. 肉质果的类型有哪些？干果的类型有哪些？

5. 实践中如何区分荚果和蓇葖果？

二、小组评价

小组评价见表1-32。

表1-32　小组评价

序　号	评 价 项 目	评 价 情 况	
1	小组成员一直都能准时并有所准备的参加小组工作	□能	□不能
2	为了完成小组工作，各自利用业余时间做了相关准备	□是	□否
3	大家对团队的工作成果满意	□是	□否
4	在小组中，大家都能彼此信任	□能	□不能
5	所有成员都对小组工作提出了自己的想法与意见	□是	□否
6	小组内的良好合作建立在所有成员都能礼貌待人的基础上	□是	□否

三、教师评价

1. 对实施观察的点评。

2. 对学习过程的总体评价。

【复习思考】

一、名词解释。

真果　假果　单果　聚合果　聚花果

二、简答

1. 列举10种园林植物果实（种子）的类型及特点。

2. 绘制本地区常见的20种园林植物果实（种子）的外部形状，同时根据果皮是否肉质化分类。

3. 裂果根据心皮数目和分裂方式分为荚果、蓇葖果、蒴果和角果，闭果分为瘦果、颖果、翅果、坚果和分果

4. 请结合本地区园林植物分布特点，按照上述分类方法分别列举出相应的园林植物各2~3种。

任务二　园林植物分类

【任务分析】

常见植物分类的方法有以下两种：

（1）人为分类法——人们为了自己的方便，选择植物的一个或几个特点作为分类标准。

（2）自然分类法——将植物的亲疏程度作为分类标准。

【任务目标】

（1）了解植物分类的方法、植物分类的系统和植物分类的单位。

（2）掌握植物命名的法则。

（3）掌握园林植物的不同分类方法，并能应用于实践中。

（4）重点掌握植物分类检索的方法，能够编制植物检索表。

技能一　系统分类法

【技能描述】

（1）了解植物的分类历史。

（2）掌握植物的分类方法、分类单位等基础知识。

【技能情境】

在校园内选择20~30种园林植物，现只知道其种名，请你按照系统分类法将这些植物进行分类，写明这些植物的界、门、纲、目、科、属、种（亚种、变种、变型、品种）。

提示：根据本地区园林植物的实际情况由教师进行有代表性的选择。

【技能实施】

（1）学生分组，每组4~6人。

（2）发放参考资料。植物图片和植物志、花卉学、树木学等参考书。

（3）制定绿化植物统计名录。

（4）采集植物标本，对植物的典型特征进行比较。

（5）查阅相关书籍，确定每种植物的科名、属名、种名（包括品种名）、学名、产地、用途等内容，完成植物名录表的填写（表1-33）。

表1-33　植物名录表

项　　　目	植物编号1	植物编号2	植物编号3	……	植物编号20
科名					
属名					
种名					
品种名					
学名					
产地					
经济价值（用途）					

【技能提示】

该技能的培训重点是考核学生查阅资料及认知植物的能力，因此在实训中应重点把握两点，一是要有本地学生较为熟悉的植物种类资源且代表性很强，二是要培养学生查阅资料的能力和方法，因此要合理设计情景。

【知识链接】

一、自然分类法

19 世纪后期，随着达尔文进化论的出现，自然分类法逐渐开始发展。自然分类法是以植物进化过程中亲缘关系的远近作为分类标准，利用尽可能多的证据（包括形态学、化学、细胞学、孢粉学、分子生物学等）反映各物种间的亲缘关系。这种方法科学性较强，在生产实践中也有重要意义，并具有可预测性，如用于人工杂交、培育新品种、探索植物资源等。

二、植物分类系统

植物分类系统中最著名的有恩格勒系统（A. Engler）和哈钦松系统（J. Hutchinson）。

恩格勒是德国的植物学家。恩格勒系统分类的特点是：认为荑黄花序类植物在双子叶植物中是比较原始的类群；单子叶植物比双子叶植物原始。该系统在 1964 年根据多数植物学家的意见，将错误的部分加以更正，即认为单子叶植物是较高级的植物，放在双子叶植物后，目、科的范围亦有调整。由于恩格勒系统较为稳定和实用，所以在世界各国及中国北方多采用。

哈钦松是英国植物学家。哈钦松系统分类的特点是：认为木兰目植物比较原始；认为木本支与草本支分别以木兰目和毛茛目为原始点平行进化；荑黄花序类植物比较进化；单子叶植物比双子叶植物进化。目前很多人认为哈钦松系统较为合理，我国南方学者较多采用哈钦松系统分类。

三、植物分类的单位

种是植物分类的基本单位，也是各级单位的起点。所谓种是指起源于共同的祖先，具有相似的形态特征，且能进行自然交配产生正常后代（少数例外），并具有一定自然分布区的生物类群。种内个体由于受环境影响而产生显著差异时，可视差异大小分为亚种、变种等，其中变种是最常用的。集种成属、集属成科、集科成目，由此类推组成纲、门、界等分类单位，因此界、门、纲、目、科、属、种成为分类学的各级分类单位。

在各级单位中，根据需要可再分成亚级，以油松为例说明主要的分类等级：

界……植物界（Regnum Plantae）

门……裸子植物门（Cymnos Permae）

纲……松杉纲（Coniferopsida）

目……松杉目（Pinales）

科……松科（Pinaceae）

属……松属（*Pinus*）

种……油松（*Pinus tabulaeformis*）

四、植物的命名

每种植物在不同的国家，或同一国家不同地区之间其名称也不相同，易出现同物异名或同名异物的混乱现象，造成识别植物、利用植物、交流经验等方面的障碍。因此为方便交流和统一植物名称，制定共同的命名法是非常必要的。

国际植物会议按照《国际植物命名法规》，规定了植物的统一科学名称，简称"学名"。学名是用拉丁文命名的，国际通用的是瑞典植物学家林奈（C. Linnaeus）所倡用的植物"双名法"。

植物的命名法则：

（1）一种植物只能有一个合理的拉丁学名。

（2）拉丁名采用双名制，即属名加种加词。

（3）属名用名词，首字母大写，种加词一般用形容词，首字母小写，属名及种加词均为斜体。

（4）学名组成为：属名 + 种加词 + 命名人姓氏缩写。如桑树 *Morus alba* L. ，属名是拉丁文名词 morus（桑树），首字母大写，种加词 alba 是"白色"的意思，命名人姓氏除单音节外均应缩写，缩写时要加省略号"."，且第一个字母大写，如 Linnaeus（林奈）缩写为 L. 。

（5）两种不同植物不能有相同的学名。

（6）一般的植物皆有双名的学名，少数具亚种（sub.）、变种（var.）或变型（f.）的，可具三名，"三名法"即学名由属名 + 种加词 + 亚种（变种或变型）加词组成。如亚种，其学名组成为：属名 + 种加词 + 命名人 + sub.（亚种的缩写）+ 亚种加词 + 亚种命名人；变种，其学名组成为：属名 + 种加词 + 命名人 + var.（变种的缩写）+ 变种加词 + 变种命名人。其中除属名和命名人首字母大写外，其余以下各级名称首字母均小写。

五、按植物进化系统分类

按植物进化系统分为两类：裸子植物和被子植物。

（一）裸子植物

孢子体特别发达。都是多年生木本植物，分枝有长短枝之分，长枝细长，无限生长，叶子在枝上螺旋排列；短枝粗短，生长缓慢，叶簇生枝顶。由胚、胚乳和珠被等形成种子，但并不形成子房和果实，胚珠和种子裸露，因此称为裸子植物，如铁树、银杏、松柏类树木等。

（二）被子植物

是现在植物界最高级、分布最广的一个类群，它具有真正的花，出现胚乳和果实等特征，种子被果皮所包被。被子植物有乔木、灌木和草本，有多年生的，也有一年生的，生态环境也多种多样。

被子植物又可分为双子叶植物和单子叶植物两类。

1. 双子叶植物

种子的胚有 2 片子叶。主根发达，多为直根系，包括大多数常见的植物，如垂柳、牡丹、国槐等。

2. 单子叶植物

种子的胚只有 1 片子叶。多数为草本，稀为木本，须根系，如百合、萱草、禾本科草坪草、竹类等。

【学习评价】

一、自我评价

1. 植物分类的单位包括些内容？
2. 植物是如何命名的？
3. 裸子植物和被子植物如何区别？

二、小组评价

小组评价见表1-34。

表1-34　小组评价

考 核 项 目	考 核 标 准	分　　值	得　　分	备　　注
学名的确定	正确率	30		
植物名录表的填写	完整程度	30		
查阅资料	熟练程度	20		
参与学习及合作情况	积极且团结协作好	20		

三、教师评价

1. 学习态度方面。
2. 完成作业情况。
3. 小组合作情况。

【复习思考】

1. 写出植物分类的单位。
2. 选择10种植物进行植物命名。
3. 举例说明裸子植物和被子植物如何区别。

技能二　人为分类法

早期人们对植物的认识是以其习性、用途等几个特征作为分类依据，而不考虑亲缘关系和演化关系，如我国明朝李时珍所著的《本草纲目》就是以用途和习性为依据，再如瑞典的林奈是以雄蕊（有无、数目、着生情况）为分类依据，均属于人为分类的方法。

人为分类法是按照人们的应用目的和方法，以植物的一个或几个特征作为分类依据，根据形态、习性、用途等进行分类，利用的性状较少并且不考虑植物物种之间的亲缘关系。这种方法着眼于应用上的方便，突出某一方面的实用性，通常不具有预测性。

知识点：乔木，灌木，藤蔓，地被，观叶植物，观花植物，观果植物，观形植物；风景林，防护林，行道树，孤植类，垂直绿化类，绿篱类，造型类，盆栽类。

【技能描述】

（1）了解本地常见园林植物的分类方法及类别。

（2）熟悉相同的园林植物在不同的人为分类方法中归属的不同类别。

（3）能够结合实际需要通过分类方法了解各种园林植物的用途、习性等。

【技能情境】

现有本地区常见园林植物 40 种，其中包括草本植物 10 种、常绿乔木 10 种、花灌木 10 种、落叶乔木 10 种，这些植物如果分别在道路绿地、居住区绿地、公园绿地、防护林绿地内种植时，请你结合各种植物出现的位置按照人为分类方法进行分类。

【技能实施】

一、工具及材料

（1）本地区道路绿地、居住区绿地、公园绿地、防护林绿地种植设计图（也可以安排学生进行实地调查）。

（2）记录夹，记录表格（学生设计），记录笔。

（3）枝剪（对不能确定的树木进行标本采集），皮尺。

二、实训场地安排

在没有各种种植设计图的前提下，可安排学生到现场进行实地调查（包括公园、机关、学校、居住区、交通道路两侧等）。

三、实施过程

（1）分小组进行实训，每组 4 ~ 6 人。

（2）设计记录表格，由教师提前安排并指导修改。

（3）各小组由组长分配调查工作，每组可再分为 2 ~ 3 个团队，每队 2 人，分别到不同的环境中进行调查。

（4）调查的内容包括：名称、栽植位置、用途、数量等，将调查结果填入表内（此调查内容可以固定几个植物品种，也可以采用全部植物都进行调查的方式进行安排）。

（5）在完成调查后按照要求进行分类（表 1-35）。

表 1-35　植物调查表

序　号	名　　称	植物分类 （草本、灌木、乔木等）	居住区分类	公园分类	道路分类	防护绿地分类
1						
2						
3						
...						
...						
40						

【技能提示】

园林植物的人为分类方法很多，在实训安排时可以结合具体情况选择其中 2 ~ 3 种分类方法，同时也可以采用其他形式来完成实训，如选择 20 种灌木，将其按照形态、用途、习性等进行分类。

【知识链接】

植物分类的方法——人为分类法是按照自己的方便和意图，选择一个或少数性状（形态、习性、用途等）作为分类依据的分类方法，不考虑植物间的亲缘关系和演化关系。

一、依园林植物的生活型与生态习性分类

根据习性通常将园林植物分为园林树木、草本花卉、草坪与地被植物三类。

而园林树木类还可以分为乔木类（通常6m至数十米高，有明显的主干）、灌木类（树体矮小，主干6m以下，干茎多从地面而发，无明显的主干），藤木类（能缠绕或攀附他物向上生长）；根据在一年中落叶与否分可分为常绿乔木和落叶乔木两类；根据大小又可分为大乔木类（树高20m以上）、中乔木类（11～20m）、小乔木类（6～10m）三类。

二、依园林用途分类

（1）庭荫树：如樟树、垂柳、悬铃木、榕树等。

（2）园景树：又称孤植树或标本树，如银杏、枫香、玉兰、雪松、榕树等。

（3）行道树：常用的有樟树、天竺桂、银杏等。

（4）花灌木：如榆叶梅、火棘、月季、八仙花、蔷薇等。

（5）绿篱植物：如黄杨、火棘、小叶女贞等。

（6）攀援植物：如蔷薇、紫藤、地锦、炮仗花、金银花等。

（7）草坪和地被植物，通常将草坪单独列为一类。

三、按观赏部位和特性分类

（1）观花类：如桃、玫瑰、月季、牡丹、一串红、扶桑、一品红等。

（2）观果类：如南天竹、石榴、火棘、金橘等。

（3）观叶类：

春色叶类和新叶有色类：如臭椿、桂花、三角枫、鸡爪槭、石楠等。

秋色叶类：如鸡爪槭、三角枫、五叶地锦、南天竹、银杏等。

常色叶类（指除绿色之外的颜色）：如紫叶小檗、紫叶李、红枫、金叶女贞等。

观芽类：如银芽柳等。

观茎类：如光棍树、虎刺梅等。

赏根类：如松树、榆树、朴树、梅花、榕树等。

赏株形类：如圆柱形、垂枝形、尖塔形等。

四、依植物的生长习性分类

1. 阳性植物

在阳光比较充足的环境条件下才能正常生长的植物称为阳性植物，也称为喜光植物。最常见的阳性树种有银杏、雪松、桧柏、翠柏、刺槐、槐树等；阳性草花有鸢尾、飞燕草、牵牛花、矮牵牛、一串红等；阳性草坪植物有假俭草、结缕草、细叶结缕草等。

2. 阴性植物

能在荫蔽环境条件下正常生长的植物称为阴性植物，也称耐荫植物。最常见的耐荫树种有大叶黄杨、瓜子黄杨、迎春等；耐荫花卉有文竹、吊兰、玉簪、八仙花等；耐荫草坪及地被植物有普通早熟禾、黑麦草等。

3. 中性植物

对阳光要求介于阳性植物与阴性植物两者之间的植物称为中性植物。最常见的中性树木有苏铁、侧柏、云杉、金银花等；中性花卉、草坪及地被植物有紫羊茅、旱地早熟禾等。

园林植物的配置必须满足植物对阳光的不同要求。阳性植物应选择向阳开阔处，而阴性植物则应选择林内、树荫下或者建筑的背阳处。一般说来，阳性植物多种植于瘠薄干燥的土壤中，阴性植物则要求种植于肥沃湿润的土壤中，否则会生长不良，有时还会导致病虫害严重发生。

4. 耐水植物

这类植物要求土壤水分充足，有的即使根部延伸水中也不影响其生长，如水杉、垂柳、水曲柳、龙爪槐等，草坪地被植物如普通早熟禾、剪股颖等。

5. 耐旱植物

这类植物能耐干旱，在土壤干燥的条件下也能生长，如苏铁、侧柏、落叶松、白皮松、刺槐、夹竹桃、泡桐等，地被植物如羊茅、细叶早熟禾、细叶剪股颖等。

6. 耐盐碱植物

这类植物能够生长在含有一定盐碱的土壤中，如侧柏、合欢、泡桐、柽柳、白蜡、刺槐等。

7. 抗性植物

凡能够保护环境、抵抗污染和自然灾害的植物都属于抗性植物。园林植物对有害气体的抗性不同，有的能抗多种有害气体，而有的抗性较差，尤其是"三废"污染比较严重的城市和工矿区，在绿地的配置中必须注意合理选择抗性较强的植物。

8. 耐寒植物

抗寒能力强，在我国西北、华北、东北南部地区可露地越冬，能耐0℃以下的温度，部分种类能耐 −10 ～ −20℃的低温。

【学习评价】

一、自我评价

1. 举例说明相同的园林植物依其用途进行不同分类时，会有不同的结果。

2. 结合本地的实际情况，说说园林植物按照观赏部位分类的意义。

3. 想一想，在园林工程施工中最实用的分类方法是什么？为什么？

二、小组评价

小组评价见表1-36。

表1-36　小组评价

序　　号	评价内容	分　值	得　　分	备　　注
1	参与学习的积极性	20		
2	对植物认知的熟练程度	25		
3	独立掌握分类方法的程度	25		
4	与人合作的能力	15		
5	综合评价	15		

三、教师评价

1. 学习态度。

2. 分类准确度。

3. 小组协作情况。

【复习思考】

1. 举例说明 10 种常见行道树的名称及形态特征。

2. 举例说明本地区常见的 10 种水生花卉的名称及观赏特性。

3. 想一想，园林植物按照人为分类法在实际工作中的意义有哪些?

技能三　植物检索表的编制与使用

【技能描述】

（1）能够熟悉植物检索表的编制原理。

（2）会根据植物特征编制平行检索表和等距检索表。

（3）重点是能够利用植物检索表进行植物鉴定。

【技能情境】

校园新引进 10 余个新的树木品种，但对其确切的学名及习性尚未完全准确了解，需要你根据所学知识对这些新品种进行鉴定，并归纳出其栽培养护管理方法，鉴定成果为：每个树木品种的学名、拉丁学名、原产地、习性、栽培管理要点等。

【技能实施】

利用植物检索表进行植物鉴定

使用检索表鉴定植物时，要经过观察、检索和核对三个步骤。

一、使用的工具

（1）尖镊子和解剖针，用来夹持花朵和拨开花的各个部分。

（2）小刀，用来切开花的子房和果实。

（3）手持放大镜，用来观察细小形态。

（4）记录本和笔，用来记载观察结果。

（5）地方植物志（或植物图鉴、植物检索表），用来检索植物和验证检索的结果。

二、材料

本地常见园林植物 10~15 种（最好选择那些学生不是很熟悉或者只知俗名不知学名的植物）。

建议 2~3 人为一个小组，如果条件许可，也可以对每个学生单独进行实训。

三、方法步骤

1. 观察

观察是鉴定植物的前提。要鉴定一株植物，首先必须对它各个器官的形态（尤其是花和叶的形态）进行细致的观察，然后才有可能根据观察结果进行检索和核对。

（1）观察的项目。

1）生活型。是指乔木、灌木、藤木、草本等。如果是乔木，还要观察是常绿还是落叶的；如果是草本，还要观察是一年生、二年生还是多年生的。

2）根。主要是指草本植物根的类型、变态根的有无及其类型，木本植物的根通常不必观察。

3）茎。观察茎的生长习性（直立、匍匐、攀援、缠绕等）、茎的高度、分枝特点、树冠形状、变态茎的有无及其类型等。

4）叶。观察单叶或复叶、叶序类型、托叶有无、乳汁及有色浆液的有无、叶的长度、叶序形状大小和质地、叶片各部分的形态（包括叶基、叶尖、叶缘、叶脉、毛的有无和类型等）等。

5）花。观察花序类型、花的性别（两性花或单性花、同株或异株）、花的对称性（辐射对称或左右对称）、花的各部分是轮生或螺旋生、萼片形态（数目、形状、大小、离生或合生）、花瓣形态（数目、颜色、离生或合生、花冠类型）、雄蕊形态（数目、类型、与花瓣对生或互生）、雌蕊形态（心皮数目、心皮离生或合生、花柱柱头特点、子房室数、胎座类型、胚珠数目、子房位置）等。

6）果实。观察果实的类型、大小、形状、颜色等。

7）种子。观察种子的数目、形状、颜色、胚乳有无等。

8）花期和果期。

9）生活环境及其类型。

（2）观察注意事项。

1）要选择正常而完整的植株进行观察。用来观察的植株应该发育正常、没有病虫危害，这样的植株一般形态特征是正常的。只有根据正常的形态特征才能识别出一株植物。

2）用来观察的植株必须是根、茎、叶、花俱全的（最好还有果实）。因为检索表是根据植物全部的形态特征来编制的，如果缺少了某个特征，往往会使检索工作半途而废。

3）要按照形态学术语的要求进行观察。只有按照形态学术语的要求观察植物，才能根据观察结果顺利地进行检索，因为检索表都是运用形态学术语编制的。

4）要按照一定顺序进行观察。观察时，要从植物整体到各个器官；对各个器官，要从下到上，即从根、茎到叶，再到花、果实和种子；对每个器官，要从外向内，如花要按照萼片、花瓣、雄蕊、雌蕊的顺序进行观察。这样观察所得到的结论就不会杂乱无章。

5）要边观察边记录。特别对一些数字要及时记录，以免因遗忘而需重新观察。

2. 检索

检索是识别植物的关键步骤。对一株不认识的植物，可以根据观察的结果，选择一定的检索表逐项进行检索，最后就可以确定该株植物的名称和分类地位。

（1）检索的方法。检索时，先用分科检索表检索出该植物所属的科，再用该科的分属检索表检索到属，最后用该属的分种检索表检索到种。

在检索时要根据"非此即彼"的原理，从一对相反的特征中选择其中一个与被检索植物相符合的特征，放弃另一个不符合的特征，然后在选中的特征项下，再从下一对相反特征中继续进行选择，如此进行下去，直至检索到种为止。

（2）检索时的注意事项。在核对两项相对的特征时，即使第一项已符合被检索的植物，也应该继续读完第二项特征，以免查错。

如果查到某一项，而该项特征没有观察，应补充观察后再进行检索，不要越过去检索下项，这样容易错查下去。

3. 核对

核对是为了防止检索有误。核对的方法是把植物的特征与植物志或图鉴中有关形态描述的内容进行对比。在核对时不仅要与文字描述进行核对，还要核对插图。

【技能提示】

植物检索表是对各种园林植物进行鉴定的重要依据，也是学生在今后的学习工作中遇到植物识别困难时能够自己解决的工具，因此在技能实训中要安排好侧重点，应该把重点放在检索表的应用上，而检索表的编制只是调动学生积极性或提高学生学习兴趣的一个小作业。

【知识链接】

植物的鉴定与植物检索表

植物的鉴定、分群归类主要的依据有形态学、细胞学、解剖学、植物化学、分子植物学等。形态学是通过研究植物的形态和结构（如花色、瓣型、雄蕊的数目等），根据个体发育与系统发育的特征进行植物分类与系统演化的研究。深入到细胞学、分子生物学领域的植物分类研究能够更准确地确定植物间的亲缘关系、植物性状的发展快慢以及系统的发展演化关系等。

植物分类检索表是鉴定植物的工具，一般包括分科、分属及分种检索表。植物检索表的编制常用植物形态比较法，按照科、属、种划分的标准和特征，选用一对明显不同的特征将植物分为两类，又从这两类中再找相对的特征区分为两类，以此类推，最后即可分出科、属、种或品种。常用的检索表有平行和定距两种形式。

1. 平行检索表

平行检索表中每一相对性状的描写紧紧并列以便比较，在一种性状描述结束即列出一个名称或是一个数字，此数字重新列于较低的一行之首，与另一组相对性状平行排列。平行检索表又称为二歧检索表，它的特点是左边的字码都平头写（平行）。

以北京地区松科分属检索表为例：

1. 叶单生，螺旋状排列 2

1. 叶2—多枚簇生在短枝上 3

2. 球果直立，种鳞脱落，不具叶座 冷杉属 *Abies*

2. 球果下垂，种鳞宿存，具突出叶座 云杉属 *Picea*

3. 叶2～5针一束，种鳞端加厚 松属 *Pinus*

3. 叶多枚簇生在短枝上，种鳞端扁平 4

4. 叶冬季脱落 落叶松属 *Larix*

4. 叶常绿 雪松属 *Cedrus*

平行检索表的优点是排列整齐美观，而且节约篇幅，但不如等距检索表那样一目了然。

2. 定距检索表

定距检索表中每对特征写在左边一定的距离处，前面标以数字，与之相对应的特征写在同样距离处，如此下去每行字数减少，距离越来越短，逐组向右收缩。定距检索表使用上较为方便，每组对应性状一目了然，便于查找核对。

还以北京地区松科分属检索表为例：

1. 叶单生，螺旋状排列

    2. 球果直立，种鳞脱落，不具叶座　冷杉属 *Abies*

    2. 球果下垂，种鳞宿存，具突出叶座　云杉属 *Picea*

1. 叶 2—多枚簇生在短枝上

    3. 叶 2~5 针一束，种鳞端加厚　松属 *Pinus*

    3. 叶多枚簇生在短枝上，种鳞端扁平

        4. 叶冬季脱落　落叶松属 *Larix*

        4. 叶常绿　雪松属 *Cedrus*

由上例可以看出，等距检索表的优点是把相对性质的特征排列在同等距离，一目了然，便于应用。但如果编排的种类过多，检索表必然因偏斜而浪费很多篇幅。

【学习评价】

一、自我评价

1. 是否熟悉了植物检索表的编制原理？

2. 是否会用检索表进行植物鉴定？

3. 想一想，植物检索表在实际专业学习中有哪些作用？

二、小组评价

小组评价见表 1-37。

表 1-37　小组评价

序　号	评价内容	分　值	得　分	备　注
1	参与学习的积极性	20		
2	对检索表使用的熟练程度	25		
3	植物检索中对形态特征观察的正确程度	25		
4	与人合作的能力	15		
5	综合评价	15		

三、教师评价

1. 学习态度。

2. 鉴定植物的准确度。

3. 小组协作情况。

【复习思考】

请你用二歧分类法编制一个检索表，以区别木兰科、毛茛科、十字花科、石竹科、豆科、葫芦科、茄科、唇形科、百合科、禾本科、兰科等科的植物。

任务三 环境因子对植物生长的影响

【任务分析】

环境是指植物生存地点周围一切空间因素的总和，是植物生存的基本条件。我们通常把直接作用于园林植物生命过程的环境因子称为"生态因子"。

生态因子分为气候因子、土壤因子、地形因子、生物因子和人为因子五大类。其中每一类又由许多更具体的因子组成。本课程主要介绍气候因子和土壤因子对园林植物生长的影响。

气候因子主要包括光照、温度、水分、空气、风等因子，是影响园林植物生长发育的主要生态因子。

【任务目标】

适宜的环境是植物生存的必要条件。通过本部分内容的学习，能够准确了解环境因子如气候、土壤、生物、地形等因子对园林植物生长发育的影响，选择或创造适宜的环境条件，科学合理地选择、栽植或改造植物，同时熟悉直接作用于园林植物生命过程的环境因子——生态因子的主要组成，特别是各种生态因子对园林植物生长发育的影响。同时能够正确分析影响本地区园林植物环境的主要因素；了解植物的生长发育与环境条件的关系，懂得环境调控方法。

技能一 气候因子对植物生长的影响

【技能描述】

（1）了解影响园林植物生长的气候因子之间的联系及对植物生长的作用。

（2）了解土壤因子及主要成分对园林植物生长的作用，同时懂得土壤改良的基本原理。

（3）通过对园林植物生长发育限制因子的了解，能够根据植物各个生长阶段的特点采取相应的栽植技术和管理措施，满足园林绿化的要求。

【技能情境】

园林植物在栽培养护中，经常采取相应的栽植技术和管理措施来满足其观赏需要。

校园绿化使用多种多样的园林植物，同时在温室栽培各种园林花卉，现需要了解这些植物是否适应生长环境以及栽培管理措施是否到位。通过本课内容的学习，请你制定一调查计划，包括调查方法和内容，同时从温度、水分（空气湿度）、光照条件等因子的角度出发，总结这些园林植物的栽培措施是否正确。

【技能实施】

气候因子对植物生长的影响调查

一、实训目的

（1）学会园林植物形态指标调查方法。

（2）了解温度、水分、光照等条件对园林植物生长发育的影响。

（3）通过观测，掌握园林植物栽培养护的措施及技术要求。

二、实训材料及场地要求

（1）材料及用具：常见园林绿化植物，温室花卉，卷尺，记录夹，温度计，照度计，土壤水分测试仪等。

（2）场地要求：校园绿化植物不少于20种，栽植位置包括开阔地、背阴处及半背阴处；温室花卉种类不少于30种，包括一、二年生花卉、观叶花卉、观花花卉等。

三、实训分组情况

结合实训条件（仪器设备），可4~6人一组，也可2~3人一组。

四、实训步骤

调查对象观测指标包括园林植物在不同生长环境下其花、叶、果、茎（枝）的颜色及尺寸等内容，完成植物调查表（表1-38）的填写。

表1-38 植物调查表

序号	名称	类型	位置	年龄	照度	温度	土壤含水量	叶形及尺寸	叶色	茎（枝）	其他	生长情况	数量

1. 温度对园林植物生长发育的影响

调查不同的园林植物及其生长环境，测定环境的温度。

2. 光照条件对园林植物生长发育的影响

用照度计观测不同环境中的园林植物周围的光照强度，同时调查不同园林植物在不同光照条件下生长指标的情况。

3. 水分对园林植物生长发育的影响

用土壤水分测试仪测定园林植物生长的土壤中的水分含量，同时调查园林植物的形态指标。

五、实训报告与调查

【技能提示】

环境因子对园林植物的影响是多方面的，有些影响容易观测，而有些影响需要长期观测，同时由于栽培环境的改变，其形态特征与在原产地有很大差异，因此此实训中，教师要提前选择好位置，安排好调查内容及调查对象，有些观测指标需要通过栽培措施的改变来体现，如植物对水的需求、对光照条件的要求等。

【知识链接】

气候因子对植物生长的影响

一、光照

光是植物光合作用得以进行的必要条件，植物通过光合作用制造有机物。光照强度、日照长度、光质等都会对植物的生长产生影响。

（一）光照强度

光照强度是指单位面积上所接受的可见光的能量，简称"照度"，单位为勒克斯（lx）。不同维度、不同坡向、不同季节、不同时间、不同天气光照强度都会有变化。一年之中以夏季光照最强，冬季光照最弱；一天之中以中午光照最强，早晚光照最弱。

1. 光照强度对植物生长的影响

植物生长速度与光合作用的强度密切相关，在其他生态因子都适宜的条件下，光合作用合成的能量物质恰好抵偿呼吸作用的消耗时的光照强度称为光补偿点，光补偿点以下植物便停止生长，有些植物会因光照不足导致叶子和嫩枝枯萎。光照强度超过了补偿点而继续增加时，光合作用的强度就成比例地增加，植物生长随之加快。但当光照强度增加到一定程度时，光合作用强度的增加就逐渐减缓，最后达到一定限度，不再随光照强度的增加而增加，这时达到了光饱和点，即光合作用的积累物质达到最大时的光照强度。一般植物生长需要18000～20000lx 的光照强度。

根据不同园林植物对光照强度的反应可将其分为以下 3 类：

（1）阳性植物。此类植物需在较强的光照下才能正常生长。

（2）阴性植物。此类植物不能忍受强烈的直射光线，需在适度荫蔽下才能生长良好。

（3）中性植物。此类植物对光照强度的要求介于上述两者之间，或对日照长短不甚敏感。通常喜欢日光充足，但在微荫下也能正常生长。

2. 光照强度对叶色的影响

在观叶类花卉中，有些花卉的叶片中常呈现出黄、橙、红等多种颜色，如红枫、南天竹的叶片在强光下叶黄素合成得多些，而在弱光下则胡萝卜素合成得多，因此它们的叶片呈现出由黄到橙再到红的不同颜色。

3. 光照强度对花色的影响

紫红色的花是由于花青素的存在而形成的，而花青素必须在强光下才能产生，在散射光下不易产生。如光照强度对矮牵牛等某些花卉品种的花色有明显影响，蓝、白复色的矮牵牛花其蓝色部分和白色部分的比例变化不仅受温度影响，还与光照强度和光照持续时间有关，随着温度升高，白色部分增加，随着光照强度增大，蓝色部分增加。

（二）日照长度

日照长度是指一天之中从日出到日落的太阳照射时间。一年之中不同季节昼夜日照时数不同，这种昼夜长短交替变化的规律称为光周期。根据对日照长短反应的不同可将园林植物分为三类。

1. 短日照植物

短日照植物每天光照时数在 12h 或 12h 以下才能正常进行花芽分化和开花，如菊花、一品红、叶子花等。在自然条件下，秋季开花的一年生花卉多属此类。

2. 长日照植物

与短日照花卉相反，长日照植物只有每天光照时数在 12h 以上才能正常花芽分化和开花，如八仙花、瓜叶菊等。在自然条件下，春夏开花的二年生花卉属此类。

3. 中日照植物

这类植物经过一段时间营养生长后，只要其他条件适宜就能开花结实，日照长短对其开花无明显影响。

（三）光质

不同波长的光对植物生长发育的作用不同。植物同化作用吸收最多的是红光，其次为黄光。红光不仅有利于植物碳水化合物的合成，还能加速长日照植物的发育。相反，蓝紫光则加速短日照植物发育，并促进蛋白质和有机酸的合成，短波的蓝紫光和紫外线能抑制节间伸长，促进多发侧枝和芽的分化，还有助于花色素和维生素的合成，高山及高海拔地区花卉和果实色彩更艳就是因为紫外线较多。红外线是不可见光，被地面吸收后可转变为热能，能提高地温和气温，提供植物生长发育所需的热量。

二、水分

水是植物的重要组成成分，也是植物进行光合作用的原料，同时还是维持植株体内物质分配、代谢和运输的重要因素。植物生长发育离不开水，如果缺水则会影响种子发芽、插条生根、幼苗生长，光合作用、呼吸作用及蒸腾作用均不能正常进行，严重缺水时还会使植株萎蔫甚至死亡。当然，水分过多又会造成植株徒长、烂根、落蕾、甚至死亡。

（一）植物对水分的要求

土壤湿度通常用土壤含水量的百分数表示，即以田间持水量的 60% ~70% 为宜。根据不同园林植物需水特性可将其分为以下三类：

1. 旱生植物

原产于干旱或沙漠地区，耐旱能力强，只要有很少的水分便能维持生命或进行生长，如仙人掌类、景天类及许多肉质多浆花卉等。在生产中应掌握"宁干勿湿"的原则。

2. 湿生植物

原产热带或亚热带，喜欢土壤疏松和空气多湿环境。这类植物根系小而无主根，须根多，水平状伸展以吸收表层水分，大多通过多湿环境补充植物水分，保持体内平衡，如兰花、杜鹃花、马蹄莲、竹芋等。

3. 中生植物

介于旱生和湿生植物之间。一些种类的生态习性偏向于旱生植物特征，另一些则偏向于湿生植物的特征。多数露地花卉和多数林木树种属于此种类型。

（二）植物不同生长期和水分的关系

植物不同生长期对水分需要量不同。种子萌芽期需充足的水分；幼苗根系弱小，在土壤中分布浅，须经常保持土壤湿润。水分过多则容易徒长；旺盛生长期需水分充足，促进抽梢形成树冠骨架，但过多会出现植株叶片发黄或徒长等现象；开花结果期要求较低的空气湿度和较高的土壤含水量，充足的水分有利于果实发育；果实和种子成熟期要求水分较少、空气干燥，提高果品和种子质量；休眠期需水量最少。

（三）水质对植物的影响

植物中尤其是花卉对水质要求较高，以 pH 值 6～7 为宜，过高（碱性强）或过低（酸性强）都不利于植物的生长发育甚至造成死亡。如工厂排出的废水、生活污水等受到严重污染的水不能用来灌溉植物。

三、温度

（一）园林植物对温度的要求

温度是园林植物生长发育最重要的环境条件之一。园林植物对温度的要求都有一定的范围，其中最低温度、最适温度及最高温度称为三基点温度。不同种类的园林植物其三基点温度不同。根据对温度需求的不同可将园林植物分为三类：

1. 耐寒性植物

一般能耐 0 ℃以下的温度，其中一部分种类能耐 –5～–10 ℃以下的低温。除高寒地区都可以露地越冬，如落叶松、红松、冷杉等。

2. 不耐寒性植物

一般不能忍受 0℃以下的温度，其中一部分种类甚至不能忍受 5℃以下的温度，在这样的温度下则停止生长或死亡。

3. 半耐寒性植物

耐寒力介于耐寒性植物与不耐寒性植物之间。

（二）园林植物适宜的温周期

温度并不是一成不变的，而是呈周期性变化，称为温周期。温度有季节性的变化及昼夜的变化。

1. 温度的年周期变化

我国大部分地区属于温带，春、夏、秋、冬四季分明，一般春、秋季气温在 10～22℃，夏季平均气温在 25℃左右，冬季平均气温在 0～10℃。原产温带地区的植物一般表现为春季发芽，夏季生长旺盛，秋季生长缓慢，冬季进入休眠。

2. 气温日较差

一天之中最高气温一般出现在 14～15 时，最低气温一般出现在日出前后，二者之差称为气温日较差。

气温日较差影响着园林植物的生长发育。白天气温高，有利于植物进行光合作用；夜间气温低，可减少呼吸消耗，使有机物质的积累加快。因此，气温日较差大则有利于植物有机物的积累。通常热带昼夜温差在 3～6℃，温带 5～7℃，而沙漠则要相差 10℃以上。

（三）有效积温

各种园林植物都有其生长的最低温度。当温度高于其最低温度时，植物才能生长发育，才能完成其生活周期。通常把高于一定温度的日平均温度总量称为积温。园林植物在某个或整个生长期内的有效温度总和，称为有效积温。一般落叶树的生物学起始温度为均温 6 ~ 10℃，常绿树为 10 ~ 15℃。计算公式如下：

$$K = (X - X_0)Y$$

式中　　K——有效积温（℃）

　　　　X——某时期的平均温度（℃）

　　　　X_0——该植物开始生长发育的温度，即生物学零度（℃）

　　　　Y——该期天数（d）。

例如，某种花卉从出苗到开花、结实的最低温度为 5℃，需要经历 600℃ 的积温才能够开花，如果日平均温度为 20℃，则需经历 40d，即：

$$Y = 600/(20 - 5) = 40(d)$$

（四）温度对花芽分化和发育的影响

植物种类不同，花芽分化和发育所要求的最适温度也不同，大体上可分为两类。

1. 高温条件下花芽分化

许多花木类如山茶花、樱花、紫藤等均于 6 ~ 8 月气温升至 25℃ 以上时进行花芽分化，入秋后进入休眠，经过一定的低温期后结束或打破休眠而开花。

2. 低温条件下花芽分化

有些植物在开花之前需要一定时期的低温刺激，这种经过一定的低温阶段才能开花的过程称为春化阶段。秋播的二年生花卉需 0 ~ 10℃ 才能进行花芽分化。

早春气温对园林植物萌芽、开花有很大影响。温度上升快，开花提早，花期缩短，花粉萌发一般以 20 ~ 25℃ 为宜。

（五）温度对花色的影响

温度是影响花色的主要环境因素之一，许多花卉会随着温度的升高和光照的减弱而花色变淡。

（六）高温及低温障碍

1. 高温障碍

当园林植物生长发育期环境温度超过其正常生长发育所需温度的上限时，会导致蒸腾作用加强，水分平衡失调，容易发生萎蔫或永久萎蔫（干枯）。同时高温影响植物的光合作用和呼吸作用，一般植物光合作用最适温度为 20 ~ 30℃，呼吸作用最适温度为 30 ~ 40℃，高温使植物光合作用下降而呼吸作用增强，同化物积累减少，植物出现萎蔫、灼伤，甚至枯死。

土温较高首先影响根系生长，进而影响植物的正常生长发育。一般土温高常伴随缺水，造成根系木栓化速度加快，根系缺水而缓慢生长甚至停止生长。此外，高温还影响花粉萌发及花粉管的伸长，导致落花落果严重。

2. 低温障碍

低温和骤然降温对园林植物危害比高温更严重。

（1）冷害（寒害）。植物在 0℃ 以上的低温下受到伤害，轻度表现为凋萎，严重时死亡。

（2）冻害。温度下降到 0℃ 以下，由于植物体内水分结冰产生的伤害称为冻害，常见的有霜冻，特别是早霜和晚霜。不同植物或同种植物在不同的生长季节及栽培条件下对低温的适应性不同，因而抗寒性也不同。一般处于休眠期的植物抗寒性较强，若正常生长季节遇到

0～5 ℃低温，就容易发生低温伤害。

四、空气

大气成分中对植物生长影响最大的是氧气、二氧化碳、水气和氮气。

1. 氧气

氧为一切需氧生物生长所必需的，大气含氧量相当稳定（21%），所以植物的地上部分通常不会缺氧，但土壤在过分板结或含水量过多时，常因空气中的氧不能向根部扩散而使根部生长不良，甚至坏死。

2. 二氧化碳

植物在光合作用时以二氧化碳作为原料合成葡萄糖，并在呼吸作用中作为废气排出。大气中的二氧化碳含量很低，常成为光合作用的限制因子，空气的流通以及人为提高空气中的二氧化碳浓度常能促进植物生长。

3. 水气

大气中水气含量变动很大，水气含量（相对湿度）会通过影响蒸腾作用而改变植株的水分状况，从而影响植物生长。

4. 氮气

氮主要促进叶片生长，是制造叶绿素的主要成分，能使枝叶浓绿，生长旺盛。缺乏时生长停止，叶片黄化脱落，但施用过量容易徒长，妨碍花芽形成和开花。幼苗及观叶植物需较多的氮。

【学习评价】

一、自我评价

1. 通过学习是否了解了气候因子对园林植物生长的影响？

2. 结合本地区园林植物生产的实际情况，说说需要采取哪些措施调整气候因子从而提高园林植物产量？

二、小组评价

小组评价见表1-39。

表1-39　小组评价

序　号	考核内容	考核要点和评分标准	分值	得分
1	调查方案的制定	制定的方案完整、合理，可操作性强	25	
2	调查内容的完整性	能根据气候因子设置完整的调查内容	30	
3	调查方法	调查方法可行	25	
4	实训报告	报告书写格式规范，实训内容完整、正确	20	
合计			100	

三、教师评价

1. 对学生的实训表现及学习态度进行评价。

2. 对学生的实训报告进行评价。

3. 结合小组合作情况进行评价。

【复习思考】

1. 举例说明低温对园林植物的危害。
2. 结合本地常见园林植物种类说明植物养护管理中肥水管理的方法。
3. 如何解释植物选择和种植时的适地适树？
4. 解释园林花卉花期控制的方法及原理。

技能二　土壤因子对植物生长的影响

【技能描述】

（1）了解土壤因子对植物生长的影响。
（2）了解土壤质地的类型及特点。
（3）掌握土壤改良常用的方法。
（4）掌握土壤质地的测定方法。

【技能情境】

土壤是植物生长发育的物质基础，对于土壤质地的判断正确与否直接影响园林植物的种植成败。

学校现需要种植一些绿化苗木，但由于种种原因，对种植地的土壤质地是否适合种植这些园林植物还有待于调查，现让你根据所学知识，对该地内不同位置的土壤质地进行测定，测定结果将用于指导园林植物的种植。请做出土壤质地调查与测定方案并提出土壤改良方案及种植计划。

【技能实施】

土壤质地测定

一、目的意义

（1）通过测定土壤的机械组成可以知道土壤质地的粗细。
（2）通过土壤质地可以判断土壤的理化性质和肥力状况。
（3）学会使用比重计法和速测法测定土壤质地。

二、仪器设备及材料

（1）试剂。0.5mol/L 氢氧化钠溶液，0.25mol/L 草酸钠溶液，0.5mol/L 六偏磷酸钠溶液，过氧化氢溶液（6%，现配，将200mL 30%的过氧化氢溶液稀释至1L），异戊醇等。

（2）仪器设备。天平，50mL 量筒，玻璃棒，烧杯，1000mL 量筒，2mm 孔径土壤筛，温度计，土壤比重计，秒表，搅拌棒等。

三、测定方法和步骤

1. 样品分散

（1）用天平准确称取过 2mm 筛的风干土壤样品 10～20g（通常黏土 10g，其他质地 20g

或更多），置于 500mL 三角烧瓶中，加少量蒸馏水湿润土样，然后加入过氧化氢溶液 20mL，用玻璃棒搅拌，使有机质与过氧化氢充分反应，反应过程中会产生大量气泡，为防止样品溢出可加异戊醇消泡。过量的过氧化氢用加热方法去除。

（2）根据土壤 pH 值加入一定量的分散剂，再加入蒸馏水 250mL，振荡 1min，使之充分破坏土壤团聚体结构。

2. 制备悬浊液

将三角烧瓶中经过充分振荡分散的土壤及液体倒入 1000mL 量筒中，并多次用蒸馏水冲洗三角烧瓶，将冲洗的液体倒入量筒，直至将瓶中土壤完全转移至量筒。最后用蒸馏水定容至 1000mL。

3. 测定悬液比重

用搅拌棒搅拌量筒中的悬液上下 30 次，使悬液混合均匀，取出搅拌棒，从搅拌离开液面开始计时，分别在 1min 和 2h 用比重计读取读数。

需要注意的是：

（1）若液面有气泡，可滴加异戊醇消泡。

（2）比重计要在规定测定时间前 15s 左右轻轻放入悬液中，不可贴到量筒壁，待稳定后，到达预定时间立即读数。

（3）每次读数后要立即测液温。

4. 数据处理

砂粒所占比例（%）＝［（样品重 – 1min 读数）/样品重］×100%

粉粒所占比例（%）＝［（1min 读数 – 2h 读数）/样品重］×100%

黏粒所占比例（%）＝（2h 读数/样品重）×100%

根据算出的值，从土壤质地三角图中查出土壤样品的地址类型。

四、速测法

土壤机械组成的测定方法很多。在野外因仪器、药品等携带不方便，所以常用揉条法。将少量的土样放入手心，加水充分湿润、调匀，用手先搓成直径约 1cm 的团粒后，再搓成直径约 3mm 的细长条，最后将细长条圈成环状。对照下列条件定出质地名称：

（1）不能成细条，成珠不成条——砂土。

（2）形成不完整的短条——砂壤土。

（3）搓成条时易断裂——轻壤土。

（4）成细条，但弯曲时易断裂——中壤土。

（5）细条完整，成环时有裂痕——重壤土。

（6）细条完整，成环时无裂痕——黏土。

五、实训作业

实训报告和土壤质地测定方法总结。

【技能提示】

土壤质地测定对园林植物生产来说是一项十分重要的工作，测定结果可以直接用来指导生产，在实训中要把握好内容的安排，同时要对测定结果进行综合评价。揉条法是生产中经常使用的方法，在实训中要求学生能够熟练掌握。

【知识链接】

土壤是园林植物生长发育的物质基础，植物所需的水分和养分主要来自土壤，同时土壤支撑着植物保持直立状态。不同的土壤有不同的水、肥、气、热、酸碱度等，它直接影响着植物根系的生长发育和机能。

一、土壤质地

土壤中粗细不同的颗粒所占比例不同，因此构成的土壤质地也不同。土壤质地一般分为砂土、壤土和黏土三大地质组，其类别和特点主要继承了成土母质的类型和特点，又受到耕作、施肥、排灌、平整土地等人为因素的影响，是土壤的一种十分稳定的自然属性，对土壤肥力有很大影响。

1. 砂土

砂土（砂粒 50%）的主要肥力特征为蓄水力弱，养分含量少，保肥能力差，土温变化快，但通气性、透水性好，易耕作。由于砂土含砂粒较多，黏粒少，颗粒间空隙比较大，所以蓄水力弱，抗旱能力差。砂土本身所含养料比较贫乏，由于缺乏黏粒（无机胶体）和 OM（有机质胶体），因此保肥性差；通气性、透水性较好，有利于好气性微生物的活动，OM 分解快，肥效快，猛而不稳，前劲大而后劲不足。砂土因含水量少，热容量较小，所以昼夜温差变化大，土温变化快，这对于某些作物生长不利，但有利于碳水化合物的积累。砂土适宜种植耐旱、耐瘠薄、生长期短、早熟的作物。化肥施用应少量多次，后期勤追肥，多施未腐熟有机肥，勤浇水。

2. 黏土

黏土（黏粒 30%）的主要肥力特征为保水、保肥性好，养分含量丰富，土温比较稳定，但通气性、透水性差，耕作比较困难（干时坚硬，湿时黏粒，故要在一定的含水量条件下耕作较好）。由于黏土含黏粒较多，颗粒细小，孔隙间毛管作用发达，能保存大量的水分。黏土含黏粒较多，一方面黏粒本身所含养分丰富，另一方面黏粒的胶体特性突出，因此保肥性好。黏土由于蓄水量大，热容量也较大，所以昼夜温差变化小，土温变化慢，这有利于植物生长。黏土由于土壤颗粒较细，颗粒间空隙小，大孔稀少，所以通气性、透水性差，不利于好气性微生物的活动，OM 分解比较慢，有利于土壤 OM 的累积，所以黏土中 OM 的含量一般比砂土高，肥效慢、稳而且持久。化肥一次用量可适当增加，前期追施速效化肥，有机肥宜用腐熟度高的，湿时排水，干旱勤浇水，还可压面堵塞毛管孔隙。

3. 壤土

壤土兼有砂土和黏土的优点，粉粒大于 30%，北方称为二合土，是较理想的土壤，其耕作性优良，适种的农作物种类多。

4. 国际土壤质地分类制

国际土壤质地分类标准以黏粒含量为主要标准（图 1-26），要点如下：

（1）黏粒含量 <15% 者为砂土和壤土质地组；黏粒含量在 15% ~25% 者为黏土组；黏土类以黏粒 25% 以上为标志，凡黏粒 >25% 者为黏土组。

（2）当土壤粉（砂）粒含量 >45% 时，均冠以"粉（砂）质"字样。

（3）当土壤砂粒含量在 55% ~85% 时，则冠以"砂土"字样，如 85% ~90% 时，称为壤质砂土，其中砂粒 >90% 以上者称为砂土。

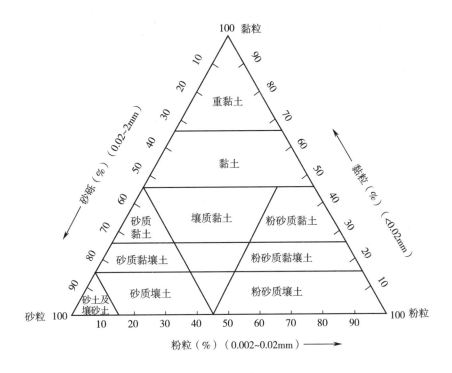

图 1-26 国际制土壤质地三角坐标图

二、土层厚度

土层厚度直接影响土壤养分和水分状况，从而影响植物根系的分布和根系吸收养分、水分的范围。不同植物需要不同的土层厚度，一般乔木树种要求土层较深，灌木次之，草本植物需要的土层厚度较薄。

三、土壤酸碱度

土壤酸碱度是指土壤溶液的酸碱程度，用 pH 值表示。土壤 pH 值与土壤理化性质以及微生物活动有关。因此，土壤中有机质及矿物质营养元素的分解和利用也与土壤 pH 值密切相关。不同植物由于原产地土壤条件不同，其适宜的土壤酸碱度范围也不同。一般原产于北方的植物耐碱性强，原产于南方的植物耐酸性强，大多数植物要求中性土壤。

四、土壤营养

土壤营养指土壤中所含营养元素的多少，园林植物与其他植物一样，所需的三大主要营养元素为氮、磷、钾，其次是钙和镁。不同植物或同一植物在不同生长期对营养元素的需要量不同，了解园林植物在不同生长期对营养元素的需求就可以采取相应的施肥措施。

土壤有机质是土壤中各种营养元素特别是氮、磷的重要来源，它还含有刺激植物生长的胡敏酸类等物质。由于土壤有机质具有胶体特性，能吸附较多的阳离子，因而使土壤具有保肥力和缓冲性。它还能使土壤疏松和形成结构，从而可改善土壤的物理性状。另外它也是土壤微生物必不可少的碳源和能源。因此除低洼地土壤外，一般来说，土壤有机质含量的多少是土壤肥力高低的一个重要指标。

土壤有机质是存在于土壤中的所有含碳的有机化合物，主要包括土壤中各种动植物残体、微生物体及其分解和合成的各种有机化合物。土壤有机质在水分、空气、土壤动物和土壤微生物的作用下，发生极其复杂的转化过程，这些过程综合起来可归结为两个对立的过程，即土壤有机质的腐殖化过程和矿质化过程。

腐殖化过程：土壤有机质在微生物作用下，把有机质分解产生的简单有机化合物及中间产物转化成更复杂的、稳定的、特殊的高分子有机化合物——腐殖质的过程。

矿质化过程：土壤有机质在微生物作用下，分解为简单的无机化合物如二氧化碳、水、氨和矿质养分（磷、硫、钾、钙、镁等简单化合物或离子）等，同时释放出能量的过程。

土壤有机质的组成很复杂，主要包括三类物质：

（1）分解很少，仍保持原来形态学特征的动植物残体。

（2）动植物残体的半分解产物及微生物代谢产物。

（3）因有机质的分解和合成而形成的较稳定的高分子化合物——腐殖酸类物质。

五、土壤含盐量

土壤中所含主要盐类为碳酸钠、氯化钠和硫酸钠，其中碳酸钠的危害最大。一般园林植物能忍受的浓度极限是：硫酸盐 0.3%，碳酸盐 0.03%，氯化物 0.01%。植物受盐碱危害轻者生长发育受阻，表现为枝叶焦枯，严重时全株死亡。

六、土壤质地的改良措施

除了因土种植、合理利用外，对于质地过砂或过黏的土壤，还应采取措施加以改良。

1. 增施有机肥料

有机物质在土中经微生物分解所生成的腐殖质胶体可促进团粒结构的形成，调节水、肥、气、热等状况，并改良耕作性，从而能弥补土质过黏、过砂等种种缺陷，提高土壤肥力。

2. 客土

通过"泥入砂"或"砂掺泥"可以改良质地、改良耕作性、提高肥力，客土法工作量虽大，难以一气呵成，但可有计划地逐年进行，果、茶、桑园中可先改良其树墩或树行间的土壤质地。沙滩和江河岸边的砂土，可引浊流灌淤或筑挡淤坝淀淤，亦可喷施塘泥，以增加黏粒，改良质地，加厚土层，增加养分。对于"上砂下黏"或"上黏下砂"的土壤，通常采用"翻淤压砂"或"翻砂压淤"的办法改良质地。

3. 因土种植，综合治理

在因土种植的同时，还要因土耕作、施肥、灌排，进行科学的田间管理。

砂土保水保肥性差，应及时灌溉，雨后要及时中耕保墒；在重施有机肥的基础上，速效肥的施用应掌握"少量多次"的原则，以防止养分过多流失和后期脱肥，需要作垄栽培时，应宽垄平畦；播种深度宜稍深，播后应镇压接墒。

对于砂性极重特别是飞砂土，应从改善生态环境入手，注意植树造林，防风固沙，配合种草，增加覆盖，从根本上进行改良，方能较好地利用。

黏土通透性差，在地下水位较高的低洼田地垄作时要窄垄高畦深沟，以利排水、通气、增温，防止还原态有毒物质对作物的危害；耕作时要掌握适时耕作，精耕、细耙、勤锄，以提高耕作质量；播种和栽植深度宜浅一些，以利齐苗壮苗；施肥技术上要求在施用有机肥的基础上，掌握"前促后控"的原则，防止贪青徒长；如果在离地表不深处有坚实硬盘或砂姜，阻碍植物根系（尤其是果树）下伸，则应深耕探刨予以破除。

【学习评价】

一、自我评价

1. 通过学习是否了解了土壤因子对园林植物生长的影响？

2. 结合本地区园林植物生产的实际情况，说说改良土壤的方法有哪些？可采取哪些技术措施？

二、小组评价

小组评价见表1-40。

表1-40　小组评价

序　号	考核内容	考核要点和评分标准	分　值	得　分
1	操作的规范性	严格按照规范操作	25	
2	测定结果的准确性	测定结果准确，误差小	30	
3	操作的熟练程度	操作熟练	25	
4	实训报告	报告书写格式规范，实训内容完整、正确	20	
合计			100	

三、教师评价

1. 对学生的实训表现及学习态度进行评价。

2. 对学生的实训报告进行评价。

【复习思考】

1. 简述土壤因子对园林植物生长有哪些重要作用。

2. 简述土壤质地测定的方法及过程。

3. 简述土壤改良的方法及适用环境。

项目一总结

　　自然界中生物种类繁多，特点各异，因此对生物种类的识别、鉴定与人类对生物资源的开放、利用、管理和保护有密切的关系，也对生物的起源与进化有重大的理论意义。人们对生物的分门别类一般是依靠生物检索表。

　　本项目主要学习植物器官的形态结构、类别及主要功能，从而掌握识别各种器官的方法；了解植物分类的方法、植物分类的系统和植物分类的单位；掌握植物命名的法则；掌握园林植物的不同分类方法，并能应用于实践中；重点掌握植物分类检索的方法。

　　植物分类是研究整个植物界不同类群的起源、亲缘关系及进化发展规律的一门学科。其目的是把繁杂的植物进行鉴定、分群归类、命名并按一定系统排列起来，以便于认识、研究和利用。

　　环境因子，特别是气候和土壤因子对园林植物生长发育的影响关系到园林植物生产、种植工作等多个方面。

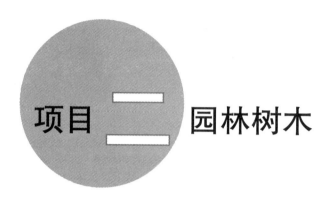

项目二 园林树木

【项目引言】

园林绿化工作的主体是园林植物，其中又以园林树木所占比重最大。从园林建设的趋势来讲，必定是以植物景观为主流。因此，园林树木对园林规划设计、绿化施工以及园林的养护管理等实践工作是有重大意义的。

了解园林树木，必须熟悉园林树木的形态特征、系统分类、地理分布、习性、栽培繁殖及应用方法。

本部分内容主要学习园林树木分类、习性及生长发育规律。

园林树木的分类主要从形态特征入手，按植物进化分类系统来正确识别、鉴定树木的分类，进而辨明其变种、变型与品种，最终能够学会各种园林树木的应用方法，包括园林树种选择与规划以及树木配置等。但要掌握园林树木的规划、选择及应用，必须以其分类、习性，尤其是树种习性为基础。

【学习目标】

本项目主要学习园林树木的分类方法、了解园林树木的生态习性。了解园林树木对改善生态环境的作用，能够根据生长习性对园林树木进行分类和识别，重点掌握园林树木的分类方法及应用技术。

任务一　园林树木的分类

【任务分析】

园林树木分类是植物景观设计、植物引种驯化、观赏植物种质资源保护等相关应用的前提。园林树木是指那些多年生的、茎部木质化的植物，它们适于在城市园林绿地及风景区栽植应用，是园林绿化骨干材料，包括各种乔木、灌木和藤本植物。

【任务目标】

（1）能够正确对本地区常见园林树木按照不同的分类方法进行分类。

（2）能够识别本地区常见木本园林树木，包括乔木、灌木、藤本等，并用专业术语描述其形态特征。

（3）知晓本地区常见园林树木植物学分类、分布习性及其园林用途，为在园林建设中更好地应用各种园林植物打下基础。

技能一　按照树木生长习性分类

【技能描述】

（1）掌握不同生长习性类型园林树木的特征。

（2）能够根据生长习性对园林树木进行分类和识别。

（3）能够理解根据生长习性对园林树木进行分类的优、缺点。

【技能情境】

在本校校园或经过教师与学生讨论确定一个调查地点，根据生长习性对目标区域内的园林绿化树木进行观察、拍照、记录、统计和分类，并通过表格的形式把园林树木分类结果展现出来。

【技能实施】

一、材料和工具

照相机，记录本，签字笔等。

二、实施步骤

（1）学生分组。根据班级人数情况，一般5~6人一组。

（2）教师采用多媒体讲授园林树木按生长习性分类的相关理论知识。

（3）学生根据教师讲授的内容和其他应用资料，分组讨论并制定园林树木调查与分类计划。

（4）各组依次讲解调查的步骤和制定的分类计划。

（5）讨论、修订并最后确定调查内容、方法和分类计划。

（6）园林树木分类实训。

1）分配任务。每组对调查点的园林树木进行调查和分类。

2）教师示范。任选一块区域，对多种类型园林树木特点进行分析，向学生示范调查和分类的技能与要点。

3）学生分组实训，实训指导教师随时指导。

（7）实训报告。以表格形式呈现根据生长习性对园林树木分类的结果。

【技能提示】

有些园林树木在原产地以外的环境条件下会表现出与原产地相差较大的生长习性，此时应该严格根据乔木、灌木、藤本等类型的特征进行分类。

【知识链接】

一、乔木类

在原产地树体高大（一般树高6m以上）、具有明显而高大的主干的树木称为乔木。根据成年树木主干的高度又可以分为大乔木、中乔木和小乔木。大乔木高20m以上，如毛白杨、雪松、柠檬桉等；中乔木高11~20m，如合欢、白玉兰、垂柳等；小乔木高6~10m，如海棠、紫丁香、梅花等。

乔木根据生长速度可以分为速生树、中生树和缓生树，还可以结合生长习性、类型特征分为常绿乔木和落叶乔木、针叶乔木和阔叶乔木等不同类型。

常绿乔木是终年具有绿叶的乔木，这种乔木的叶寿命是2~3年或更长，并且每年都有新叶长出，在新叶长出的时候也有部分旧叶脱落，由于是陆续更新，所以终年都能保持常绿。常绿乔木由于其有四季常青的特性，其美化和观赏价值更高，因此常被用来作为园林绿化的首选之物。

落叶乔木是指每年秋冬季节或干旱季节叶全部脱落的乔木，一般指温带的落叶乔木。落叶是植物减少蒸腾、渡过寒冷或干旱季节的一种适应性行为，这一习性是植物在长期进化过程中形成的。落叶是由短日照引起的，树体内部生长素减少，脱落酸增加，产生离层，最终落叶。

二、灌木类

树体矮小（一般树高6m以下），主干低矮或分枝点低、无明显主干、呈丛生状的树木称为灌木。根据成年灌木的高度可以分为高灌木（2~6m）、中灌木（1~2m）和矮灌木（1m以下）。灌木根据落叶与否又可分为常绿灌木和落叶灌木，常见的落叶灌木有月季、海棠、紫荆、木槿等，常绿灌木有南天竹、山茶、火棘、夹竹桃、栀子花、海桐等。

三、藤本类

地上部分不能直立生长，须借助于吸盘、吸附根、卷须、钩刺或枝蔓及茎本身的缠绕性攀附其他支持物向上生长的树木称为藤本。根据攀援习性不同，藤本类又可以分为缠绕类、卷须类和吸附类等。

缠绕类依靠自身缠绕支持物而向上延伸生长，如紫藤、中华猕猴桃、常春油麻藤等。卷须类依靠特殊的变态器官（卷须）攀附支持物生长，如具有茎卷须的葡萄，具有叶卷须的炮仗花、鞭藤等。吸附类具有气生根或吸盘（二者均可分泌黏胶将植物体黏附于他物之上），依靠吸附作用而攀援，如具有吸盘的爬山虎、五叶地锦，具有气生根的扶芳藤、薜荔等。

四、竹类植物和棕榈植物

竹类植物和棕榈植物均为常绿性植物，有乔木、灌木，也有少量藤本。由于生物学特性、生态习性、繁殖和栽培方式比较独特，不同于一般的园林树木，故常常单列为一类。

竹类是禾本科竹亚科单子叶常绿性园林植物，在我国南方园林中较为常见。根据生长习性分为乔木型和灌木型，根据地下茎的发育特征还可以分为单轴散生型、合轴丛生型、复轴混生型等。乔木型如楠竹等，灌木型如箬竹等，单轴散生型如刚竹属等，合轴丛生型如簕竹属、牡竹属等，复轴混生型如苦竹属等。

棕榈类是棕榈科植物，常见于我国热带、亚热带地区，如广东、海南、广西、福建、云南等省。棕榈类植物也有乔木和灌木之分，乔木如大王椰子属、椰子等，灌木如棕竹属等。

【学习评价】

一、自我评价

1. 通过学习是否了解了园林树木的习性？
2. 能否总结出乔木、灌木、藤本、竹类植物和棕榈植物等类型的特征？

二、小组评价

小组评价见表2-1。

表2-1　小组评价

序　号	考核内容	考核要点和评分标准	分　值	得　分
1	分类计划的制定	制定的计划完整、合理，可操作性强	30	
2	园林树木的分类	能够根据生长习性进行分类，并明确各类型的特征，分类正确	40	
3	实训报告	报告书写格式规范，实训内容完整、正确	30	
合计			100	

三、教师评价

1. 对学生的学习态度进行评价。
2. 对学生的实训报告进行评价。

【复习思考】

1. 根据生长习性可以将园林树木分为哪几类？分别举例说明。
2. 说明不同生长习性类型园林树木的特征。

技能二　按照树木观赏特性分类

【技能描述】

（1）掌握不同观赏特性类型园林树木的特征。
（2）能够根据观赏特性对园林树木进行分类和识别。
（3）能够理解根据观赏特性对园林树木进行分类的优、缺点。

【技能情境】

在本校校园或经过教师与学生讨论确定一个调查地点，根据观赏特性对目标区域内的园林绿化树木进行观察、拍照、记录、统计和分类，并通过表格的形式把园林树木分类结果展现出来。

【技能实施】

一、材料和工具

照相机，记录本，签字笔等。

二、实施步骤

（1）学生分组。根据班级人数情况，一般 5~6 人一组。

（2）教师采用多媒体讲授园林树木按观赏特性分类的相关理论知识。

（3）学生根据教师讲授的内容和其他应用资料，分组讨论并制定园林树木调查与分类计划。

（4）各组依次讲解调查的步骤和制定的分类计划。

（5）讨论、修订并最后确定调查内容、方法和分类计划。

（6）园林树木分类实训。

1）分配任务。每组对调查点的园林树木进行调查和分类。

2）教师示范。任选一块区域，对多种类型园林树木特点进行分析，向学生示范调查和分类的技能与要点。

3）学生分组实训，实训指导教师随时指导。

（7）实训报告。以表格形式呈现根据观赏特性对园林树木分类的结果。

【技能提示】

根据观赏特性对园林树木进行分类时，会出现同一种园林树木具有两种或两种以上观赏特性的现象，可以考虑单独列入两种观赏特性兼具的类型，也可以进行单独备注说明。

【知识链接】

一、观形类

即观形树种，是指树冠的形态和姿态有较高观赏价值的树种。如雪松、南洋杉、垂柳、龙爪槐、苏铁、棕榈等。

二、观叶类

即观叶树种，是指叶的形态、色彩、大小和着生方式等具有独特观赏价值的树种。如叶形奇特的银杏、变叶木、龟甲冬青、八角金盘、鹅掌柴等，秋叶红艳的黄栌、枫香、鸡爪槭等。

三、观花类

即观花树种，是指花型、花色、花香等有突出表现的树种。如山茶、牡丹、含笑、白玉兰、金丝桃、蜡梅等。

四、观果类

即观果树种，是指果实色彩艳丽或果形奇特、挂果期长，以果实为主要观赏内容的树种。如南天竹、佛手、紫珠、石榴、金橘等。

五、观枝类

即观枝干的树种，是指树木的枝干具有独特的风姿、或具有奇特的色彩、或具有奇异的附属物的树种。如白皮松、红瑞木、金枝国槐、白桦、悬铃木等。

【学习评价】

一、自我评价

1. 通过学习是否了解了园林树木的观赏特性？

2. 能否总结出常见园林树木的观赏特性？并列举出树木名称。

二、小组评价

小组评价见表2-2。

表2-2　小组评价

序　号	考核内容	考核要点和评分标准	分　值	得　分
1	分类计划的制定	制定的计划完整、合理，可操作性强	30	
2	园林树木的分类	能够根据观赏特性进行分类，并明确各类型的特征，分类正确	40	
3	实训报告	报告书写格式规范，实训内容完整、正确	30	
合计			100	

三、教师评价

1. 对学生的学习态度进行评价。

2. 对学生的实训报告进行评价。

【复习思考】

1. 根据观赏特性可以将园林树木分为哪几类？分别举例说明。

2. 说明不同观赏特性类型园林树木的特征。

技能三　按照园林用途分类

【技能描述】

（1）掌握不同园林用途类型园林树木的特征。

（2）能够根据园林用途对园林树木进行分类和识别。

（3）能够理解根据园林用途对园林树木进行分类的优、缺点。

【技能情境】

在本校校园或经过教师与学生讨论确定一个调查地点，根据园林用途对目标区域内的园林绿化树木进行观察、拍照、记录、统计和分类，并通过表格的形式把园林树木分类结果展现出来。

【技能实施】

一、材料和工具

照相机，记录本，签字笔等。

二、实施步骤

（1）学生分组。根据班级人数情况，一般 5 ~ 6 人一组。

（2）教师采用多媒体讲授园林树木按园林用途分类的相关理论知识。

（3）学生根据教师讲授的内容和其他应用资料，分组讨论并制定园林树木调查与分类计划。

（4）各组依次讲解调查的步骤和制定的分类计划。

（5）讨论、修订并最后确定调查内容、方法和分类计划。

（6）园林树木分类实训。

1）分配任务。每组对调查点的园林树木进行调查和分类。

2）教师示范。任选一块区域，对多种类型园林树木特点进行分析，向学生示范调查和分类的技能与要点。

3）学生分组实训，实训指导教师随时指导。

（7）实训报告：以表格形式呈现根据园林用途对园林树木分类的结果。

【技能提示】

根据园林用途对园林树木进行分类时，会出现同一种园林树木具有两种或两种以上园林用途的现象，可以考虑单独列入两种园林用途兼具的类型，也可以进行单独备注说明。

【知识链接】

一、孤植树类

是指个性较强，观赏价值高，在园林中以单株方式栽植，起主景、局部点缀或遮阴作用的树木。一般要求树体高大雄伟、树形美观或具有特殊观赏价值，并且寿命较长。如树形壮观美丽的雪松、云杉、南洋杉、苏铁、榕树等，花朵秀美的白玉兰、梅花、凤凰木等，秋叶美丽的银杏、鹅掌楸等。

二、行道树类

整齐地栽植在道路两侧，以美化环境和遮阴为主要目的的树木称为行道树。一般选择树冠整齐、冠幅较大、树姿优美、抗逆性强、耐修剪、寿命长的树种。常用的有黄山栾、合欢、悬铃木、国槐、毛白杨、白蜡等。

三、绿篱树类

凡是用来分隔空间、屏障视线或防范之用的树木均可称为绿篱树。常用的绿篱树种有黄杨、大叶黄杨、小叶女贞等。

根据用途，绿篱可分为保护篱、观赏篱、境界篱等；依高低可分为高篱、中篱和矮篱；依配置及管理方式则可分为自然篱、散植篱、整形篱等。

四、垂直绿化类

是指在园林中用于棚架、栅栏、凉廊、山石、墙面等处作垂直绿化的植物，主要为藤本类。如适于棚架绿化的葡萄、中华猕猴桃等，适于凉廊绿化的紫藤、木通等，适于墙面绿化的爬山虎等。

五、绿荫树类

是指枝叶繁茂，可防夏日骄阳，以取绿荫为主要目的并形成景观的树木。一般要求树体高大、树冠宽阔、枝叶茂盛。其中植于庭院、公园、草坪、建筑周围的又称庭荫树，植于道路两边的又称行道树。因行道树在树种选择、栽培管理方面比较特别，常单列为一类。

六、木本地被类

是指高度在 50cm 以下，铺展力强，处于园林底层的一类树木。其作用主要是避免地面裸露，防止尘土飞扬和水土流失，调节小气候，丰富园林景观。多选择耐荫、耐践踏、适应性强的常绿树种。如铺地柏、厚皮香、地瓜藤等。

七、盆栽及造型类

主要是指适用于盆栽观赏和制作树桩盆景的树木。这类树木要求生长缓慢、枝叶细小、耐修剪、易造型。如常用的榔榆、六月雪等。

八、防护树类

是指能从空气中吸收有害气体、阻滞尘埃、削弱噪声、防风固沙、保持水土的树木。防护类树木大多抗逆性较强，如抗二氧化硫的女贞、构树、臭椿等，抗氯气的大叶黄杨等，抗氟化氢的垂柳等，抗乙烯的悬铃木、黑松等，防尘的松树、悬铃木等，防噪声的雪松、圆柏等，防火的珊瑚树、银杏等，防风的榆树等均是常用的防护树。

九、室内装饰类

主要是指那些耐荫性强、观赏价值高、适于室内盆栽观赏的树木，如散尾葵、鹅掌柴、发财树等。

【学习评价】

一、自我评价

1. 通过学习是否了解了园林树木的观赏特性？
2. 能否总结出常见园林树木的观赏特性？同时列举出树木名称。

二、小组评价

小组评价见表2-3。

表 2-3　小组评价

序　号	考核内容	考核要点和评分标准	分　值	得　分
1	分类计划的制定	制定的计划完整、合理，可操作性强	30	
2	园林树木的分类	能够根据园林用途进行分类，并明确各类型的特征，分类正确	40	
3	实训报告	报告书写格式规范，实训内容完整、正确	30	
合计			100	

三、教师评价

1. 对学生的学习态度进行评价。
2. 对学生的实训报告进行评价。

【复习思考】

1. 根据园林用途可以将园林树木分为哪几类？分别举例说明。

2. 说明不同园林用途类型园林树木的特征。

任务二 园林树木生态习性

【任务描述】

（1）理解温、光、水、土壤等生态因子对园林树木生长发育的影响。

（2）能够根据各种园林树木的生态习性进行合理的栽培、应用和管理。

【任务情境】

在本校校园或经过教师与学生讨论确定一个调查地点，对目标区域内的园林绿化树木进行观察、拍照、记录、统计，通过教材、参考资料的学习，分别根据园林树木对温度、光照、水分、土壤的要求进行分类。

【任务实施】

一、材料和工具

照相机，记录本，签字笔等。

二、实施步骤

（1）学生分组。根据班级人数情况，一般5~6人一组。

（2）教师采用多媒体讲授园林树木生态习性的相关理论知识。

（3）学生根据教师讲授的内容和其他应用资料，分组讨论并制定园林树木统计与生态习性分类的计划。

（4）各组依次讲解调查的步骤和分类方案。

（5）讨论、修订并最后确定调查内容、方法和分类计划。

（6）园林树木分类实训。

1）分配任务。每组对调查点的园林树木进行调查和统计。

2）教师示范。任选一块区域，对多种园林树木的生态习性进行分析，向学生示范调查和分类的技能与要点。

3）学生分组实训，实训指导教师随时指导。

（7）实训报告：以表格形式呈现根据温度、光照、水分、土壤等生态因子进行园林树木分类的结果。

【任务提示】

有些园林树木在原产地以外的环境条件下也能够顺利地生长发育，在与原产地相差较大的环境条件下也能够表现出良好的生长状态与观赏价值。请对此类园林树木进行备注，这将有助于我们全面了解园林树木的环境适应能力，有利于园林树木的应用与推广。

【知识链接】

园林树木的生态习性是指园林树木对环境条件的要求和适应能力。植物所生活的空间称为环境。

植物与环境之间有着密切的关系，各种环境因子均能够影响植物的生长发育。因此，了解植物与环境的关系对于园林树木的栽培、繁殖和园林应用都具有重要的意义。环境因子包括温度、水分、光照、土壤、空气等因子，而它们对植物的影响是综合的。

一、温度

温度是园林树木生长发育的重要影响因子，能够影响园林树木体内的生理活动和生化反应。温度的变化对植物的生长发育和分布具有极其重要的作用。

（一）温度三基点

园林树木的各种生理活动要求有最低温度、最适温度、最高温度，即温度的三基点。

园林树木在最适温度时生长发育良好，超过最高温度或最低温度便会生长不良甚至死亡。由于原产地气候条件不同，不同园林树木的"三基点"有很大差异，如椰子树、橡胶树等热带植物要求日均气温18℃以上才开始生长，柑橘、樟树等亚热带植物一般在15℃开始生长，温带植物如桃树、国槐等在10℃开始生长，而寒温带植物如白桦、云杉等在5℃甚至更低就开始生长，红松在−50℃的低温环境下仍可以保持生命力，紫竹可耐−20℃的低温，而椰子树、橡胶树等热带植物在0℃的条件下就会出现叶片变黄脱落的现象。

根据园林树木的抗寒能力不同可分为耐寒性园林树木（如落叶松属、毛白杨等）、半耐寒性园林树木（如山茶、杜鹃等）和不耐寒性园林树木（如叶子花、椰子等）。

（二）季节性变温

地球上除了南北回归线之间和极圈地区以外，都能够根据一年中温度因子的变化分为四个季节。

四季的划分以每五天为一"候"的平均温度为标准，候均温度小于10℃为冬季，大于22℃为夏季，10～22℃之间属于春季和秋季。

不同地区的四季长短差别很大，由所处地区的纬度、地形、海拔、季风、降水量等因子的综合作用决定。植物由于长期适应于这种季节性的温度变化，形成了一定的生长发育节奏，即物候期。植物的物候期随着每年季节性变温和其他气候因子的综合作用而进行有规律的更替变化。

（三）昼夜变温

气温的日变化中，在接近日出时有最低值，在下午1～2时有最高值。一日中的最高值与最低值之差称为"日较差"或"气温昼夜变幅"。植物对昼夜温度变化的适应性称为"温周期"。

总体上，昼夜变温对植物的生长发育是有利的。一般而言，在一定的日较差情况下，种子发芽、植物生长和开花结实均比恒温情况下好，这主要是由于植物长期适应了这种昼夜温度的变化。大多数植物种子发芽期需要一定的变温条件，较为恒定的温度会降低发芽率。由于昼夜温差大有利于营养积累，因而绝大多数植物在昼夜变温条件下比恒温条件下生长良好。另外，在变温和一定程度的较大温差下，开花较多且较大，果实也较大，品质也较好。

植物的温周期特性与植物的遗传性和原产地日温变化特性有关。一般原产于大陆性气候地区的植物在日变幅10～15℃条件下生长发育良好，原产于海洋性气候区的植物在日变幅5~10℃条件下生长发育最好，一些热带植物能在日变幅很小的条件下生长发育良好。

（四）突变温度

植物生长过程中，特别是快速生长期，遇到突然低温或突然高温，往往会打乱植物的生理进程而造成严重的伤害甚至死亡。

1. 突然高温

在植物生长过程中，高温会对植物产生不同程度的伤害。过高的温度促使光合作用强度减弱甚至停止，而呼吸作用大大增强，使植物因长期饥饿而死亡。高温还会通过促进蒸腾作用而破坏植物体内的水分平衡，致使植物萎蔫枯死。此外，过高的温度还会促使蛋白质凝固和有害代谢产物的积累而使植物中毒死亡。一般来说，大多数原产热带的植物能够忍受50~60℃的高温，但绝大多数植物的极限高温是50℃，并且裸子植物略低于被子植物，约为46℃。

2. 突然低温

强大寒潮引起的突然低温，可能会使植物受到伤害，具体可以分为寒害、霜害、冻害、冻拔和冻裂。

（1）寒害。是指零度以上低温使植物受害甚至死亡的情况。主要受害植物多为热带喜温类植物，如三叶橡胶树、椰子树等在气温降至0℃之前就会发生叶色变黄脱落现象，而轻木在5℃时就会严重受害而死亡。

（2）霜害。是指当气温降至0℃时，空气中过饱和的水汽在植物表面凝结成霜，导致植物受害的现象。一般短时间的霜害后植物可以逐渐复原，但较长时间的霜害后则不易恢复。

（3）冻害。是指当气温降至0℃以下，植物细胞间隙结冰而引起的伤害，严重时会导致质壁分离，细胞膜或细胞壁破裂而死亡。

（4）冻拔。在纬度高的寒冷地区，昼夜温差大，土壤含水量过高时，土壤由于结冻膨胀而升起，至春季解冻时土壤下沉而植物留在原位造成根部裸露死亡，多发生于草本植物。

（5）冻裂。在寒冷地区，植物在温度降至0℃以下时冻结，同时又由于木材的导热性差，树干内部的温度与干皮表面温度相差数十度，有些树种就会出现裂缝。虽然冻裂不会导致树木死亡，但树皮开裂后失去了保护作用，容易招致病虫侵害从而严重影响树势。

二、水分

树木的生长发育离不开水分，水分决定树木的生存、分布和生长。不同树木对水分的要求及适应不同，根据园林树木对水分的要求和适应能力不同可分为旱生树种、湿生树种和中生树种。

1. 旱生树种

是指能够在沙漠、干旱条件下生存和正常生长发育的树种，如石榴、沙棘、沙拐枣以及仙人掌、景天等肉质多浆类树种。这类树种在长期干旱的环境下形成了适应这种环境的形态结构，它们或是具有发达的根系，或是具有发达的储水结构，或是叶片退化，或是叶面具有较厚的角质层、蜡质或茸毛等，大大降低了植株的蒸腾作用、减少了水分的蒸发。

2. 湿生树种

是指需要生长在水分充裕的环境中，在干旱或中等湿度的环境下生长不良或死亡的树种，如水松、柽柳、乌桕、紫藤、池杉等。湿生树种的生态适应性表现为叶片面积大、光滑无毛、角质层薄、无蜡层、气孔多并且经常张开。

3. 中生树种

是指对于水分要求介于湿生树种和旱生树种之间，在干湿适中的环境中生长发育良好的树种。大多数园林树木属于该种类型，如悬铃木、白蜡、毛竹等。

在园林植物的生长过程中，水分过多或过少都会造成植株生长不良，降低植株抗逆性，甚至造成树木整株死亡。对于很多植物，水分常是决定花芽分化迟早和难易的主要因素，水分缺乏，花芽分化困难，或是花朵难以完全绽开，水分过多，长期阴雨，花芽分化也难以进行。因此，创造适宜的水分条件是使园林植物充分发挥其最佳观赏效益和绿化功能的主要途径之一。

三、光照

光是绿色植物的生存条件之一，园林树木利用光能进行光合作用，为植物自身以及地球上的生物提供了生命活动的能源。影响园林树木正常生长的光照因素包括光照长度、光照强度和光质。

1. 光照长度

光照长度是植物进行花芽分化进入开花阶段的重要影响因子。每日的光照时数与黑暗时数的交替对植物开花的影响称为光周期现象。根据园林树木对光周期的不同反应可分为长日照树种、短日照树种和日中性树种三类。

（1）长日照树种。原产温带和寒带，要求日照长度超过临界日长才能开花，如果满足不了这个条件则植物将仍然处于营养生长阶段而不能开花。

（2）短日照树种。原产于热带及亚热带，要求日照长度短于临界日长才能开花，在满足生长发育所需光合作用时间的前提下，日照时数越短开花越早。

（3）日中性树种。此类树木对日照长短没有严格的要求，只要生长正常就能进行花芽分化。

2. 光照强度

一年中夏季光照最强，冬季光照最弱；一天中中午光照最强，早晚光照最弱。根据园林树木对光照强度的要求不同可分为阳性树种、阴性树种和中性树种。

（1）阳性树种。在全日照下生长良好，在荫蔽或弱光条件下则生长不良。如桃、杏、合欢、刺槐、松属、杨树、柳属等。

（2）阴性树种。正常生长需光量较少，有的需要一定的蔽荫，不能忍受强光照射。严格地说，木本植物中很少有典型的阴性植物，多数为耐荫植物。如红豆杉属、冷杉属、珊瑚树、桃叶珊瑚、八角金盘等。

（3）中性树种。界于阳性树种和阴性树种之间的树种，在充足的阳光下生长良好，但也有不同程度的耐荫能力，在高温干旱时及全光照下生长受抑制。在同一株中性树木上，处于阳光充足部位的枝叶的解剖构造倾向于阳性植物，而处于阴暗部位的枝叶构造倾向于阴性植物。

3. 光质

光是太阳的辐射能以电磁波的形式投射到地球的辐射线。99%的太阳光能量集中在波长为150~4000nm的范围内，而可见光的波长范围是380~770nm。在园林植物的光合作用中，红光（760~626nm）、橙光（626~595nm）是被叶绿素吸收最多的光线，其次是蓝紫光（490~435nm，435~370nm）。

红光能够促进种子萌芽、幼苗生长以及花青素合成反应，有助于叶绿素的形成，促进CO_2的分解与碳水化合物的合成，能加速长日照植物和延迟短日照植物的发育、蓝紫光则能加速短日照植物和延迟长日照植物的发育，其中蓝光还有助于有机酸和蛋白质的合成；紫外光能抑制茎的伸长和促进花青素及维生素C的合成。

四、土壤

土壤是园林树木生长的基础，无论是地栽还是盆栽园林树木，土壤是最重要、使用最广泛的基质类型，为园林树木提供水分、氧气和矿质营养。同时，因土壤的结构、厚度与理化性质不同，肥力状况也有所不同，进而影响园林树木的生长发育。

1. 土壤质地对园林树木的影响

土壤中矿物质的含量、颗粒大小不同，所形成的土壤质地也不相同。根据矿物质颗粒直径大小可将土壤分为砂土类、黏土类和壤土类。

（1）砂土类。土壤含砂粒较多，土粒间隙大，疏松透气，排水良好，保水性能差，昼夜温差大，有机质含量少，肥料分解快。该类土壤多用作扦插、播种基质，也常与黏性土壤按比例混合配制栽培基质。

（2）黏土类。土壤质地较细，土粒间隙小，通透性差，排水不良，保水保肥力强，昼夜温差小。用此类土壤栽培园林树木生长迟缓，需要与其他疏松基质混合使用。

（3）壤土类。土壤质地均匀，土粒大小适中，性状介于砂土和黏土之间，有机质含量较多，土温比较稳定，既有良好的通气排水能力，又能保水保肥，对植物生长有利，能满足大多数园林树木的要求。

2. 土壤酸碱度对园林树木的影响

园林树木对土壤酸碱度的适应力有较大差异，大多数要求中性或弱酸性土壤，只有少数能适应强酸性和碱性土壤。根据园林树木对酸碱度的要求可分为以下三类：

（1）酸性土树种。土壤pH值小于6.5时生长最好，如栀子花、山茶、杜鹃花等对酸性要求严格。

（2）碱性土树种。土壤pH值于6.5~7.5之间生长最好，绝大多数园林树木属于这一类。

（3）中性土树种。土壤pH值在7.5以上时生长正常，如柽柳、沙棘、喜树、合欢等。耐碱性土园林树木在中性土壤中可能生长状况更好。

五、空气

离地面12km的范围称为对流层，空气下边热、上边冷，形成对流。风、雨、霜、雪、雷电、冰雹、大气污染等都发生在这一层。对流层的成分很复杂，其中主要气体的含量为：氮气占78%，氧气占21%，二氧化碳占0.03%，氩气占1%，同时还有一些不固定的成分，如：二氧化硫、氨气、氯化物、粉尘等微量成分。工矿区大气中含有多种污染物质，主要有硫化物、氮氧化物、粉尘及带有各种金属元素的气体。

空气运动就是风，风的作用对树木有利也有害。大气污染影响树木的生长和发育。

1. 二氧化碳和氧气对树木的生态作用

二氧化碳是树木进行光合作用的必需原料，树木所需要的二氧化碳90%来自空气，空气中含量0.03%的二氧化碳对树木进行光合作用来说是不够的，若能将二氧化碳浓度提高到0.1%，树木生长量可大大增加。国外用干冰即固体二氧化碳用于科研就证明了这一点。

2. 氮气对树木的生态作用

树木一般不能从空气中直接吸收氮气而是从土壤中吸收化合物中的氮。豆科植物可以用根瘤固氮。

3. 风对树木的生态作用

（1）风对树木的有利方面。对于风媒花树木如银杏雄株的花粉可借风传至十里之外，风对树木的果实、种子传播有利，尤其是翅果类和带毛的种子。

（2）风对树木的不利方面。风可加速树木的蒸腾作用，特别是春季的旱风，会引起树木抽条；焚风是指气流沿山坡下降而形成的热风，一般在沟谷，多焚风地区易发生森林火灾；强风能够使树木生长量减少一半；定向风能够使树木发生畸形；台风能够将树木摧残致死，常连根拔起；海潮风中携带许多盐分，影响树木生长，使树木的叶及嫩梢枯萎甚至全株死亡。风对距污染源远的树木有影响，使树木受害。

【学习评价】

一、自我评价

1. 是否了解了环境因素对园林树木的作用？

2. 能否根据各种环境因素（温、光、水、土壤）对学校各种园林树木进行分类？

二、小组评价

小组评价见表2-4。

表2-4　小组评价

序　号	考核内容	考核要点和评分标准	分　值	得　分
1	分类计划的制定	制定的计划完整、合理，可操作性强	30	
2	园林树木的分类	能够根据温、光、水、土壤的习性要求进行分类，了解园林树木的生态习性和栽培管理要求	40	
3	实训报告	报告书写格式规范，实训内容完整、正确	30	
合计			100	

三、教师评价

1. 对学生学习态度进行评价。

2. 对学生对园林树木分类准确程度进行评价。

3. 对学生的实训报告进行评价。

【复习思考】

园林树木根据对环境因子的适应能力可分为哪些类？每类各举2例。

任务三　园林树木个体的生长发育

【任务描述】

了解和掌握园林树木的结构与功能、器官的生长发育、各器官之间的关系以及个体生长发育规律

【任务情境】

校园有园林树木近百种，现需要调查各种树木的生长发育规律，为今后的园林植物造景提供依据，请制定一份物候期观测计划并完成 20 种以上的代表树种物候期的调查。

【任务实施】

园林树木物候期观测

一、目的及意义

（1）使学生熟悉常见树木物候期的观测方法，激发学生对大自然的兴趣，培养学生严谨、认真、持之以恒和实事求是的科学态度以及科学的观察方法和习惯。

（2）掌握树木的季相变化，为园林树木种植设计、选配树种、形成四季景观提供依据。

（3）为确定园林树木繁殖时期、栽植季节与先后、树木周年养护管理、催延花期等提供生物学依据。

（4）学会园林树木物候期的观测方法。

二、实训材料与设备

直尺，放大镜，记录本等。

三、方法步骤

1. 制定观测计划

主要包括观测对象、观测地点、观测方法、观测人员安排、观测时间等。

2. 观测目标与观测地点的选定

（1）根据观测目的和要求，选生长发育正常并已开花结实 3 年以上的树木 3～5 株作为观测对象。

（2）观测环境：视野开阔，有代表性，土地、地形、植被要基本相似，观测地多年不变。

3. 观测时间与方法

（1）常年进行，一天中一般宜在气温高的下午观测。

（2）观测面。向阳面或上枝部。

（3）应靠近植株观察各发育期，不可远站粗略估计进行判断。

4. 观测记录

随看随记，最后将观测结果填入表 2-5 中。

5. 人员要求

观测人员要固定，责任心强，不可中断。

四、撰写实训报告及总结

表 2-5 园林树木物候期观测记录表

编号：_____

树种名称			地点			
生长环境条件						
叶芽	芽萌动期		叶芽形态简单描述			
	开绽期					
叶	展叶期		叶片着生方式	对生（　）互生（　）轮生（　）簇生（　）		
	叶幕出现期		叶型	单叶（　）复叶（　）		
	叶片生长期		叶形			
	叶片变色期		新叶颜色			
	落叶期		秋叶颜色			
枝	新梢开始生长		枝条颜色			
	新梢停止生长		枝条形态	直枝（　）曲枝（　）龙游（　）下垂（　）其他（　　　）		
	二次生长开始					
	二次生长停止					
	枝条成熟期					
花芽	花序露出期		花色			
	花序伸长期		单花直径			
	花蕾分离期		花序	类型	长度	宽度
	初花期					
	盛花期		花量	大（　）小（　）中等（　）		
	末花期					
果实	幼果出现期		果实类型			
	生理落果期		果实形状			
	果实着色期		果实颜色			
	果实成熟期		成熟后	宿存（　）坠落（　）		

记录员：_____ 观测员：_____

【任务提示】

植物的物候会随着海拔高度改变而变化，如一般海拔每升高 100m，紫丁香的发芽期就推迟 4d，开花期推迟 4.3d。在同一地区，同一植物的物候也随气温上下变动，因此观测的年数越长，物候的平均日期就越有代表性。在此任务实训中，教师应在制定计划时使其具有连续性、可操作性和固定性，这样才能够使学生真正了解物候期观测的重要意义。

【知识链接】

一、园林树木生长发育的年周期

(一)相关术语

生长是一切生理代谢的基础,发育必须在生长的基础上才能进行,没有生长就没有发育。

生长:植物体通过细胞分裂、扩大和分化,导致体积和重量不可逆的增加,是"量"的积累过程。

发育:在生长的基础上,细胞分化形成结构和功能不同的组织和器官,是"质"的变化。

年周期:树木在一年中随着季节改变在生理活动和形态表现下呈现生长发育的周期性变化。

物候期:生物在进化过程中,形成与周期性变化的环境相适应的形态和生理机能有规律变化的习性,即生物的生命活动能随气候变化而变化。人们可以通过其生命活动的动态变化来认识气候的变化,所以称为生物气候学时期,简称为物候期,物候期是地理气候、栽培树木的区域规划以及为特定地区制定科学栽培措施的重要依据。

(二)树木物候期的基本规律

1. 顺序性

树木物候期的顺序性是指树木各个物候期有严格的先后次序的特性。不同树种的物候期顺序不同,如有的树种先花后叶,有的树种先叶后花等。

2. 不一致性

树木物候期的不一致性,或称不整齐性,是指同一树种的不同器官物候期出现的时期各不相同。在同一时期,同一植株上可同时出现几个物候期。

3. 重演性

在外界环境条件变化如自然灾害、病虫害、栽培技术不当的刺激和影响下,会引起树木某些器官发育终止而刺激另一些器官的再次活动,如二次开花、二次生长等。

(三)落叶树木的年周期

温带地区在一年中有明显的四季,因此温带落叶树木的年周期最为明显,可分为生长期和休眠期,在生长期和休眠期之间又各有一个过渡期,即生长转入休眠期和休眠转入生长期。

1. 休眠转入生长期

春天随着气温的逐渐回升,树木开始由休眠状态转入生长状态,这一过程一般从日平均气温在3℃以上时起到芽膨大待萌时为止。芽萌发是树木由休眠转入生长的明显标志。

2. 生长期

从春季开始萌芽生长到秋季落叶前的整个生长季节称为生长期。这一时期在一年中所占的时间较长,树木在此期间随季节改变会发生极为明显的变化,如萌芽、抽枝、展叶、开花、结实等,并形成许多新的器官如叶芽、花芽等。萌芽常作为树木开始生长的标志,但实际上根的生长比萌芽要早得多。每种树木在生长期中都按其固定的物候顺序进行一系列的生命活动。

3. 生长转入休眠期

秋季叶片自然脱落是树木开始进入休眠期的重要标志。秋季日照缩短、气温降低是导致树木落叶进入休眠期的主要外部原因。树木落叶前，在叶片中会发生一系列的生理生化变化，如光合作用和呼吸作用减弱、叶绿素分解，部分氮、钾成分向枝条和树体其他部位转移等，最后在叶柄基部形成离层而脱落。

4. 休眠期

树木从秋季正常落叶时起到次春萌芽时为止是落叶树木的休眠期。在树木的休眠期，短期内虽看不出有生长现象，但树体内仍进行着各种生命活动，如呼吸作用、蒸腾作用、芽的分化、根的吸收、养分合成和转化等。这些活动只是进行得较微弱和缓慢而已，确切地说，树木的休眠只是一个相对概念。

根据休眠的状态可分为自然休眠和被迫休眠。自然休眠是由于树木生理过程所引起的或由树木遗传性所决定的，落叶树木进入自然休眠后，要在一定的低温条件下经过一段时间后才能结束。在休眠结束前即使给予适合树体生长的外界条件，也不能萌芽生长。被迫休眠是指落叶树木在通过自然休眠后，如果外界缺少生长所需要的条件，仍不能生长而被迫处于休眠状态，一旦条件合适，就会开始生长。

二、园林树木的生命周期

（一）树木个体生长大周期

个体树木的生长发育过程一般表现为"慢—快—慢"的"S"形曲线式总体生长规律，即开始阶段的生长比较缓慢，随后生长速度逐渐加速，直至达到生长速度的高峰，随后会逐渐减慢，最后完全停止生长而死亡。

（二）实生树的生命周期

实生树的生命周期具有明显的两个发育阶段，即幼年阶段和成年阶段。

1. 幼年阶段

从种子萌发时起，到具有开花潜能（具有形成花芽的生理条件，但不一定就开花）之前的一段时期，叫作幼年阶段。不同树种和品种，其幼年阶段的长短不同，少数树种的幼年阶段很短，当年就可开花，如紫薇等，但多数园林树木都要经过一定期限的幼年阶段才能开花，如银杏需 15～20 年。在此阶段，任何人为措施都不能使树木开花，但合理的措施可以使这一阶段缩短。

2. 成年阶段

经过幼年阶段达到一定生理状态之后，树木就获得了形成花芽的能力，从而达到性成熟阶段，即成年阶段。进入成年阶段的树木就能接受成花诱导（如环剥、喷洒激素等）并形成花芽。开花是树木进入性成熟的最明显的标志。实生树经多年开花结实后，逐渐出现衰老和死亡的现象，这一衰老过程称为老化过程或衰老过程。

（三）营养繁殖树的生命周期

营养繁殖的树木，其繁殖体已渡过了幼年阶段，因此没有性成熟过程，只要生长正常，在适当的条件下就可以开花结果，经过多年的开花结果，也要进入衰老阶段，直至死亡，所以营养繁殖树与实生树相比寿命较短。

在了解不同树木的生命周期特点之后，就可以采取相应的栽培管理措施，如对实生树应缩短其幼年阶段，加速性成熟过程，提早进入成年阶段开花结果，并延长和维持成年阶段，延缓衰老过程，更好地保持园林树木的绿化和美化效果。

三、物候期观测

1. 物候期的概念和应用

植物在年生长发育过程中，各个器官随季节性气候变化而发生的形态变化称为植物的物候期。物候期有周期性和时间性，它受植物内在遗传因子的制约，同时每个物候期到来的迟早和进程快慢又受环境因子的影响。

了解和掌握当地园林植物的物候期，可以为合理指导园林生产提供科学依据。

2. 物候期观测的目的

（1）了解各种植物的开花期，可以通过合理地配置植物使植物间的花期相互衔接，做到四季有花，提高园林风景的质量。

（2）为确定绿化造林时期和树种栽植的先后顺序提供依据。如春季芽萌发早的植物先栽，芽萌发晚的可以迟栽，既保证了树木适时栽植，提高栽植成活率，又可以合理地安排劳动力，缓解春季劳力紧张的矛盾。

（3）为选择育种原始材料提供科学依据。如进行杂交育种时，必须了解育种材料的花期、花粉成熟期、柱头适宜授粉期等，才能成功地进行杂交。

3. 物候期观测方法

（1）选定观测对象，确定观测地点。观测地点要开阔，环境条件应有代表性，如土壤、地形、植被等要基本相似，观测地点应多年不变。

（2）木本植物要定株观测。盆栽植物不宜作为观测对象。被选植株必须生长健壮，发育正常，开花 3 年以上。同一树种选 3 ~ 5 株作为观测树木。

（3）观测应常年进行，植物生长旺季可隔日观测记载，如物候变化不大时，可减少观测次数，冬季植物停止生长可停止观测。观测时间以下午为好，因为下午 1 ~ 2 时气温最高，植物物候现象常在高温后出现，对早晨开花植物则需上午观测。若遇特殊天气应随时观察。

（4）确定观测人员，集中培训，统一标准和要求。观测资料要及时整理、分类，进行定性、定量的分析，撰写观察报告，以便更好地指导生产。

4. 乔灌木各物候期的特征

（1）芽膨大开始期。芽鳞开始分离，侧面显露淡色线形或角形。如木槿芽凸起出现白色毛时，就是芽膨大期；裸芽不记芽膨大期，如枫杨等；玉兰在开花后，当年又形成花芽，外部为黄色绒毛，在第二年春天绒毛状外鳞片顶部开裂时，就是玉兰芽膨大期；松属当顶芽鳞片开裂反卷时，出现淡黄褐色的线缝，就是松属芽膨大期。花芽与叶芽应分别记载，如花芽先膨大，则先记花芽膨大日期，后记叶芽膨大日期；如叶芽先膨大，花芽后膨大，也应分别记载。芽膨大期观察较困难，可用放大镜观察。

（2）芽开放期。芽鳞裂开，芽的上部出现颜色新鲜的尖端，或形成新的苞片而伸长。隐芽能明显看见长出绿色叶芽；裸芽或带有锈毛的冬芽出现黄棕色线缝时，均为芽开放期，如玉兰在芽膨大后，细毛状外鳞片一层层裂开，在见到花蕾顶端时就是花芽开放期，也是花蕾出现期。

（3）展叶期。芽从芽苞中发出卷曲着的或折叠着的小叶，有 1 ~ 2 片的叶片平展。针叶树的展叶期是当幼叶从叶鞘中开始出现时，复叶类只要复叶中有 1 ~ 2 片小叶平展即为展叶期。

（4）叶盛期。植株有半数枝条上的小叶完全平展。针叶树的叶盛期是新针叶长度达老针叶一半时。

（5）花蕾、花序出现期。凡在前一年形成花芽的，当第二年春季芽开放后露出花蕾或花序蕾时，即为花蕾出现期，如桃、李、杏、玉兰等先花后叶植物；凡在当年形成花序的，出现花蕾或花序蕾雏形时，即为花蕾或花序出现期，如月季、木槿、紫薇等先叶后花植物。

（6）始花期。在观测的同种植株上，有一半以上的植株上有一朵或几朵花的花瓣开始完全开放时称为始花期；在只有一棵单株时，只要有一朵或同时有几朵花的花瓣开始完全开放就称为始花期。

（7）盛花期。在观测的植株上有一半以上的花蕾都展开花瓣，或一半以上的花序散出花粉，或一半以上的葇荑花序松散下垂，称为盛花期。针叶树不记盛花期。

（8）末花期。观测植株上留有5%的花时称为末花期。针叶树类和其他风媒树木以散粉终止时或葇荑花序脱落时为准。

（9）第二、三次开花。第二次开花、第三次开花都要记录，如月季、二乔玉兰等。

（10）果实和种子成熟期。当观测的树上有一半的果实或种子变为成熟时的颜色时，称为果实或种子成熟期。

（11）果实和种子脱落期。松属当种子散布时、柏属球果脱落时、杨属、柳属飞絮、榆属、麻栎属种子或果实脱落时均为脱落期，有些荚果成熟后，果荚裂开则应记为果实脱落期。有些树种的果实和种子，当年留在树上不落的，应在果实脱落末期栏中记为"宿存"，并在翌年记录中把它的果实或种子的脱落日期记下来。

（12）新梢开始生长期。分为春梢、夏梢和秋梢，也称为营养芽或顶芽展开期。

（13）新梢停止生长期。营养枝形成顶芽或新梢顶端枯黄不再生长，如丁香等。

（14）秋叶变色期。秋季叶子开始变色。所谓叶变色，是指正常的季节性变化，树上出现变色的叶，其颜色不再消失，并且新变色之叶不断增多直至全部变色，不能与由夏季干旱或其他原因引起的叶变色混同。

1）秋叶开始变色期：当观测树木的全株叶片有5%开始呈现为秋色叶时，称为秋叶开始变色期。

2）秋叶全部变色期：全株所有的叶片完全变色时，称为秋叶全部变色期。

3）可供观赏秋色叶期：以部分（30%～50%）叶片呈现为秋色叶的起止日期为准。

（15）落叶期。秋天无风时，树叶自然落下，或轻轻摇动树枝，有5%叶片脱落，称为落叶开始期；全株有30%～50%的叶片脱落称为落叶盛期；全株叶片脱落达90%～95%称为落叶末期。

【学习评价】

一、自我评价

1. 是否学会了物候期观测方法？

2. 是否熟悉了本地常见园林树木的物候期并能根据物候期说出各季节园林树木的观赏特性？

二、小组评价

小组评价见表2-6。

表 2-6　小组评价

序　号	考核内容	考核要点和评分标准	分　值	得　分
1	观测计划的制定	制定的计划完整、合理，可操作性强	30	
2	观测过程及记录的准确度	能够根据实际需要认真操作，观测及时、准确、观测记录全面	40	
3	实训报告	报告书写格式规范，实训内容完整、正确	30	
合计			100	

三、教师评价

1. 对学生的学习态度进行评价。

2. 对学生的实训报告进行评价。

【复习思考】

1. 园林植物物候期观察有何意义？结合园林专业实践加以说明。

2. 园林植物物候期观察应注意哪些问题？

任务四　园林树木生态效应

【任务描述】

（1）了解园林树木对改善生态环境的作用。

（2）掌握园林树木在保护环境中的主要作用及机理。

（3）了解本地区常见的能够起到空气质量监测作用的敏感树种及特征。

【任务情境】

园林树木具有改善生态环境的作用，但是不同的树种、不同的林分及不同的栽植密度等其作用也不一致，现有本地区常见的阔叶树组成的林分两块，其树木组成相同但是密度不同，现需要对这两块林分进行生态环境指标的测定并与空旷地进行对比，请你制定方案并组织实施，最后对测定结果进行分析，写一篇总结（园林树木对改善生态环境的作用）。

【任务实施】

树木对改善生态环境的作用——气象指标测定

一、实训目的

（1）熟悉温度、湿度、风速、光照等气象指标的测定方法。

（2）认识树木对改善生态环境的作用及效果。

二、工具及场地

（1）工具。干湿球温度计，轻便风向风速表，最高（低）温度表，照度计、温度湿度换算手册、记录夹、表格、记录笔等。

（2）场地。选择不同密度林分两块，同时附近有空地一块（对比）。

三、实施步骤

1. 观测时间

分别在 8:00、12:00、16:00 分三次进行观测（考虑教学条件限制）。

2. 观测内容

分别观测三个不同环境在不同时间段的各项指标，将观测结果填入相应表格内（表2-7）。

（1）温度观测。

（2）湿度观测。

（3）风速观测。

（4）光照（照度）观测。

3. 注意事项

（1）在观察地面温度表时，不得将表取离地面读数（被水淹时例外）。

（2）应防止风向风速表脏污、碰撞和振动。非观测时间一定要放在仪器盒内，取出仪器时，只能拿壳体部分，切勿用手摸旋杯，也不要拿护架。

（3）温度表是很灵敏的仪器，所以读数时应迅速，不要使头部、手和灯接近表的球部，也不要对着温度表呼吸。

表 2-7　观测数据记录表

位置：_____

时间		8:00	12:00	16:00	备注
湿度观测	干球/℃				
	湿球/℃				
	水汽压（换算）				
	相对湿度（换算）				
地温观测	0cm/℃				
	40cm/℃				
	80cm/℃				
	160cm/℃				
	最高/℃				
	最低/℃				
风速	风速/（m/s）				
	风向/（m/s）				
光照	测点1				
	测点2				
	测点3				
	测点4				
	测点5				

观测员：_____　　　　　记录员：_____

四、结果分析与实训报告编写

1. 根据观测结果分析园林树木对改善生态环境方面的作用。
2. 总结观测过程中的操作方法及技术要求。

【任务提示】

（1）气象要素观测是一项非常耗时的工作，因此，要求在实训前除做好观测方法的培训之外，还必须要求学生严格按照规定时间进行观测。

（2）在场地的选择上应安排各组之间有一定间隔，避免过于集中而影响观测结果。

（3）对于各种观测仪器使用方面的问题，一定要在实训前解决，特别是具体的读数方法及要求方面，避免因使用不当而影响观测结果。

【知识链接】

园林树木的生态效应

一、园林树木改善环境的作用

1. 空气质量方面

在树林中或公园里花草树木多的地方，一般空气新鲜，有益于人体健康，这是因为植物有改善空气质量的作用，这种作用主要表现在：

（1）碳氧平衡。据测算，$1hm^2$阔叶林在生长季节每天能消耗$1t$的二氧化碳，释放$0.75t$氧气。因此，城市园林植被通过光合作用释氧固碳的功能调节和改善城区碳氧平衡状况，具有改善局部地区空气质量的作用。

（2）减少病菌。园林植物对于其生存环境中的细菌等病原微生物，具有不同程度的杀灭和抑制作用，一方面是由于有园林植物的覆盖，绿地上空的灰尘相应减少，因而也减少了附在其上的病原微生物；另一方面园林植物能分泌并释放出如酒精、有机酸和萜烯类等挥发性物质，它们能把空气和水中的许多细菌、真菌及原生动物杀死，如$1hm^2$的圆柏林一昼夜可分泌出$30kg$的杀菌素，可杀死白喉、伤寒、痢疾等病原菌。杀菌能力较强的树种有芸香科、松科、柏科及黑胡桃、柠檬桉、大叶桉、苦楝、臭椿、悬铃木、茉莉、梧桐、毛白杨、白蜡、桦木、核桃等。

（3）吸收毒气。由于环境污染，空气中各种有害气体增多，主要有二氧化硫、氯气、氟化氢、氨气、汞、铅蒸气等，尤其是二氧化硫是大气污染的"元凶"，在空气中数量最多、分布最广、危害最大。园林植物是最大的"空气净化器"，植物的叶片能够吸收二氧化硫、氟化氢、氯气和致癌物质——安息香吡啉等多种有害气体而减少空气中的毒物量。

1）二氧化硫。二氧化硫被叶片吸收后，在叶内形成亚硫酸和毒性极强的亚硫酸根离子，后者能被植物本身氧化转变为毒性小30倍的硫酸根离子，因此达到解毒作用而不受害或受害减轻。空气中的二氧化硫主要是被各种物体表面吸收，而植物叶片的表面吸收二氧化硫的能力最强。不同树种吸收二氧化硫的能力是不同的。研究表明，臭椿吸收二氧化硫的能力特别强，超过一般树木的20倍，另外，夹竹桃、罗汉松、大叶黄杨、槐树、龙柏、银杏、珊瑚树、女贞、梧桐、紫穗槐、构树、桑树、喜树、紫薇、石榴、棕榈、广玉兰等都有极强的吸收二氧化硫的能力。

2）氯气。园林树木对大气氯污染物吸收净化能力的大小因树木种类不同而有明显差异，这种差异有时可达40倍之多。吸氯量高的树种有紫椴、山桃、卫矛、暴马丁香、山楂、山杏、白桦、榆树、花曲柳等。

3）氟化氢。树木从大气中吸收并积累氟污染物的能力也因种类不同而具有明显差异。吸氟量高的树种有枣树、榆树、山杏、白桦、桑树、杉松等。

（4）滞尘效应。尘埃中除含有土壤微粒外，还含有细菌和其他金属性粉尘、矿物粉尘、植物性粉尘等，它们会影响人体健康，尘埃还会使多雾地区的雾情加重，降低空气的透明度。园林植被通过降低风速而起到减尘作用，也可通过其枝叶对粉尘的截留和吸附作用实现滞尘。不同植物的滞尘能力和滞尘积累量也有差异，树冠大而浓密、叶面多毛或粗糙以及分泌油脂或黏液的树种具有较强的滞尘力。研究表明，通过绿地种植结构的调整可以改善和提高绿地的滞尘能力。乔、灌、草组成的复层结构不仅绿量较高，还可以滞留较多的粉尘。

2. 温度方面

（1）降温效应：园林植被对缓解城市热岛效应有着特殊和重要的意义，主要表现在以下几方面：

1）减少辐射热。树冠能阻挡阳光的直接辐射热和来自路面、墙面及相邻物体的反射热而降低温度。因为树冠的大小不同、叶片的疏密度、质地等也不同，所以不同树种的遮阴能力也不同，遮阴力越强，降低辐射热的效果越显著。试验表明，常见的行道树中以银杏、刺槐、悬铃木与枫杨的遮阴降温效果最好，垂柳、槐、旱柳、梧桐最差。

2）蒸腾吸热。园林植被通过蒸腾作用向环境中散失水分的过程可消耗大量的热量，从而达到降温的作用。

3）形成对流风。当树木成片成林栽植时，不仅能降低林内的温度，而且由于林内、林外的气温差而形成对流的微风，即林外的热空气上升而由林内的冷空气补充，这样对林外的环境也起到了降温作用。通过对不同场地的温度进行观测，结果表明不同群落结构的绿地对局部小环境的降温效应存在较显著的差异：复层结构的绿地，林下温度比无绿地的空地处日平均温度可降低3.2℃；而单层林荫路下，比空地只降温1.8℃。由此可知，园林植物的降温效应是显著的，尤其是乔、灌、草复层结构的绿地。

（2）保温效应。在冬季落叶后，由于树枝、树干的受热面积比无树地区的受热面积大，同时由于无树地区的空气流动大、散热快，所以在树木较多的小环境中，其气温要比空旷处高。总的说来，园林树木能够使小环境冬暖夏凉。

3. 水分方面

园林树木在水分方面对环境的改善作用主要表现在三个方面：

（1）净化水质。许多植物能吸收水中的毒质并在体内富集起来，富集的程度可比水中毒质的浓度高几十倍至几千倍，因此水中的毒质降低，水得到净化。研究证明，树木可以吸收水中的溶质，减少水中的细菌数量，如在通过30～40m宽的林带后，一升水中所含的细菌数量比不经过林带的减少1/2。

（2）增加空气湿度。树木不断向空中蒸腾水汽，使空中水汽含量增加，因而种植树木对改善小环境内的空气湿度有很大作用。

夏季森林中的空气湿度要比城市高38%，公园中的空气湿度比城市高27%。秋季落叶前，树木逐渐停止生长，但蒸腾作用仍在进行，绿地中空气湿度仍比非绿化地带高。冬季绿地里的风速小，蒸发的水分不易扩散，绿地的相对湿度比非绿化区高 10% ~ 20%。

绿化树遮阴下，日平均相对湿度较空旷地提高 2.4% ~ 13.6%，尤其在复层结构的林下，日平均相对湿度较空旷地可提高 12.6% ~ 13.6%。因此选择蒸腾能力较强的树种并适当配置，对提高空气湿度有明显作用。

（3）降低地下水位。在过于潮湿的地区，大面积种植蒸腾强度大的树种有降低地下水位而使地面干燥的功效。

4. 光照方面

阳光照射到树林上时，大约有 20% ~ 25% 被叶面反射，有 35% ~ 75% 被树冠吸收，有 5% ~ 40% 透过树冠投射到林下，因此林中的光线较暗。又由于植物所吸收的光波段主要是红橙光和蓝紫光，而反射的部分主要是绿色光，这种光线柔和，对眼睛的保健有良好作用。

5. 声音方面

随着城市人口的增多与工业的发展，机器轰鸣、交通噪声、生活噪声对人的健康产生很大的危害。城市噪声污染已成为干扰人类正常生活的一个热点问题，它与大气污染、水质污染并列称为当今世界城市环境污染的三大公害。

噪声不仅使人烦躁，影响智力，降低工作效率，而且是一种致病因素。噪声超过 70dB 时，就会对人体产生不利影响，使人产生头晕、头痛、神经衰弱等症状。如果长期处于 90dB 以上的噪声环境中工作，就有可能发生噪声性耳聋。

城市园林植物是天然的“消声器”。树木的树冠和茎叶对声波有散射、吸收的作用，树木茎叶表面粗糙不平，其大量微小的气孔和密密麻麻的绒毛，就像凹凸不平的多孔纤维吸声板，能吸收噪声，减弱声波传递，因此具有隔声、消声的作用。不同树种对噪声的消减效果不同，其中以美青杨消减噪声能力最强，榆树次之，红皮云杉最小。除树种外，不同冠幅、枝叶密度，不同的绿带类型、林冠层次及林型结构，对噪声的消减效果也不同，如树林幅度宽阔、树身高，噪声衰减量就会增加。研究显示，乔、灌、草结合多层次的 40m 宽的绿地，能降低噪音 10 ~ 15dB；树木靠近噪声源时噪声衰减效果更好；树林密度大，减声效果好，密集和较宽的林带（19 ~ 30m）结合松软的土壤表面可降低噪声 50% 以上。

二、园林树木保护环境的作用

（一）涵养水源、保持水土

降水常造成水土流失，而园林植被可明显的减弱这一现象。园林植被可截留一部分降水，死的地被和落叶层也可以吸收一部分水量，再加上土壤的渗透作用，就减少了地表径流量，减缓了流速，因而起到水土保持作用。

在实际工作中，为了达到涵养水源、保持水土的目的，应选植树冠厚大、郁闭度强、截留雨量能力强、耐荫性强而生长缓慢和能形成吸水性落叶层的树种。根系深广也是选择的条件之一，因为根系广、侧根多，可加强固土固石的作用，根系深则有利于水分深入土壤的下层。按照上述标准，一般常选用柳、椴、胡桃、枫杨、水杉、云杉、冷杉、圆柏等乔木和榛、夹竹桃、胡枝子、紫穗槐等灌木。

（二）防风固沙

当风遇到树林时，在树林的迎风面和背风面均可降低风速，但以背风面降低的效果最为显著。根据风洞试验，林带结构的疏透度在 0.5 时其防护距离最大，可达林带高度的 30 倍，但在实际营造防护林带时，其有效的防护距离多按林带高度的 15 ~ 25 倍来计算，一般采用

20倍的距离为标准。在华北的防风树常用杨、柳、榆、桑、白蜡、紫穗槐、桂香柳、柽柳等。

（三）其他防护作用

1. 防火作用

在地震较多地区的城市以及木结构较多的居民区，为了防止火灾蔓延，可应用不易燃烧的树种作隔离带，既起到美化作用又有防火作用。常用的抗燃防火树种有苏铁、银杏、槲树、榕树、珊瑚树、棕榈、桃叶珊瑚、女贞、山茶、八角金盘等。树干有厚木栓层和富含水分的树种较抗燃。

2. 防海潮风

在沿海地区可种植防海潮风的林带以防盐风的侵袭。

（四）监测大气污染

对大气中的有毒气体具有较强抗性和吸毒解毒能力的植物对园林绿化有很大作用，但一些对毒质没有抗性和解毒作用的"敏感"植物在园林绿化中也很有作用，可以利用它们对大气中的有毒物质进行监测，以确保人们生存的环境符合健康标准。

1. 对二氧化硫的监测

当空气中二氧化硫浓度为0.3mg/kg时，敏感植物经几小时就可在叶脉之间出现点状或块状的黄褐斑或黄白色斑，而叶脉仍为绿色。

对二氧化硫具有监测作用的树种有杏、山丁子、紫丁香、月季、枫杨、白蜡、连翘、杜仲、雪松、油松等。

2. 对氟及氟化氢的监测

当空气中氟及氟化氢的浓度在0.002~0.004mg/kg时，即可对敏感植物产生影响。叶子的伤斑最初多表现在叶端和叶缘，然后逐渐向叶的中心扩展，浓度高时会导致整片叶子枯焦而脱落。

对氟及氟化氢具有监测作用的树木有榆叶梅、葡萄、杜鹃、樱桃、杏、李、桃、月季、复叶槭、雪松等。

【学习评价】

一、自我评价

1. 是否了解了园林树木对改善环境方面的作用？

2. 能否列举出本地具有检测环境作用的园林树木10种？

二、小组评价

小组评价见表2-8。

表2-8 小组评价

序　号	考核内容	考核要点和评分标准	分　值	得　分
1	分类计划的制定	制定的计划完整、合理，可操作性强	30	
2	园林树木的分类	能够根据园林树木对改善环境方面的作用分类	40	
3	实训报告	报告书写格式规范，实训内容完整、正确	30	
合计			100	

三、教师评价

1. 对学生学习态度进行评价。

2. 对学生对园林树木分类的准确程度进行评价。

3. 对学生的实训报告进行评价。

【复习思考】

1. 园林树木保护环境的作用表现在哪些方面？

2. 对二氧化硫、氟化氢、氯气抗性强的树种有哪些（各举 5 个例子）？

3. 举例说明对二氧化硫、氟化氢、氯气、氯化氢及臭氧等气体的监测植物及其表现症状。

项目二总结

　　我国是世界上植物种类最丰富的国家之一，仅高等植物就有 3 万种以上，其中木本植物约有 8000 种。要对所有的树木资源进行研究和利用，首先需要进行系统的分类。园林树木的分类方法很多，主要有根据植物进化系统分类的自然分类方法和根据园林应用分类的实用分类方法，实用分类法一般按照生长习性、观赏特性和园林用途等对园林树木进行分类，以实用性为主要原则，简单明了，操作和实用性强，方便应用与交流，在园林树木栽培管理、繁殖和配置等工作中得以普遍应用。

　　物候期的观察是在一定的条件下，随一年中季节气候的变化，观察记载园林树木器官相应的生长发育进程。在园林植物科研或生产中均要进行物候期的观察，积累资料，进行比较，以便作为植物选择、配置、养护管理时的技术参考。

　　园林树木改善环境的作用表现在：

　　（1）改善空气质量。吞氮吐氧；分泌杀菌素；吸收有毒气体；阻滞尘埃。

　　（2）夏季有降温作用，冬季有增温作用。

　　（3）改善水分状况，吸收及分解水中的有毒物质，增加小环境空气湿度。

　　（4）改善光照条件，吸收红橙光，反射绿色光。

　　（5）降低噪声。

　　园林树木保护环境的作用表现在：

　　（1）涵养水源、保持水土。

　　（2）防风固沙。

　　（3）其他防护。

　　（4）监测大气污染。

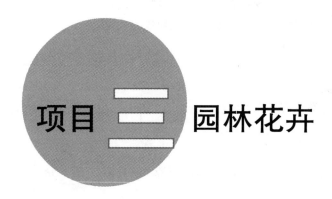

项目三　园林花卉

【项目引言】

近些年来，中国花卉产业发展十分快速，花卉种植面积、销售额和出口额均持续上升，已成为世界最大的花卉生产基地，在世界花卉生产贸易格局中也占据重要地位。截至 2014 年，我国花卉种植面积达到 130 万公顷，同比增长 5.94%；收益额 1475 亿元，同比增长 14.51%。

虽然我国在成本和自然条件上具体一定的优势，但受制约的原因也很多，特别是在新产品开发、花卉冷物流体系、标准化生产、品牌意识等方面还落后于发达国家，随着近年来国内进行花卉产业转型，逐渐重视花卉品质，我国也开始有一部分花卉打入欧盟、美国、日本三大世界花卉消费中心，国外市场前景非常看好。

园林花卉是园林植物造景的主要材料，了解我国花卉产业发展状况、懂得园林花卉的分类，熟悉园林花卉的生态习性，对在园林工程项目中合理应用花卉资源有十分重要的意义。

【学习目标】

本项目主要学习我国园林花卉产业发展状况，学会园林花卉的分类方法，了解常见园林花卉的生态习性，能够掌握温度的三基点、了解温度对花卉生长发育的影响，重点是了解园林花卉与环境的关系，以便为以后进行花卉应用奠定理论基础。

任务一　我国花卉发展概况

【任务描述】

（1）能够了解我国花卉栽培的历史和现状。

（2）能够了解中国花卉产业的意义。

（3）掌握中国花卉产业发展的趋势。

【任务情境】

结合校园内现有花卉进行现场教学，运用多媒体进行案例分析讨论，引导学生学习基本理论。制定出我国花卉栽培历史、现状及发展趋势的表格。

【任务实施】

一、材料和工具

校园内生长的各类花卉，放大镜，解剖刀，镊子，牛皮纸，记号笔，记录夹，工具书（当地花卉图鉴）等。

二、实施步骤

（1）学生分组。根据班级人数情况，一般 5~6 人一组，领取材料和工具，发放资料单。

（2）教师采用多媒体讲授我国花卉栽培历史、现状及发展趋势的相关理论知识。

（3）调查校园内的花卉种类。

（4）对校园内的花卉进行形态特征观察并做好记录。

（5）调查校园内的花卉种类实训。

1）分配任务。每组调查记录校园内的花卉种类。

2）教师示范。任选一种花卉，对其特点进行分析，示范学生识别的要点。

3）学生分组实训，实训指导教师随时指导。

（6）实训报告：标明花卉所在的位置、花卉类型、花卉特点等。

【任务提示】

中国花卉资源极为丰富，并且具有良好的花卉生产格局和多样的花卉生产种类。

【知识链接】

一、我国花卉栽培的历史

我国的花卉栽培史与文化史所表现的盛衰规律基本一致，花卉栽培本身就是一种文化（如花语、花艺）。中国十大传统名花为牡丹、月季、梅花、桂花、杜鹃、山茶花、兰花、水仙、菊花、荷花。

简史：春秋战国——海棠；秦汉上林苑——保温栽名花；西晋——记录 80 多种花的形态、花期；东晋——菊花栽培技术；唐宋——梅花、芍药的繁殖方法；元明——花卉选育技术；清朝——著写专籍、专谱，如兰谱。

二、我国花卉产业发展现状

1. 我国花卉产业的发展现状

中国花卉资源极为丰富，共有花卉植物 113 科、523 属、数千种。如杜鹃 600 种（世界 800 种）、茶属 190 种（世界 220 种）、报春花属 390 种（世界 500 种）。

近代现状：20 世纪 50 年代计划生产并且以提炼香精、药用油为主；20 世纪 70 年代末以盆栽为主，并且以传统名花为主；20 世纪 90 年代是中国花卉的快速成长期，以鲜切花为主；21 世纪发展以产业化、专业化、现代化为主，生产面积、消费额每年均以 20% 的速度增长。目前国内有三大消费市场：以上海为中心的华东市场、以广州为中心的华南市场、以北京为中心的华北、东部及沿海的市场。

2. 生产格局

生产特色：区域化、专业化、工厂化、现代化。

生产基地：切花基地有上海、北京、广州、云南、四川、辽宁；观叶花卉基地有广东、福建、海南。

盆景基地有广东、福建、江苏、浙江；苗木基地有浙江、湖南、江苏、河南、广东等。

3. 生产种类

目前仍局限于以月季、香石竹、唐菖蒲、百合、兰花等传统切花为主，正逐步向生产新型、高档花过渡，如大花蕙兰、洋桔梗、蝴蝶兰等。随着农业产业结构的调整，花卉业越来越显示出其强大的生命力，是高附加值、创汇型的种植业。花卉业属于劳动密集型产业，若能够解决品种改良、储存、运输等环节的问题，则市场前景非常可观。

我国花卉生产面积已达 14.75 万 hm^2（包括花卉及苗木等所有相关行业，而国际上花卉业与苗圃业等是分开统计的，如荷兰生产面积 8000 hm^2 仅指切花、盆花和观叶植物），花卉生产销售额 160 亿元，其中鲜切花产量达 38 亿枝（1991 年全国鲜切花产量仅 2.2 亿枝），销售额 24 亿元；盆栽植物 8.1 亿盆，销售额 52.5 亿元；观赏苗木 18 亿株，销售额 65 亿元；出口创汇 2.8 亿美元。

三、中国发展花卉产业的意义

广义的花卉包括鲜切花、盆栽花卉、观叶植物、庭院花卉、绿化苗木、观赏树木、草坪等几大类，它们以独特的景观价值成为美化生活、绿化环境的重要组成部分。花卉产业除了上述花卉产品直接的生产、加工、运输和销售之外，还包括种子种苗、专用花肥、育花基质、园林机械等辅助产业。

第二次世界大战以后，作为一门现代新兴产业，花卉产业在国际范围内迅速崛起，一直呈现着持续发展、欣欣向荣的局面，世界各国花卉业的生产规模、产值及贸易额都有了较大幅度的增长。现代花卉产业早已突破了传统种植业的范畴，辐射到农药、肥料、基质、设施、设备等相关的工业、运输业、商业、旅游业等多个行业，已由小农生产方式发展为环节相互独立、多方协同的现代产业价值链体系，因此，花卉产业的健康发展具有经济、社会、环境等多方面的意义，被称之为"花卉经济"。虽然花卉生产竞争十分激烈，市场变化很大，还受到政治、经济、文化、社会等多方面的影响，但花卉产业以其高产出、高效益的特征仍然吸引了各国把其作为重要产业，不断加大发展力度。据世界经济贸易专家预测，在21 世纪最有发展前途的十大行业中，花卉业被列为第 2 位。花卉业是世界各国农业中唯一不受农产品配额限制的产业，被誉为"朝阳产业"。近 10 年来，世界花卉业的效益以年平均 25% 的速度增长，远远超过世界经济发展的平均速度，是世界上最具有活力的产业之一。

中国发展花卉产业具有种质资源、气候资源、劳动力资源、市场潜力和人文资源等优势，成本比较优势明显。花卉产业作为一项占地面积小、科技含量高、经济效益大的优势产业，是农业种植结构调整的重要方向，是吸纳农村剩余劳动力、提高农民收入水平的重要手段。花卉产业是集经济效益、社会效益和生态效益"三效合一"，劳动密集、资金密集和技术密集"三密合一"的绿色朝阳产业，发展花卉业是调整农业种植结构、打造都市型现代农业的战略选择，对于促进城乡共同发展、建设社会主义新农村和带动农民致富具有重要的战略意义。

四、中国花卉产业的发展趋势

中国幅员辽阔，气候地跨三带，是世界公认的"花卉宝库"，因此，无论从我国丰富的物种多样性还是从市场的广阔前景分析，花卉产业必将成为新兴的"效益农业"之一。著名花卉专家、中科院院士陈俊愉教授提出，中国要从被动贡献的"世界园林之母"，努力转变成主动向国内外奉献中华名花的"全球花卉王国"，"21世纪中国必将成为世界花卉强国"。中国目前的花卉生产力水平仍十分低下，平均每公顷产值为11万元（约合1.34万美元），单位面积产值仅仅是荷兰的10.36%。花卉种植中普遍存在品种单一化，档次、质量低，各地生产基地低水平重复建设，设施化程度低，经济效益差等问题，市场上往往出现生产旺季产品滞销，冬季、春节日等消费旺季缺货的现象。为迅速摆脱简单的农事化操作模式，向集约化、现代化生产过渡，取得花卉业应有的经济效益，结合分析国内鲜切花生产的市场现状和发展对策，可见以下趋势：

1. 品种结构向高档化发展，价格日趋合理

近年来我国大量引进并生产优新品种，鲜切花如非洲菊、鹤望兰、百合、郁金香、鸢尾、热带兰、高档切叶等，盆花如凤梨类、一品红、安祖花、蝴蝶兰、大花蕙兰等，品种逐渐高档化，花色多样化。花卉市场的价格稳中有降，尤以香石竹、月季等大宗鲜切花产品的降幅较大（应视为合理性的降价），分别达30%和50%。

2. 产业化区域性分工，花卉流通形成大市场

从国内花卉的生产格局和中远期发展趋势来看，鲜切花生产将以云南、广东、上海、北京、四川、河北为主；浙江、江苏等地的绿化苗木在国内占有重要份额；盆花则遍地开花，并涌现出一批地方优势名品，如江苏华盛的杜鹃、天津的仙客来、广东的兰花、福建的多肉植物等。目前，昆明、上海是香石竹、月季和满天星等的主产地，云南省鲜花种植面积就已发展到2.4万亩[⊖]，鲜切花产量达22亿枝；广东则利用其气候优势大量生产冬季的月季、菊花、唐菖蒲及高档的红掌、百合等，成为国内最大的冬春鲜花集散地。随着采后低温流通和远距离运输业的迅速发展，这些地区的优势将更加明显，必然出现大生产、大市场的格局。

3. 重视优质种苗、种球基地的建设

上海市花卉良种实验场投资建起80亩种苗繁殖基地，年生产香石竹种苗500万株；云南省农科院花卉研究中心生产的花卉种苗包括香石竹、满天星、非洲菊和彩色马蹄莲等10余个种类100多个品种，年销售种苗1200万株；辽宁、浙江、甘肃等省利用冷凉地气候或山地气候资源，采取公司加农户的形式，发动农民繁育种球及育苗等，取得了较好的社会和经济效益。一批新兴的国家级花卉产业化基地起点高、规模大，集科研、生产、开发于一体，提高了优质种苗、种球生产的国产化供应能力。

4. 科技水平不断提高，科技种花深入人心

从农业的科技贡献率看，发达国家一般在80%以上，而我国低于50%。花卉业是依靠科技进步的农业产业，我国的花卉科技人员经过不懈努力，在野生花卉资源的开发与利用，新品种的选育、引进，传统名花的商品化研究、推广，保护地、现代化温室的应用和改进，观赏植物的无土栽培、化学控制、生物技术、无毒种苗繁育工程等方面都取得了一批新成

⊖　1亩=666.6m²。

果。"十五"计划中就将加强育种和新品种的引进、建立低温流通的综合保鲜体系、工厂化育苗及设施栽培技术、无土栽培技术研究等列为重要内容。

5. 建立起全国性网络的流通体系

国内的鲜花流通网络已初步形成。全国花卉市场约有 1200 多个，昆明、广州、北京、上海、福州、成都等主要花卉消费城市均建立了大型的花卉批发市场，地方性的花卉市场也不断出现。各大、中城市和县、镇的花店大量涌现，国内花店发展到 14000 多个。

【学习评价】

一、自我评价

1. 是否了解了我国花卉产业发展情况？
2. 中国花卉产业的发展趋势。

二、小组评价

小组评价见表 3-1。

表 3-1　小组评价

序　号	考核内容	考核要点和评分标准	分　值	得　分
1	我国花卉发展现状的统计	统计数据翔实、可靠	30	
2	中国花卉产业的发展趋势	能够根据我国花卉栽培发展的历史及现状分析中国花卉产业的发展趋势	40	
3	实训报告	报告书写格式规范，实训内容完整、正确	30	
合计			100	

三、教师评价

1. 对学生的学习态度进行评价。
2. 对实训报告进行评价。

【复习思考】

1. 简述我国花卉发展的历史及现状。
2. 分析中国花卉产业的发展趋势。

任务二　园林花卉分类

【任务分析】

我国地域辽阔，气候复杂，南北地跨热、温、寒三带，花卉种类繁多，生态习性各异，为了更好地了解各种园林花卉的生态习性及形态特征，将园林花卉按照不同的方法进行分类，只有了解了园林花卉的分类方法才能够在识别中更好的应用，也只有正确的分类才能够充分发挥各种花卉的应用价值。

【任务目标】

通过本部分内容的学习，进一步掌握花卉分类的基本知识，掌握花卉识别的方法，熟悉

并掌握各类花卉的特征、习性，熟练识别常见花卉的分类方法。

技能一　按照生活型分类

【技能描述】

（1）掌握园林花卉根据生活型如何进行分类。

（2）掌握一、二年生及多年生园林花卉的形态、习性。

【技能情境】

结合校园内现有花卉进行现场教学，运用多媒体进行案例分析讨论，引导学生学习基本理论。

【技能实施】

一、材料和工具

校园内生长的各类花卉，放大镜，解剖刀，镊子，牛皮纸，记号笔，记录夹，工具书（当地花卉图鉴）等。

二、实施步骤

（1）学生分组。根据班级人数情况，一般 5～6 人一组，领取材料和工具，发放资料单。

（2）教师采用多媒体讲授园林花卉根据生活型进行分类的相关理论知识。

（3）调查校园内的花卉种类。

（4）对校园内的花卉进行形态特征观察并做好记录。

（5）园林花卉分类实训。

1）分配任务。每组对本校园内的园林花卉根据生活型进行分类。

2）教师示范。任选一种花卉，对其特点进行分析，示范学生识别的要点，最后确定该花卉的类型。

3）学生分组实训，实训指导教师随时指导。

（6）实训报告。标明花卉所在的位置、花卉类型、花卉特点等。

【技能提示】

校园内的花卉种类较多，位置比较分散。要掌握好不同的花卉分类标准，能为以后的养护提供参考，更有实用价值。

【知识链接】

一、一、二年生花卉和多年生花卉

1. 一年生花卉

是指在一个生长季内完成其全部生活史的草本花卉，又名春播花卉。如凤仙花、百日草、一串红、万寿菊、飞燕草等。

2. 二年生花卉

是指在两个生长季内完成其全部生活史的草本花卉，又名秋播花卉。如三色堇、金盏菊、瓜叶菊、虞美人等。

3. 多年生花卉

是指个体寿命超过两年，能多次开花结实的一类草本花卉（含宿根花卉和球根花卉）。如玉簪、菊花、万年青、百合、水仙、风信子等。

二、按生活型分类

生活型是指植物对生态环境条件长期适应而在形态、生理、适应方式上表现出来的生长类型。生物学特性是指花卉植物固有的特性，包括花卉的生长发育、繁殖特点、对环境条件的要求等有关性状。

（一）草本花卉

草本花卉的茎干柔软多汁，木质部不甚发达。

1. 一年生花卉

在一年内完成其生长、发育、开花、结实直至死亡的生命周期，即春天播种、夏秋开花、结实、枯死，故又称春播花卉，大都不耐寒。如鸡冠花、藿香蓟、凤仙花等。

2. 二年生花卉

在两个生长季内完成生活史的花卉。当年只生长营养器官，越年后开花、结实、死亡，即秋天播种、幼苗越冬、翌年春夏开花、结实、枯死，故又称秋播花卉。如紫罗兰、瓜叶菊等。

3. 多年生花卉

这种花卉的地下茎和根连年生长，地上部分多次开花、结实，个体寿命超过两年。

（1）根据地上部茎叶寿命的不同，分为两种类型：

1）一年生类型。这类花卉的地上部茎叶耐寒或耐热性较差，开花结实后，冬季（或夏季）来临前茎、叶枯死，以地下根部（茎）越冬（越夏）。到下一个生长季节再由地下根（茎）重新萌生芽，抽生出茎叶。如芍药、郁金香等。

2）多年生类型（常绿类型）。地上部茎叶可常年生长，耐寒性较差。如君子兰、热带兰等。

（2）根据地下部分的形态不同分为两类：

1）宿根花卉。地下部分的形态正常，为直根系或须根系，不发生变态现象；地上部分表现出一年生或多年生性状。如菊花、蜀葵、福禄考、剪秋罗、桔梗、玉簪、万年青、沿阶草等。

2）球根花卉。地下部分的根或茎发生变态，肥大呈球状或块状等，如郁金香、风信子、水仙、石蒜、葱兰、红花酢浆草等。

①根据栽培时间分为春植球根和秋植球根两类。

a. 春植球根类。春季种植，夏、秋开花，地下根（茎）越冬储藏。如唐菖蒲、美人蕉、大丽花、晚香玉、朱顶红等。

b. 秋植球根类。秋季栽植，春、夏开花，地下根（茎）越夏储藏。如郁金香、百合、马蹄莲、香雪兰等。

②根据地下根（茎）的形态及结构分为五类。

a. 球茎类。地下茎短缩呈球形或扁球形实心，外包数层膜质的外皮，表面有环状节部痕迹，茎顶生芽和侧生芽。如唐菖蒲、香雪兰等。

b. 鳞茎类。有肥大的鳞叶，其下着生在一扁平的茎盘上。又可分为：无皮鳞茎，鳞茎无包被，如百合、卷丹等；有皮鳞茎，鳞茎外面有一层膜质包被，如郁金香、朱顶红等。

c. 根茎类。地下茎肥大粗壮成根状，上有明显的节和节间，节上可生侧芽。如美人蕉、荷花、鸢尾等。

d. 块茎类。地下茎块状，外形不规则，表面多无节痕，茎顶生芽长叶。如马蹄莲、大岩桐、仙客来等。

e. 块根类。侧根膨大而成纺锤形，根颈处有数个芽眼，发芽展叶。如大丽花、花毛茛等。

（二）木本花卉

1. 灌木

地上茎丛生，没有明显的主干。

（1）落叶灌木。如榆叶梅、刺梅、丁香花、连翘、绣线菊等。

（2）常绿灌木。如栀子、茉莉、黄杨、散尾葵、六月雪等。

2. 乔木

植株直立高大，主干明显，侧枝从主干上发出。

（1）落叶乔木。如鹅掌楸、悬铃木、紫薇、樱花、海棠、梅花等。

（2）常绿乔木。

1）阔叶常绿乔木。如云南山茶、白兰花、橡皮树、桂花等。

2）针叶常绿乔木。如龙柏、雪松、南洋杉、五针松、柳杉等。

3. 藤本植物

地上部不能直立生长，茎蔓需要攀援在其他物体上。

（1）落叶藤本植物。如葡萄、紫藤、凌霄、爬山虎等。

（2）常绿藤本植物。如常春藤、络石、非洲凌霄、龙吐珠、炮仗花等。

（三）仙人掌类及多肉植物

这类植物多原产于热带半荒漠地区，茎部多变态成扇形、片状、球状、柱状等，叶则变态成针刺状。茎叶具有特殊储水能力，并能耐干旱。

1. 仙人掌类植物

仙人掌类植物是一个非常庞大而且多变的家族，大多原产于美洲干旱地区，以墨西哥及南美荒漠地区分布最多。它们的大小、形态、花型等差异很大。

仙人掌类在园艺上单指仙人掌科植物，有近百个属约 2000 种以上，仙人掌类花卉品种繁多，大多数生长在热区、亚热带的荒漠或草原地区，只有少数附生在热带雨林、湿地的树木或岩石上。为适应当地生态环境，经过长期演化，形成了千姿百态、变幻无穷的株姿体态和生长发育习性。它们的叶片已进化成锥刺、扁钩刺、毛座或针丛。茎部变化成多浆多肉的体态，有的平展形如掌扇，也有的丰圆成球或耸立如柱，还有的层峦叠嶂形如苍翠的青山。花形变化多样，有喇叭形、漏斗形、莲座形、钟形、筒形等，大如王莲，小似珠兰，花瓣单双俱全。花色丰富多彩，有白、黄、橙、鹅黄、朱红、粉红、洋红、品紫等。

近年来，仙人掌类植物神奇的功效被高度关注，现代都市人注重美观的同时更注重健康，仙人掌类植物能够吸收计算机辐射和有害气体的结论已经得到了科学的认证，这也是仙人掌类植物越来越受到人们喜爱的一个重要原因。颜色鲜艳的仙人掌类植物搭配时尚可爱的卡通花盆构成的迷你盆栽，成为花卉市场的新宠，更多的上班族选择带着仙人掌上班，让健康植物走入办公室。

仙人掌类植物一般分为以下两类：

（1）沙模型仙人掌。主要有仙人柱属、有星属、仙人掌属等。

（2）附生型仙人掌。如昙花属、蟹爪属等。

2. 多肉植物（多浆植物）

多肉植物也称为多浆植物、肉质植物，在园艺上有时称多肉花卉，但以多肉植物这个名称最为常用。多肉植物是指植物营养器官的某一部分，如茎或叶或根（少数种类兼有两部分）具有发达的薄壁组织用以储藏水分，在外形上显得肥厚多汁的一类植物。仙人掌科以外的多肉植物，分别属于十几个科。多肉植物分布较广，以非洲特别是南非最多，少数原产于温带干旱地区或高山上，如芦荟、绿铃、生石花、玉米石、龙凤木、龙舌兰等。

在多肉植物中，仙人掌科植物不但种类多，而且具有其他科多肉植物所没有的器官——刺座。同时仙人掌科植物形态的多样性、花的魅力是其他科的多肉植物难以企及的。因而园艺上常常将它们单列出来称为仙人掌类，而将其他科的多肉植物称为多肉植物。因此多肉植物这个名词有广义和狭义之分，广义的包括仙人掌类，狭义的不包括仙人掌类。

【学习评价】

一、自我评价

1. 是否了解了花卉分类的方法？

2. 花卉包括哪些类型？特点分别是什么？

二、小组评价

小组评价见表3-2。

表3-2　小组评价

序　号	考核内容	考核要点和评分标准	分　值	得　分
1	花卉分类计划的制定	制定的计划完整、合理，可操作性强	30	
2	园林花卉的分类	能够根据生活型对不同类型花卉进行正确分类，并说明其主要特征	40	
3	实训报告	报告书写格式规范，实训内容完整、正确	30	
	合计		100	

三、教师评价

1. 对学生的学习态度进行评价。

2. 对实训报告进行评价。

【复习思考】

1. 一年生花卉、二年生花卉的含义，并举例说明。

2. 宿根花卉的含义，并举例说明。

3. 球根花卉的含义，并举例说明。

技能二　按照花卉观赏特点分类

【技能描述】

（1）按花卉可观赏的花、叶、果、茎等器官进行分类。
（2）掌握观花、观果、观叶、观茎园林花卉的形态和习性。

【技能情境】

结合校园内现有花卉进行现场教学，运用多媒体进行案例分析讨论，引导学生学习基本理论。

【技能实施】

一、材料和工具

校园内生长的各类花卉，放大镜，解剖刀，镊子，牛皮纸，记号笔，记录夹，工具书（当地花卉图鉴）等。

二、实施步骤

（1）学生分组。根据班级人数情况，一般 5～6 人一组，领取材料和工具，发放资料单。

（2）教师采用多媒体讲授园林花卉根据观赏特点如何进行分类的相关理论知识。

（3）调查校园内的花卉种类。

（4）对校园内的花卉进行形态特征观察并做好记录。

（5）园林花卉分类实训。

1）分配任务。每组对本校园内的园林花卉根据观赏特点进行分类。

2）教师示范。任选一种花卉，对其特点进行分析，示范学生识别的要点，最后确定该花卉的类型。

3）学生分组实训，实训指导教师随时指导。

（6）实训报告。标明花卉所在的位置、花卉类型、花卉特点等。

【技能提示】

校园内的花卉种类较多，位置比较分散。要掌握好观花、观果、观叶、观茎园林花卉的分类标准，能为以后的养护提供参考，更有实用价值。

【知识链接】

按花卉可观赏的花、叶、果、茎等器官进行分类。

一、观花类

以观花为主的花卉，欣赏其色、香、姿、韵。如虞美人、菊花、荷花、霞草、飞燕草、晚香玉等。

二、观叶类

观叶植物是指以叶片的形状、色泽和质地为主要观赏对象，具有较强的耐荫性，适宜在室内条件下较长时间陈设和观赏的植物，观叶为主，花卉的叶形奇特，或带彩色条斑，富于变化，具有很高的观赏价值。根据性状的不同，又可分为木本观叶植物，如苏铁和橡皮树等；藤本观叶植物，如绿萝和常春藤等；草本观叶植物，如秋海棠和文竹等。据不完全统计，全世界已被利用的观叶植物种类和品种已达 1400 种以上，是当今世界室内绿化装饰的主要材料。

由于观叶植物具有调节空气温湿度、减轻噪声、吸附尘埃、净化空气等作用，非常有利于人的健康，因此室内观叶植物应运而生，得到了迅速发展。室内观叶植物与其他观赏植物相比有其独特的优点：

（1）室内观叶植物具有其他观赏植物无法比拟的耐荫性。

（2）观赏周期长。

（3）管理方便。

（4）种类繁多、姿态多样、大小齐全、风韵各异，能满足各种场合的绿化装饰需要。

三、观果类

植株的果实形态奇特、艳丽悦目，挂果时间长并且果实干净，可供观赏。如五色椒、金银茄、冬珊瑚、金橘、佛手、乳茄、气球果等。

四、观茎类

这类花卉的茎、分枝或带有叶常发生变态，具有独特的观赏价值。如仙人掌类、竹节蓼、文竹、光棍树等。

五、观芽类

主要观赏其肥大的叶芽或花芽，如结香、银芽柳等。

六、其他

有些花卉的其他部位或器官具有观赏价值，如马蹄莲观赏其色彩美丽、形态奇特的苞片，海葱则观赏其硕大的绿色鳞茎。

【学习评价】

一、自我评价

1. 是否了解了花卉的观赏特点？

2. 花卉主要包括哪些观赏内容？

二、小组评价

小组评价见表 3-3。

表 3-3　小组评价

序　号	考核内容	考核要点和评分标准	分　值	得　分
1	花卉分类计划的制定	制订的计划完整、合理，可操作性强	30	
2	园林花卉的分类	能够根据观赏特点对不同类型花卉进行正确分类，并说明其主要特征	40	
3	实训报告	报告书写格式规范，实训内容完整、正确	30	
	合计		100	

三、教师评价

1. 对学生的学习态度进行评价。
2. 对实训报告进行评价。

【复习思考】

1. 观花类花卉有哪些特点？并举例说明。
2. 观叶类花卉有哪些特点？并举例说明。
3. 观果类花卉有哪些特点？并举例说明。

技能三　按照花卉用途分类

【技能描述】

（1）掌握园林花卉根据用途如何进行分类。
（2）掌握盆栽、切花、花坛、岩生、攀援园林花卉的形态和习性。

【技能情境】

结合校园内现有花卉进行现场教学，运用多媒体进行案例分析讨论，引导学生学习基本理论。

【技能实施】

一、材料和工具

校园内生长的各类花卉，放大镜，解剖刀，镊子，牛皮纸，记号笔，记录夹，工具书（当地花卉图鉴）等。

二、实施步骤

（1）学生分组。根据班级人数情况，一般5~6人一组，领取材料和工具，发放资料单。

（2）教师采用多媒体讲授园林花卉根据用途进行分类的相关理论知识。

（3）调查校园内的花卉种类。

（4）对校园内的花卉进行形态特征观察并做好记录。

（5）园林花卉分类实训。

1）分配任务。每组对本校园内的园林花卉根据用途进行分类。

2）教师示范。任选一种花卉，对其特点进行分析，示范学生识别的要点，最后确定该花卉的类型。

3）学生分组实训，实训指导教师随时指导。

（6）实训报告。标明花卉所在的位置、花卉类型、花卉特点等。

【技能提示】

校园内的花卉种类较多，位置比较分散。要掌握好盆栽、切花、花坛、岩生、攀援园林花卉的分类标准，能为以后的养护提供参考，更有实用价值。

【知识链接】

一、园林花卉

1. 灌木类花卉

如红王子锦带、迎春、水蜡、蜡梅、平枝枸子等。

2. 花坛花卉

是指可以用于布置花坛的一、二年生露地花卉。如春季开花的有三色堇、石竹等；夏季花坛花卉常栽种凤仙花、雏菊等；秋季常选用一串红、万寿菊、九月菊等；冬季花坛内可适当布置羽衣甘蓝等。

3. 花境、花丛花卉

可以布置在花境、花丛中的多年生宿根或球根花卉。如金山绣线菊、金焰绣线菊、珍珠绣线菊、大花萱草、福禄考、美人蕉、芍药、九月菊、常夏石竹、郁金香等。

4. 荫棚花卉

园林设计中在亭台树荫下生长的花卉。如麦冬草、红花草以及蕨类植物等，皆可作为荫棚花卉。

5. 藤本类

指茎部细长，不能直立，只能依附在其他物体（树、墙等）或匍匐于地面上生长的一类植物，如葡萄、爬山虎等。

二、盆栽花卉

是指以盆栽形式装饰室内及庭园的花卉。如木瓜、海棠、扶桑、文竹、一品红、金橘等。

三、室内花卉（温室花卉）

一般观叶类植物都可作为室内观赏花卉。如发财树、巴西木、绿巨人、绿箩等。

四、切花花卉

切花是指从植物体上剪切下来的供观赏的枝、叶、花、果等材料的总称，具有装饰性强、变化性大、应用面广、运输方便等特点。切花是目前花卉商品主要的销售形式，占世界花卉产品的50%。切花可制作成花束、花篮、花环、佩花、瓶插、盆插等。

五、水生花卉

是指生长在水中或沼泽地、耐水湿的花卉。常见的如荷花、睡莲、芡、千屈菜、菖蒲、黄菖蒲、香蒲、水葱、凤眼莲等。

六、岩生花卉

指耐旱性、耐瘠薄性强，适合在岩石园栽培的花卉。如虎耳草、香堇、蓍草、景天类等。

【学习评价】

一、自我评价

是否了解了花卉按照用途分类包括哪些?

二、小组评价

小组评价见表3-4。

表3-4 小组评价

序 号	考 核 内 容	考核要点和评分标准	分 值	得 分
1	花卉分类计划的制定	制定的计划完整、合理，可操作性强	30	
2	园林花卉的分类	能够根据不同用途对不同类型花卉进行正确分类，并说明其主要特征	40	
3	实训报告	报告书写格式规范，实训内容完整、正确	30	
	合计		100	

三、教师评价

1. 对学生的学习态度进行评价。

2. 对实训报告进行评价。

【复习思考】

1. 说明盆栽花卉有哪些特点？并举例说明。

2. 说明切花花卉有哪些特点？并举例说明。

3. 说明水生花卉有哪些特点？并举例说明。

技能四　按照花卉生态习性分类

【技能描述】

（1）掌握园林花卉根据生态习性如何进行分类。

（2）掌握热带花卉、亚热带花卉、温带花卉、亚寒带花卉的形态和习性。

【技能情境】

结合校园内现有花卉进行现场教学，运用多媒体进行案例分析讨论，引导学生学习基本理论。

【技能实施】

一、材料和工具

校园内生长的各类花卉，放大镜，解剖刀，镊子，牛皮纸，记号笔，记录夹，工具书（当地花卉图鉴）等。

二、实施步骤

（1）学生分组。根据班级人数情况，一般5~6人一组，领取材料和工具，发放资料单。

（2）教师采用多媒体讲授园林花卉根据生态习性进行分类的相关理论知识。

（3）调查校园内的花卉种类。

（4）对校园内的花卉进行形态特征观察并做好记录。

（5）园林花卉分类实训。

1）分配任务：每组对本校园内的园林花卉根据生态习性进行分类。

2）教师示范：任选一种花卉，对其特点进行分析，示范学生识别的要点，最后确定该花卉的类型。

3）学生分组实训，实训指导教师随时指导。

（6）实训报告：标明花卉所在的位置、花卉类型、花卉特点等。

【技能提示】

校园内的花卉种类较多，位置比较分散。要掌握好热带花卉、亚热带花卉、温带花卉、亚寒带花卉的分类标准，能为以后的养护提供参考，更有实用价值。

【知识链接】

这种分类方法能反映出各种花卉的生态习性和生长发育条件，可作为栽培养护时的参考依据。

一、热带花卉

在热带地区可露地栽培，脱离原产地栽培需要进入高温温室越冬。如变叶木、红桑、龙吐珠、远洋茉莉等。

二、热带雨林花卉

栽培时夏季要求荫蔽养护，冬季进入高温温室或中温温室内越冬。如海芋、热带兰、竹芋类、龟背竹、棕竹等。

三、亚热带花卉

喜温暖潮湿的气候条件，北方栽培要求在中温温室内越冬，盛夏季节需要适当遮阴防护。如山茶、米兰、白兰花等。

四、暖温带花卉

在我国长江流域及其以南地区均可露地越冬，北方可在低温温室内越冬。如映山红、云南素馨、夹竹桃、棕榈、栀子等。

五、温带花卉

我国北方可在人工保护下露地越冬，在黄河以南地区可露地栽培。如石榴、石楠等。

六、亚寒带花卉

在我国北方可露地越冬。如紫薇、丁香、榆叶梅、连翘等。

七、寒带花卉

主要分布于阿拉斯加、西伯利亚、我国大兴安岭以北地区。这些地区气候冬季漫长而严寒，夏季短促而凉爽，植物生长期只有 2～3 个月。由于这类气候夏季白天天长、风大，因此植物低矮，生长缓慢，常成垫状。如细叶百合、龙胆、雪莲等。

八、高山花卉

高山花卉是高山或高原上分布高度在海拔 2500～3000m 以上的花卉，这类花卉适应高山或高原上的严寒、大风和强辐射，多为草本和矮小灌木，生命力强、生命期短。高山花卉花型、花色各异，艳丽多姿。高山花卉中有许多珍奇花卉，它们大多分布在人迹罕至的高寒山区而鲜为人知，著名的杜鹃、报春和龙胆中的大部分种类就是高山花卉的典型代表。中国是一个多山的国家，高山花卉资源十分丰富，仅云南西北部高山就汇集了 5000 多种高山植物。

九、热带及亚热带沙生植物

主要是仙人掌及多肉植物。喜阳光充足、夏季高温而干燥的气候条件，忌水湿。

十、温带及亚寒带沙生植物

多分布于我国西北半荒漠地区，可在各地越冬，但不能忍受南方多雨的环境条件。如锦鸡儿、沙拐枣、黄麻等。

【学习评价】

一、自我评价

1. 是否了解了按照生态型进行花卉分类的方法？
2. 总结不同生态型花卉有哪些特点。

二、小组评价

小组评价见表 3-5。

表 3-5　小组评价

序　号	考核内容	考核要点和评分标准	分　值	得　分
1	花卉分类计划的制定	制定的计划完整、合理，可操作性强	30	
2	园林花卉的分类	能够根据不同的生态习性对不同类型花卉进行正确分类，并说明其主要特征	40	
3	实训报告	报告书写格式规范，实训内容完整、正确	30	
	合计		100	

三、教师评价

1. 对学生的学习态度进行评价。
2. 对实训报告进行评价。

【复习思考】

1. 根据花卉的原产地如何对花卉进行分类？
2. 亚热带花卉有哪些特点？请举例说明。
3. 亚寒带花卉有哪些特点？请举例说明。

任务三　花卉与环境因子

【任务分析】

花卉生长的环境是指其生存地点周围一切空间因素的总和，是花卉生存的基本条件。

其中气候因子中的光照、温度、湿度及土壤对花卉的生长发育影响最大，是影响花卉生长发育的主要条件。

【任务目标】

（1）能够掌握温度的三基点及对花卉生长发育的影响。

（2）理解春化作用、温周期现象。

（3）了解花卉的不同生长时期对湿度的不同要求。

（4）能够掌握光强对花卉的影响。

（5）掌握水分对花卉的影响及各类花卉对土壤的要求，同时熟悉营养元素对花卉的影响。

技能一　温度对花卉的影响

【技能描述】

（1）能够掌握温度的三基点。

（2）了解温度对花卉生长发育的影响。

（3）理解春化作用、温周期等现象。

【技能情境】

结合校园内现有花卉进行现场教学，运用多媒体进行案例分析讨论，引导学生学习基本理论。统计花卉的生长最适温度、最低温度和最高温度，制定出温度对花卉影响的表格，并对校园内的花卉按生长温度进行分类。

【技能实施】

一、材料和工具

校园内生长的各类花卉，放大镜，解剖刀，镊子，牛皮纸，记号笔，记录夹，工具书（当地花卉图鉴）等。

二、实施步骤

（1）学生分组。根据班级人数情况，一般5～6人一组，领取材料和工具，发放资料单。

（2）教师采用多媒体讲授温度对花卉影响的相关理论知识。

（3）调查校园内的花卉种类。

（4）对校园内的花卉进行形态特征观察并做好记录。各组依次讲解温度对花卉的影响。

（5）温度对花卉影响实训。

1）分配任务。每组对本校园内的花卉按照温度对其影响进行分类。

2）教师示范。任选一种花卉，对其特点进行分析，示范学生识别的要点，最后确定该花卉的类型。

3）学生分组实训，实训指导教师随时指导。

（6）实训报告。标明花卉所在的位置、花卉类型、花卉特点等。

【技能提示】

校园内的花卉种类较多，位置比较分散。花卉按照对温度的要求分为高温类、中温类、低温类。根据花卉耐寒性的差异，可以把花卉分为三大类，即耐寒花卉、半耐寒花卉和不耐寒花卉。这些能为以后的养护提供参考，更有实用价值。

【知识链接】

花卉同其他生物一样，赖以生存的主要环境因子有温度、光照、水分、土壤、大气以及生物因子等。花卉的生长和发育除决定于其本身的遗传特性外，还决定于外界环境因子，因此花卉栽培的成功与否主要取决于花卉对这些环境因子的要求、适应以及栽培者对环境因子的控制和调节。

温度是影响花卉生存的主要生态因子之一，温度对花卉的生长发育以及其他生理活动有明显的影响。园林花卉由于长期生活在温度的某种周期性变化之中，形成了对周期性温度变化的适应性，因此，温度（尤其是年平均温度）影响着园林花卉的地理分布。在诸多环境因子中，温度是影响花卉生长发育的重要条件，一般植物在 4～36℃ 的范围内都能生长，而多数花卉生长的适宜温度在 10～25℃ 之间，但原产地不同，所需温度也不同，因此，必须根据花卉生长所需的不同温度给予相应的条件，才能生长良好、开花结实。

一、温度的三基点

1. 温度的三基点（最低、最适、最高温度）

原产热带的花卉，生长的基点温度较高，一般在 18℃ 开始生长，能适应较高温度；原产于温带的花卉，生长基点温度较低，一般 10℃ 左右就开始生长，不适应高温；原产于亚热带的花卉，其生长的基点温度介于二者之间，一般在 15～16℃ 开始生长。如原产于热带的水生花卉王莲的种子需要在 30～35℃ 水温下才能发芽生长；仙人掌科的蛇鞭柱属多数种类则要求 28℃ 以上高温才能生长；原产于温带的芍药，在北京冬季 -10℃ 条件下，地下部分不会枯死，次年春季 10℃ 左右即能萌动出土。植物在不同的生长期，其生长三基点温度会不断地变化。一年生花卉从出苗到开花结实的生长时期所要求的温度变化，恰好与自然界早春至秋初这一段时期的气温变化相符合。因此在栽培花卉时，应了解花卉生长的温度要求，特别是从远地引种花卉时，这一点尤为重要。

2. 生长的最适温度

一般是指植物生长最快的温度。

协调的最适温度是指略低于生长最适温度的温度，在此温度下，植物生长较生长最适温度下稍慢，但较健壮。在生长的最适温度下，因为物质消耗太快，植物生长快但不健壮。要获得健壮种苗，应在协调的最适温度下培育。

3. 不适温度对植物的影响

在植物生长过程中，温度过高或过低都将影响各种酶促反应过程，造成各生理功能之间的协调被破坏，从而影响植物生长。

低温对植物生长的不利影响有以下三类：

（1）温度骤降，引起细胞内结冰，使原生质不可逆地凝固。

（2）温度逐渐下降，下降到一定温度（0℃以下）时，引起细胞间隙结冰，使细胞受机械挤压而损伤，并且冰晶不断从细胞内吸水，使原生质严重脱水。

（3）当温度下降，细胞间隙结冰而细胞尚未受害时，此时气温骤升转暖，细胞间隙中的水分来不及被细胞吸回就蒸发掉了，致使细胞缺水而干死，并且解冻太快时，由于细胞壁吸水快而细胞质吸水慢，使细胞受到机械拉力的损害。如霜冻和寒害。

高温对植物生长的不利影响有以下三类：

（1）高温引起原生质发生质变而凝固，使原生质结构受破坏。

（2）高温破坏了植物体内新陈代谢的协调，如叶绿体受破坏不能进行光合作用，酶受破坏使呼吸和物质转化等不能正常进行，体内累积过多有毒物质而中毒等。

（3）高温引起干旱和萎蔫。大气干旱会引起植物暂时萎蔫，土壤干旱会导致植物永久萎蔫，时间过长则植物干枯死亡。

二、花卉按照对温度的要求分类

1. 高温类

多原产于热带、亚热带地区，在生长期间要求高温，不能忍受0℃以下的温度，其中一部分种类甚至不能忍受5℃左右的温度，在这样的温度下则停止生长，甚至死亡。此类花卉在整个生长发育过程中都要求较高温度，生长发育在一年中的无霜期内进行，在春季晚霜后开始生长，在秋季早霜到来时休眠。如一年生花卉和大部分室内观叶植物，它们大部分需在温室中越冬。

2. 中温类

多原产于温带转暖处，耐寒力介于耐寒性和不耐寒性花卉之间。此类花卉一般可以在露地栽培，但有些在温度达到0℃或有霜冻时，需略加防寒才能安全越冬。如二年生花卉、宿根花卉及一部分木本花卉。

3. 低温类

原产于温带或寒带地区，能适应较低温度，抗寒力强，一般情况下能耐0℃以下的温度，其中一部分能耐-10～-5℃以下的低温，冬季可以露地越冬，夏季高温需防暑才能安全越夏。一些二年生花卉和一些木本花卉属于此类，如玫瑰、银杏、金银花等。

花卉也因各自的原产地不同，耐寒的能力相差很大，根据花卉耐寒性的差异大体上可以把花卉分为三大类，即耐寒花卉、半耐寒花卉和不耐寒花卉。

三、温度对花卉生长发育的影响

1. 花卉生长发育不同时期对温度的要求不同

同一种花卉的不同生长发育时期对温度有不同的要求。以播种繁殖的花卉种类来说，在播种繁殖时，一般都要求较高温度，有利于种子吸收水分并萌发，一年生草花若要早春播种，多在室内进行盆播，出苗后转入地栽，这就是要满足其对温度的要求；进入幼苗期要求较低温度，如果温度过高会使幼苗生长太快，容易徒长，致使苗木细弱，二年生花卉以幼苗越冬，在幼苗期温度要求更低，否则不能顺利通过春化阶段；进入营养生长期要求较高温度，这样能促进营养生长，有利于营养物质的制造、积累和储藏；进入开花结实期又不需要很高的温度，因此，夏季温度过高，花卉的开花也较少，春秋两季开花较多。

2. 有效积温

一般来说，原产于热带地区的植物，其生物学有效温度的起点较高，如仙人掌类植物为15～18℃；而原产于寒带的植物其生物学有效温度的起点较低，如雪莲为4℃；原产于温带

的植物其生物学有效温度的起点则介于上述两者之间。

3. 温周期和春化现象

植物生长发育对昼夜温度周期性的反应，称为温周期现象。植物在白天和夜晚生长发育的最适温度不同，较低的夜温对植物的生长发育是有利的。对昼夜温周期现象目前的解释是：在白天与夜晚植物分别处在光期与暗期两种时期下进行生理活动，在白天植物以光合作用为主，高温有利于光合产物形成，夜间植物以呼吸作用为主，温度降低可以减少物质的消耗，有利于糖分积累，而且在低温下有利于根系发育，根冠比提高。大部分园林植物的正常生长发育都要求昼夜有温度变化的环境。热带地区的植物要求的昼夜温差较小，为 3 ~ 6℃；温带地区的植物为 5 ~ 7℃；而对于沙漠或高原地区的植物，昼夜温度则要相差 10℃或更多。

春化现象是指植物在低温作用下才能继续下一阶段的发育，即引起花芽分化，否则不能开花。低温能促进植物开花的现象称为春化作用。

不同植物通过春化阶段要求的低温值和低温时间各不相同。根据对低温值要求的不同，可将花卉分为三种类型：

（1）冬性植物。这类植物在通过春化阶段时要求的低温约在 0 ~ 10℃，在 30 ~ 70d 的时间内完成春化，在近于 0℃的温度下进行最快。二年生花卉为冬性花卉，在秋季播种后，以幼苗状态度过严寒的冬季，满足其对低温的要求而通过春化阶段。多年生花卉在早春开花的种类，通过春化阶段也要求低温。

（2）春性植物。这类植物在通过春化阶段时，要求低温值 0 ~ 5℃，比冬性植物高，完成春化作用所需要的时间也较短，为 5 ~ 15d。一年生花卉、秋季开花的多年生草花属于此类。

（3）半冬性植物。通过春化阶段时对于温度的要求不甚敏感，这类植物在 15℃的温度下也能够完成春化作用，但是，最低温度不能低于 3℃，通过春化阶段的时间是 15 ~ 20d。

有些植物对春化要求很强，有些植物对春化要求不强，有些则无春化要求。通过春化有两种形式：种子春化，即以萌芽种子通过春化阶段；植物体春化，即以具一定生长期的植物体通过春化阶段。

4. 温度对花芽分化的影响

通过春化阶段后，必须在适宜的温度下花芽才能正常分化和发育，花卉种类不同，花芽分化和发育所要求的适温也不同，大体分为两种：

（1）在高温下进行花芽分化。许多花木类在 6 ~ 8 月气温高至 25℃以上时进行分化，入秋后植物体进入休眠，经过一定低温后结束或打破休眠而开花。春植球根于夏季生长期进行分化，如唐菖蒲、晚香玉、美人蕉等；秋植球根是在夏季休眠期进行分化，如郁金香、风信子等。

（2）在低温下进行花芽分化。许多原产温带中北部及各地的高山花卉，其花芽分化多要求在 20℃以下较凉爽的气候条件下进行，如八仙花、卡特兰属和石斛属等；秋播草花也要求在低温下进行分化，如金盏菊、雏菊等。

5. 春化处理

人工的低温处理能促进春化作用，促进花芽分化，促进开花。如将当年春季种植，夏季开花，秋季收成的唐菖蒲种球，经过 2 个月 2 ~ 5℃的低温处理后种植下去，有的当年可开花，有的翌年春季即可开花，说明低温能打破休眠，促进春化，使其提前开花。试验表明，使用赤霉素处理可使许多二年生植物不经低温处理而开花，但只对长日照植物有效，即赤霉素在某种程度上，以某种方式"代替"了低温。

6. 温周期现象

是指植物为了正常生长，需要一定的昼夜温差变化的现象。云南的山茶花及高山上的杜鹃花开得特别好，花大、色艳，这与昼夜温差大有很大关系。温周期现象从生理上有两种解释：一是较低的夜温可以减少呼吸作用对糖分的消耗；二是较低的夜温有利于根系合成细胞分裂素类的激素，这类激素被运输到植物体内而起作用。栽培中为使花卉生长迅速，最理想的条件是白天温度应在该花卉光合作用的最佳温度范围内，夜间温度应在呼吸作用较弱的温度范围内，以得到较大的有机物质的积累。

四、温度对花卉色彩的影响

1. 对花色的影响

温度是影响花色的主要外界条件之一，花卉随着温度的升高和光照强度的减弱，花色变浅。如落花生属和蟹爪兰属中有些品种，在高温和弱光下，所开的花几乎不着色，有些色彩变浅。据研究，在矮牵牛的蓝和白复色品种中，蓝色和白色部分的多少，受温度影响很大，如果在 30～35℃ 高温下，开花繁茂时，花色呈白色，在上述两者之间的温度下，呈蓝、白复色，二者比例随温度而变化，温度近于 30～35℃ 左右时，白色多，温度变低时，蓝色增加。又如观花类月季、大丽花、万寿菊等在低温下花色更艳。

2. 对叶色的影响

温度对叶片色彩也有影响，温度高，叶片色彩浓郁；温度低，叶色变浅。

五、土温对花卉生长发育的影响

土温对种子发芽、根系发育、幼苗生长等均有很大的影响。在播种繁殖时要求较高的土温，这样种子内生化活动才能正常进行，早春进行播种时，一般在温室内进行或用薄膜覆盖提高土温，提高发芽率。一些不耐寒的花卉种子发芽需要较高的温度，最适温度为 20～30℃；耐寒性宿根花卉及露地二年生花卉的种子发芽最适温度为 15～20℃。一般地温比气温高 3～6℃ 时，扦插苗成活率最高。若土温比气温低时，会产生先发芽、后发根的现象，新萌发的枝梢会将枝条内储存的水分和养分消耗完，造成插穗死亡，这种现象称为"回芽"。

土温和气温相比是比较稳定的，距离土壤表面越深，土温变化越小，所以植物根的温度变化也比较小，根的温度与土壤的温度之间差异不大，但是植物地上部分温度则随气温改变而变化很大。植物的根一般都比较不耐寒，但越冬的多年生园林花卉往往地上部已经有冻害，由于土壤的温度比气温的变动小，冬季土壤的温度比气温略高一些，到春暖后土温稍微升高，根部便可以生长。早春利用塑料薄膜覆盖地面能提高土温，促进肥料加速分解，使植株生长发育加快，从而达到早熟丰产的目的。另外，提高土温才能保证种子萌芽出土和插条发根，从而提高繁殖成活率。

【学习评价】

一、自我评价

1. 是否了解了温度对花卉生长发育的作用？

2. 结合实例说明温度对花卉开花的影响？

二、小组评价

小组评价见表3-6。

表3-6 小组评价

序　号	考核内容	考核要点和评分标准	分　值	得　分
1	温度对花卉影响计划的制定	制定的计划完整、合理，可操作性强	30	
2	温度对花卉的影响	能够根据温度对花卉的影响进行正确分类，并说明其主要特征	40	
3	实训报告	报告书写格式规范，实训内容完整、正确	30	
	合计		100	

三、教师评价

1. 对学生的学习态度进行评价。
2. 对实训报告进行评价。

【复习思考】

1. 影响花卉生长发育的主要生态因子有哪些？
2. 温度是怎样影响花卉的生长发育的？
3. 如何理解花卉生长发育的最适温度？

技能二　湿度对花卉的影响

【技能描述】

（1）能够掌握空气湿度的概念。
（2）了解花卉的不同生长时期对湿度的不同要求。

【技能情境】

结合校园内现有花卉进行现场教学，运用多媒体进行案例分析讨论，引导学生学习基本理论。制定出不同的生长时期湿度对花卉影响的表格。

【技能实施】

一、材料和工具

校园内生长的各类花卉，放大镜，解剖刀，镊子，牛皮纸，记号笔，记录夹，工具书（当地花卉图鉴）等。

二、实施步骤

（1）学生分组。根据班级人数情况，一般5~6人一组，领取材料和工具，发放资料单。
（2）教师采用多媒体讲授湿度对花卉影响的相关理论知识。
（3）调查校园内的花卉种类。

（4）对校园内的花卉进行形态特征观察并做好记录。各组依次讲解湿度对花卉影响。

（5）湿度对花卉影响实训。

1）分配任务。每组调查记录校园内的花卉不同生长时期对湿度的不同要求。

2）教师示范。任选一种花卉，对其特点进行分析，示范学生识别的要点。

3）学生分组实训，实训指导教师随时指导。

（6）实训报告。标明花卉所在的位置、花卉类型、花卉特点等。

【技能提示】

空气湿度有两个范围，一个是相对湿度，一个是绝对湿度。花卉不同生长时期对湿度要求不同，通过该项实训能为以后的养护管理提供参考。

【知识链接】

一、空气湿度的概念

空气湿度有两个范围，一个是相对湿度，一个是绝对湿度，绝对湿度是一定体积的空气中所含有的水量；而相对湿度则以饱和空气为对照。饱和空气的湿度为100%，就是不能再吸收水汽的空气（一定温度下）。我们常用到的是相对湿度。

二、空气湿度对花卉的影响

对植物来说，水分的获得可以从根吸收而来，也可从树皮和叶上获得，空气湿度的高低会影响植物水分的蒸发程度，影响着植物对水分的需求量。

花卉所需要的水分，大部分来源于土壤，但是空气湿度对花卉的生长发育也有很大影响。如果空气湿度过大，易使枝叶徒长，花瓣霉烂、落花，并易引起病虫蔓延，开花期湿度过大会有碍开花、影响结实等；空气湿度过小，会使花期缩短，花色变淡。

根据不同花卉对空气湿度的不同要求，可采取喷洗枝叶或罩上塑料薄膜等方法增加空气湿度，创造适合它们生长的湿度条件。兰花、秋海棠类、龟背竹等喜湿花卉，要求空气相对湿度不低于80%；茉莉、白兰花、扶桑等中湿花卉，要求空气湿度不低于60%。

三、花卉不同生长时期对湿度要求不同

花卉生长期间一般都要求湿润的空气，特别对于喜湿花卉，要求的空气湿度更大，但空气湿度过大，易引起徒长。开花结实时要求空气湿度较小，否则会影响开花和花粉自花药中散出，使授粉作用减弱；在种子成熟时更要求空气干燥；在花卉进行无性繁殖时，大多都要求80%以上的空气湿度，才能使繁殖材料长期处于鲜嫩状态，防止凋萎，从而提高成活率。

南花北养，如果空气长期干燥就会生长不良，影响开花和结果。北方冬季气候干燥，室内养花如果不保持一定的湿度，一些喜湿花卉往往会出现叶色淡黄，叶子边缘干枯等现象。对喜湿花卉来说，在保证适宜的湿度下能长得更好；对中湿花卉而言，可适当地降低空气的湿度，但如果湿度突然降低，花卉就会发芽减少，叶片色泽不再油亮。

【学习评价】

一、自我评价

1. 是否了解了湿度对花卉的作用？

2. 结合实例说明湿度对花卉开花的影响？

二、小组评价

小组评价见表3-7。

表3-7　小组评价

序　号	考核内容	考核要点和评分标准	分　值	得　分
1	不同生长时期湿度对花卉影响计划的制定	制定的计划完整、合理，可操作性强	30	
2	不同的生长时期湿度对花卉影响	能够根据不同的生长时期湿度对花卉影响说明湿度对花卉生长发育的作用	40	
3	实训报告	报告书写格式规范，实训内容完整、正确	30	
	合计		100	

三、教师评价

1. 对学生的学习态度进行评价。

2. 对实训报告进行评价。

【复习思考】

1. 什么是相对湿度？

2. 说明空气湿度对花卉生长发育的影响。

3. 说明花卉在不同生长时期对湿度要求有何不同？

技能三　光照对花卉的影响

【技能描述】

（1）能够掌握光照强度对花卉的影响；掌握如何区分阳性花卉、阴性花卉和中性花卉。

（2）掌握光照长度对花卉的影响；掌握如何区分长日照花卉、短日照花卉和日中性花卉。

（3）掌握光质对花卉的影响。

【技能情境】

结合校园内现有花卉进行现场教学，运用多媒体进行案例分析讨论，引导学生学习基本理论。制定出不同的光照强度、光照长度对花卉影响的表格。

【技能实施】

一、材料和工具

校园内生长的各类花卉，放大镜，解剖刀，镊子，牛皮纸，记号笔，记录夹，工具书（当地花卉图鉴）等。

二、实施步骤

（1）学生分组：根据班级人数情况，一般5～6人一组，领取材料和工具，发放资料单。

（2）教师采用多媒体讲授光照强度、光照长度对花卉影响的相关理论知识。

（3）调查校园内的花卉种类。

（4）对校园内的花卉进行形态特征观察并做好记录。各组依次讲解光照强度、光照长度对花卉影响。

（5）光照对花卉影响实训。

1）分配任务。每组调查记录校园内的花卉不同生长时期对光照强度、光照长度的不同要求。

2）教师示范。任选一种花卉，对其特点进行分析，示范学生识别的要点。

3）学生分组实训，实训指导教师随时指导。

（6）实训报告。标明花卉所在的位置、花卉类型、花卉特点等。

【技能提示】

根据花卉对光照强度的要求不同分为阳性花卉、阴性花卉和中性花卉。根据光照长度对植物的影响可以分为长日照花卉、短日照花卉和日中性花卉。

【知识链接】

阳光是花卉植物赖以生存的必要条件，是植物制造有机物质的能量源泉。光合作用是指绿色植物在光作用下，利用空气中的二氧化碳和根吸收的水，在叶绿素的作用下合成有机物质，并释放出氧气的过程，没有阳光，就没有绿色植物。光照对花卉生长发育的影响主要有三个方面：光照强度、光照长度和光质。

一、光照强度对花卉的影响

光照强度是指单位面积上所接受可见光的能量，单位是勒克斯（lx）。光照强度随纬度的增加而减弱，随海拔的升高而增强。一年中以夏季光照最强，冬季光照最弱。一天中以中午光照最强，早晚最弱。叶片在光照强度为 3000～5000lx 时即开始光合作用，但一般植物生长需在 18000～20000lx 下进行，如果阳光不足，可用人造光源代替。一般光合作用的强度随光照强度的加强而增大，但有限度，否则会停止或减弱。一般植物的最适光量为50%～70%的全光照，多数少于 50% 则生长不良。光照过强，同化作用减弱；光照过弱，同化、蒸腾作用减弱，植物徒长、节间伸长，花色不艳、香味不足，分蘖力弱，易染病，一般会在冬季温室内天气不良时出现光照不足的情况。

1. 光照与花卉生长发育的关系

根据花卉对光照的要求不同分为阳性花卉、阴性花卉和中性花卉。

（1）阳性花卉。是指必须在全光照下才能生长良好的花卉，大部分花卉属于此类。如一、二年生花卉中的金盏菊、万寿菊等；宿根花卉中的五色梅、八仙花、叶子花等；球根花卉中的百合、唐菖蒲等；木本中的紫薇、樱花、月季、夹竹桃等；观叶中的橡皮树、苏铁等；水生花卉中的睡莲等；多浆植物中的仙人掌等。

（2）阴性花卉。不能忍受强烈直射光，要求在适度的荫蔽下方能生长良好（即在50%～80%的蔽荫度条件下）。如兰科、天南星科、鸭跖草科、秋海棠类、大岩桐、玉簪、蕨类、凤梨科等部分观叶植物。

（3）中性花卉。喜阳光充足，但在蔽荫条件下也能生长良好。如白兰、白芨、萱草、红背桂、桔梗等，此类花卉冬季在温室内须见直射光，并且盛夏不能暴晒。

2. 光照与开花时间、花色的关系

大多数花卉晨开夜闭，如牵牛花、亚麻等在晨曦开放；半支莲、酢浆草等在强光下开花；睡莲等午后开放；月见草、晚香玉、紫茉莉等在傍晚盛开；昙花等在深夜开放。牵牛花的花色受光温协同作用表现为：温度升高则白色增加，光强增加则蓝色增多；而芍药嫩芽呈紫红、秋叶变红也与光强增加产生花青素有关。

二、光照长度对花卉的影响

光照长度与植物的分布、休眠、叶片与球根的发育、茎间的伸长以及花青素的形成都有一定的关系，依据花卉对光照长度的要求不同分为长日照花卉、短日照花卉和日中性花卉。

1. 长日照花卉

要求日照时数大于临界日长。如百合、合欢、美人蕉、虞美人、唐菖蒲、金鱼草、飞燕草、矢车菊、大花罂粟等。

2. 短日照花卉

要求黑夜时数大于临界夜长，如叶子花、一品红、菊花等。

3. 日中性花卉

对光照长短要求不严格、适应性强。如香石竹、矮牵牛、月季、扶桑等。

三、光质对花卉的影响

光的组成是指具有不同波长的太阳光谱成分。如可见光占 52%（波长 380～760nm）；红外光占 43%（波长大于 780nm）；紫外光占 5%（波长小于 380nm）。

不同波长的光对花卉的生长发育有不同作用。如红、橙光能够促进碳水化合物的合成；蓝光能够促进蛋白质的合成；紫外光能够促进维生素的合成；蓝紫光、紫外光能够抑制茎的伸长、促进花青素的形成，因此高山植物、热带花卉植株矮小、花色浓艳。

【学习评价】

一、自我评价

1. 是否了解了光照对花卉的作用？
2. 结合实例说明光照温度对花卉开花的影响？

二、小组评价

小组评价见表3-8。

表3-8　小组评价

序　号	考核内容	考核要点和评分标准	分　值	得　分
1	不同的生长时期光照强度、光照长度对花卉影响计划的制定	制定的计划完整、合理，可操作性强	30	
2	不同的生长时期光照强度、光照长度对花卉的影响	能够根据不同的生长时期光照强度、光照长度对花卉影响说明光照对花卉生长发育的作用	40	
3	实训报告	报告书写格式规范，实训内容完整、正确	30	
合计			100	

三、教师评价

1. 对学生的学习态度进行评价。

2. 对实训报告进行评价。

【复习思考】

1. 光照是怎样影响花卉的生长发育的？

2. 什么是阳性花卉、阴性花卉、中性花卉？举例说明。

3. 什么是长日照花卉、短日照花卉、日中性花卉？举例说明。

技能四　水肥（土壤）对花卉的影响

【技能描述】

（1）能够掌握水肥对花卉的影响；掌握如何区分旱生花卉、湿生花卉和中生花卉。

（2）掌握土壤对花卉的影响及各类花卉对土壤的要求。

（3）掌握营养元素对花卉的影响。

【技能情境】

结合校园内现有花卉进行现场教学，运用多媒体进行案例分析讨论，引导学生学习基本理论。制定出不同水肥条件对花卉影响的表格。

【技能实施】

一、材料和工具

校园内生长的各类花卉，放大镜，解剖刀，镊子，牛皮纸，记号笔，记录夹，工具书（当地花卉图鉴）等。

二、实施步骤

（1）学生分组：根据班级人数情况，一般 5~6 人一组，领取材料和工具，发放资料单。

（2）教师采用多媒体讲授水分、土壤、营养元素对花卉影响的相关理论知识。

（3）调查校园内的花卉种类。

（4）对校园内的花卉进行形态特征观察并做好记录。各组依次讲解水分、土壤、营养元素对花卉影响。

（5）水分、土壤、营养元素对花卉影响实训。

1）分配任务。每组调查记录校园内的花卉不同生长时期对水分、土壤、营养元素的不同要求。

2）教师示范。任选一种花卉，对其特点进行分析，示范学生识别的要点。

3）学生分组实训，实训指导教师随时指导。

（6）实训报告。标明花卉所在的位置、花卉类型、花卉特点等。

【技能提示】

根据花卉对水分要求不同可以分为旱生花卉、湿生花卉和中生花卉。不同花卉对于土壤和其中的营养元素的要求也不同。

【知识链接】

土壤是矿物质、有机化合物和生命物质的复杂混合物，它直接或间接地作用于园林植物，并引起生态环境的变化。土壤最根本的作用是为植物提供养分和水分，同时也是植物根系伸展、固着的介质。土壤不仅仅可以储存、供应养分，而且土壤中各种养分都进行着一系列生物、化学和物理转化，这些作用极大地影响了养分的有效性，也影响着土壤供应的养分能力。

土壤中的水分完全不同于江河中的水。首先它含有对植物生长发育最有效的各种养分，所以又称土壤溶液。其次，它在土壤中的运动受土壤不同孔径的孔隙影响，这影响了土壤水分的供应能力。土壤物理环境包括土壤的固相（固体）、液相（液体）和气相（气体）三部分。肥沃的土壤，它的固相占土壤体积的50%左右，另外一半是大大小小的空隙，这些空隙充满着水分和空气。

土壤的化学环境也是保证植物健康生长的另一重要环境条件。如土壤太酸、太碱、盐分太多，都会使作物生长受到很大影响甚至不能生长。

一、花卉与水分

水是植物体的重要组成部分，是植物传输养分，进行生理活动、生化反应的必要条件，通常根据花卉对水分的需求分为三类：

1. 旱生花卉

此类花卉在外部形态和内部构造上都产生许多变化和特征。如叶片退化成刺毛状（仙人掌等）；表皮层、角质层加厚、气孔下陷；叶面具茸毛及细胞液浓度和渗透压变大等。

2. 湿生花卉

耐旱性弱，生长期间需充足水分环境，根、茎、叶有发达的通气组织（如水葫芦）、海绵组织和气腔。如荷花、睡莲、凤梨科、热带兰类等。

3. 中生花卉

对水分要求不严，大多露地花卉属于此类。

同一种花卉不同生长时期对水分的需要量不同。如发芽期（量多）；幼苗期（保持湿润即可）；旺盛生长期（适当）；开花结实期（空气湿度小）；种子成熟期（空气干燥）。又如瓜叶菊花芽分化前"扣水"则呈萎蔫状；百合、水仙、风信子用30~35℃高温处理，使脱水达到提早花芽分化和促进花芽伸长目的。

二、花卉与土壤

1. 几种常见的盆花用土

（1）田园土（园土）。南方pH值需5.5~6.0，北方pH值需7~7.5。

（2）河沙。要求粗、净、透（大部分为石英砂、须过筛、pH值6~7）。仙人掌类及木本花卉多用其扦插，一般与其他土混用。

（3）泥炭。古代水生植物、苔藓等炭化、腐烂而成（透气、透水、保湿、含腐殖酸、呈酸性）。多混合用，也可单用。

（4）塘泥。将池塘中淤泥晒干敲碎成 1～1.5cm 小块（营养丰富、团粒结构好）而成。南方盆栽多用。

（5）腐叶土。落叶与田园土、河沙分层堆积后充分浇肥水或水腐烂而成。阔叶土呈酸性、针叶土呈碱性，温室花卉多采用。

2. 各类花卉土壤的要求

（1）露地花卉

1）一年生花卉。要求表土深厚、地下水位较高、干湿适中、含有机质的土壤。如砂质壤土、黏质壤土或壤土。

2）宿根花卉。根深且多，要求表土深厚、富含腐殖质、下层混有砂砾的土壤。如黏质壤土。

3）球根花卉。浅根、须根系，以砂质壤土或壤土为宜，其中以表层为深厚的砂质壤土、下层为砂砾土最好，但水仙、晚香玉、风信子、百合、石蒜等以砂质壤土为宜。

（2）温室花卉（多针对盆花）

温室花卉都采用特制的培养土，但针对不同花卉种类其配方不一致。

1）一、二年花卉。幼苗期配方为腐叶土 5 + 园土 3.5 + 河沙 1.5；定植期为腐叶土 2/3 + 壤土 5/6 + 河沙 1/2。

2）宿根花卉。腐叶土 3/4 + 园土 5/6 + 河沙 1/2。

3）球根花卉。腐叶土 3/4 + 园土 4/5 + 河沙 1/2。

4）木本花卉。苗期腐叶土要求多，成株后减少。

三、花卉与营养

1. 花卉对营养元素的要求

（1）九种大量元素如碳、氢、氧、氮、硫、磷、钾、钙、镁。

（2）七种微量元素如铁、锰、铜、锌、硼、钼、氯。而园林花卉中把铁归于必需元素中。

2. 必需元素的生理功能及缺乏病症

（1）必需元素的生理功能。

1）细胞结构物质的组成成分。

2）生命活动的调节者。

3）起电化学作用。

（2）三大主要元素的生理功能及缺乏病症

1）氮。被称为生命元素。氮是蛋白质、核酸、磷脂的主要成分，其多少直接影响细胞的分裂和生长。缺氮影响叶绿素的合成，导致叶发黄且由下向上发展。氮过多则表现为叶大披散，茎徒长，含糖量不足，机械组织不发达，易倒伏。一般一年生幼苗期少施氮肥；二年生、宿根及观叶花卉多施；生殖期少施。

2）磷。是核酸、核蛋白和磷脂的主要成分，其含量多少直接影响多种代谢及分生组织的活动。缺磷导致分枝、分蘖少，幼芽、幼叶生长停滞，根茎纤细、矮小，花果脱落，花青素合成增加、叶呈暗红色或紫红色。磷过多则表现为叶出现小焦斑（磷酸钙），还会导致缺锌症。一般磷肥应在幼苗期多施并配以人粪尿，利于磷以磷酸亚氢根离子和磷酸氢根离子形式吸收。

3）钾。是细胞内60多种酶的活化剂，主要集中在生命活动最旺盛的部位。钾离子对气孔的开放有直接作用，是构成细胞渗透势的主要成分。钾过少则茎杆柔弱，抗寒力差，叶失水、变黄坏死，叶缘焦枯，下部老时呈杯状弯曲、皱缩。钾过多则植株低矮，节间短，叶变黄继而变褐变皱，导致短时间内枯萎。

四、花卉生长与气体

1. 氧气

空气中氧气约占21%，一般植物不会缺氧，关键是土壤板结或浸水时易缺氧，因此需经常松土改良。

2. 二氧化碳

空气中二氧化碳约占0.03%，浓度约为300mg/L，人类安全极限为500mg/L。花卉种植增加10~20倍有利于植物生长，称为二氧化碳施肥。

3. 氨

施氨肥时易造成含量超标，氨根离子含量为0.1%~0.6%会导致叶缘烧伤，4%时花卉中毒死亡。

4. 二氧化硫

应小于10mg/L，否则过多则叶脉呈黄褐色或白色，进而导致叶部脱水坏死。

【学习评价】

一、自我评价

1. 是否了解了土壤水肥对花卉的作用？

2. 结合实例说土壤水肥对花卉生长的影响？

二、小组评价

小组评价见表3-9。

表3-9　小组评价

序　号	考核内容	考核要点和评分标准	分　值	得　分
1	不同的水肥条件对花卉生长影响计划的制定	制定的计划完整、合理，可操作性强	30	
2	不同的水分、土壤、营养元素对花卉生长发育影响	能够根据不同的生长时期水分、土壤、营养元素对花卉影响不同说明水肥对花卉生长发育的作用	40	
3	实训报告	报告书写格式规范，实训内容完整、正确	30	
合计			100	

三、教师评价

1. 对学生的学习态度进行评价。

2. 对实训报告进行评价。

3. 通过提问评价学生的学习效果。

【复习思考】

1. 水分是怎样影响花卉的生长发育的？

2. 花卉生长发育的必需元素有哪些？营养元素对花卉的生长发育有什么主要的作用？

3. 土壤的哪些性质影响花卉的生长发育？

任务四　花卉栽培设施

【任务分析】

花卉生产设施主要有温室、大棚、荫棚、风障、温床、冷床、冷窖等，其中以温室最为重要。另外，还包括其他一些栽培设施，如机械化、自动化设备，各种机具和用具等。人们把以上栽培设施创造的栽培环境称为保护地，在保护地中进行的花卉栽培称为保护地栽培。

【任务目标】

（1）了解花卉主要生产设施的类型及用途。

（2）通过学习使学生掌握花卉主要生产设施的建造及使用。

技能一　花卉栽培设施——温室

【技能描述】

（1）了解温室的种类及特点。

（2）熟悉温室设计的基本要求。

（3）懂得温室内的主要设施及用途。

【技能情境】

温室是以具有透光能力的材料作为全部或部分维护结构材料建成的一种特殊建筑，能够提供适宜植物生长发育的环境条件。温室是花卉栽培中最重要的栽培设施，对环境因子的调控能力较强。随着科技的发展温室朝向智能化的方向发展。温室大型化、温室现代化、花卉生产工厂化已成为当今国际花卉栽培生产的主流。因此，在安排此次实训中，需要结合本地条件合理安排内容，通过实训使学生对各种温室有较为详细的了解。

（1）调查本地区温室类型。

（2）了解温室的结构、尺寸、材料、朝向并绘制出立面图等。

【技能实施】

日光温室的结构调查

一、目的和要求

通过对日光温室设施的实地调查、测量和分析，结合观看影像资料，掌握本地区日光温室的结构特点、性能及应用，学会日光温室的建造及其合理性的评估。4～6人一组，各组独立实施。

二、用具及设备

1. 室外调查

皮尺，钢卷尺，测角仪（坡度仪）等测量用具及铅笔，直尺等记录用具。

2. 影像资料及设备

日光温室类型和结构的幻灯片等影像资料。

三、方法和步骤

调查和测量。分组按以下内容进行实地调查、访问和测量，将测量结果和调查资料整理成报告。

（1）调查日光温室栽培设施的场地选择、设施方位和整体规划情况。

（2）测量并记载日光温室的结构规格、配套型号、性能特点和应用。

（3）日光温室的方位，长、宽、高尺寸，透明屋面及后屋面的角度、长度，墙体厚度和高度，门的位置和规格，建筑材料和覆盖材料的种类和规格，配套设施、设备和配置方式等。

（4）调查记载日光温室设施、在本地区的主要栽培季节、栽培作物种类品种和周年利用情况。

四、作业和思考题

从本地区日光温室结构、性能及其应用的角度撰写实训报告。画出日光温室的结构示意图，注明各部位名称和尺寸，并指出优缺点和改进意见。

【技能提示】

温室种类比较多，在我国各地均有独具特色的代表性温室。在此部分实训中，要选择好实训地点，最好能够多安排调查内容，特别是温室的规格尺寸方面。同时，温室的立面结构是温室建造的重点，因此教师在安排实训中要将此内容作重点安排。

【知识链接】

一、温室的用途

1. 引种栽培花卉

温带以北地区引种热带、亚热带花卉，都需要在温室中栽培，在冬季创造出一个温暖、湿润的环境，使花卉正常生长或安全越冬，引种才能成功。

2. 切花生产

可以在温室创造一个适宜的环境，使花卉周年生长、开花，从而充分供应切花，满足市场的需要。当前，世界四大切花——月季、菊花、香石竹和唐菖蒲，已经实现周年生产和供应的良好局面。

3. 促成栽培和抑制栽培

在温室或其他的特殊设备中进行促成或抑制栽培。如在"五一"和"十一"花卉展览时，通过控制环境条件的手段，达到催百花于片刻、聚四季于一时的目的，诸多花卉届时盛开，在展览时争红吐妍。

二、温室的种类及特点

1. 按照应用目的分类

（1）观赏温室。专供陈列观赏花卉之用，一般建于公园及植物园内。温室外观要求高大、美观。

（2）栽培温室。以花卉生产栽培为主。建筑形式以符合栽培需要和经济适用为原则，一般不注重外形美观与否。

（3）繁殖温室。这种温室专供大规模繁殖之用。温室建筑多采用半地下式，以便维持较高的温度和湿度。

（4）人工气候温室。可根据需要自动调控各项环境指标。现在的大型自动化温室在一定意义上已经是人工气候温室。

2. 按照建筑形式分类

（1）单屋面温室。温室屋顶只有一个向南倾斜的玻璃屋面，其北面为墙体（图3-1）。

图3-1　单屋面温度

（2）双屋面温室。温室屋顶有两个相等的屋面，通常南北延长，屋面分向东西两方，偶尔也有东西延长的。

（3）不等屋面温室。温室屋顶具有两个宽度不等的屋面，向南一面较宽，向北一面较窄，二者的比例为4:3或3:2（图3-2）。

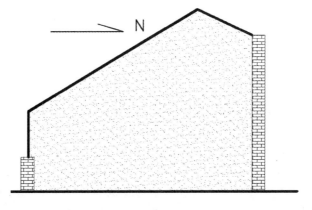

图3-2　不等屋面温室

（4）拱顶温室。温室屋顶呈均匀的弧形，通常为连栋温室。

由上述若干个双屋面温室或不等屋面温室，借助纵向侧柱或柱网连接起来，相互通连，可以连续搭接，形成室内串通的大型温室，称为连栋温室（图3-3），又称为现代化温室。每栋温室可达数千至上万平方米，框架采用镀锌钢材，屋面用铝合金作桁条，覆盖物可采用玻璃、玻璃钢、塑料板或塑料薄膜。冬季通过暖气或热风炉加温，夏季采用通风与遮阴相结合的方法降温。

连栋温室的加温、通风、遮阴和降温等工作可全部或部分由计算机控制。

这种温室层架结构简单，加温容易，湿度也便于维持，便于机械化作业，利于温室内环境的自动化控制，适合于花卉的工厂化生产，特别是鲜切花生产以及名优特盆花的栽培养护。但此种温室造价高，能源消耗大，生产出的商品花卉成本高。

图 3-3　连栋温室

3. 按照温室相对于地面的位置分类

（1）地上式温室。室内与室外的地面在同一个水平面上。

（2）半地下式温室。四周短墙深入地下，仅侧窗留于地面之上。这类温室保温好，室内又可维持较高的湿度。

（3）地下式温室。仅屋顶突出于地面，只由屋面采光，此类温室保温、保湿性能好但采光不足，空气不流通，适于在北方严寒地区栽培湿度要求大及耐荫的花卉。

4. 按照是否有人工热源分类

（1）日光温室。只利用太阳辐射来维持温室温度。这种温室一般为单屋面温室，东西走向，采光好，能充分利用太阳的辐射能，防寒保温性能好。在东北地区冬季可辅以加温设施，但较其他类型的温室节省燃料；在华北地区一般夜间最低可保持5℃以上，一般不需要人工加温，遇到特殊天气，气温过低时，可采用热风炉短时间内补充热量。

（2）加温温室。除利用太阳辐射外，还用烟道、暖气、热风炉等人为加温的方法来提高温室温度。

5. 按照建筑材料分类

（1）土温室。墙壁用泥土筑成，屋顶上面主要材料也为泥土，其他各部分结构均为木材，采光面常用玻璃窗和塑料薄膜。

（2）木结构温室。屋架及门窗框等都为木制。木结构温室造价低，但使用几年后温室密闭度常降低，使用年限一般为15～20年。

（3）钢结构温室。柱、屋架、门窗框等结构均为钢材制成，可建成大型温室。钢材坚固耐久，强度大，用料较细，支撑结构少，遮光面积较小，能充分利用日光。但钢结构造价较高，容易生锈，由于热胀冷缩常使玻璃面破碎，一般可用20～25年。

（4）钢木混合结构温室。除中柱、桁条及屋架用钢材外其他部分都为木制。由于温室主要结构应用钢材，可建较大的温室，使用年限也较久。

（5）铝合金结构温室。结构轻，强度大，门窗及温室的结合部分密闭度高，能建大型温室。使用年限长，可用25～30年，但造价高，是目前大型现代化温室的主要结构类型之一。

（6）钢铝混合结构温室。柱、屋架等采用钢制异型管材结构，门窗框等与外部接触部分是铝合金构件。这种温室具有钢结构和铝合金结构二者的长处，造价比铝合金结构的低，是大型现代化温室较理想的结构。

6. 依温室覆盖材料分类

（1）玻璃温室。以玻璃为覆盖材料，为了防雹还有用钢化玻璃的。玻璃透光度大，使用年限久。

（2）塑料薄膜温室。以各种塑料薄膜为覆盖材料，一般用于日光温室及其他简易结构的温室，造价低，也便于用作临时性温室，还可用于制作连栋式大型温室。形式多为半圆形或拱形，也有尖顶形的，单层或双层充气膜，后者的保温性能更好，但透光性能较差。常用的塑料薄膜有聚乙烯膜、多层编织聚乙烯膜、聚氯乙烯膜等。

（3）硬质塑料板温室。多为大型连栋温室。常用的硬质塑料板材主要有丙烯酸塑料板、聚碳酸酯板、聚酯纤维玻璃（玻璃钢、聚乙烯波浪板）等。聚碳酸酯板是当前温室建造应用最广泛的覆盖材料。

三、温室的设计

1. 温室设计的基本要求

（1）符合当地的气候条件。不同地区的气候条件差异很大，温室的性能只有符合使用的气候条件才能充分发挥其作用。

（2）满足栽培花卉的生态要求。温室设计是否科学适用，主要看它能否最大限度地满足栽培花卉的生态要求，即温室内的主要环境因子，如温度、湿度、光照、水分、空气等都要适合栽培花卉的生态要求。

（3）地点选择。温室通常是一次建造，多年使用，因此必须选择比较适宜的场所。

1）向阳避风。温室设置地点必须有充足的日光照射。

2）地势高燥。选择土壤排水良好，无污染的地方。

3）水源便利。选择水质优良，供电正常，交通方便之处，以便于管理和运输。

（4）场地规划。在进行大规模花卉生产的情况下，对温室的排列和荫棚、温床、冷床等附属设备的设置及道路，应有全面合理的规划布局。温室的排列要考虑不可相互遮光，温室的合理间距取决于温室设置地的纬度和温室的高度，当温室为东西向延长时，南北两排温室的距离，通常为温室高度的2倍；当温室为南北向延长时，东西两排温室间的距离应为温室高度的2/3；当温室的高度不等时，高的应设置在北面，矮的设置在南面。工作室及锅炉房一般设置在温室北面或东西两侧。

（5）温室屋面倾斜度和温室朝向。太阳辐射是温室的基本热量来源之一，能否充分利用太阳辐射热，是衡量温室保温性能的重要标志。温室的利用多以冬季为主，所以在北半球，通常以冬至中午太阳的高度角作为确定南向玻璃屋面倾斜角度的依据。如在北京地区，为了既要便于在建筑结构上易于处理，又要尽可能多的吸收太阳辐射，透射到南向玻璃屋面的太阳光线投射角应不小于60°，南向玻璃屋面的倾斜角应不小于33.4°。

2. 温室的建造

（1）建筑材料。日光温室的建筑材料有筑墙材料、前屋面骨架材料和后屋面建筑材料。

山墙后墙最好用红砖或空心砖筑墙。选择温室的建筑材料，除了考虑墙体的强度及耐久性外，更重要的是保温性能。后屋面大多为木结构，也有用钢筋混凝土预制柱和背檩、后屋面盖预制板的，前者保温性能好，后者坚固耐久。前屋面骨架大多用钢筋或钢圆管构成骨架。用它制作拱架，前后屋面可连成一体，直接架在后墙上，下面无须再设支柱。

（2）覆盖材料。温室屋面常用塑料薄膜或玻璃覆盖。

1）聚乙烯（PE）普通薄膜。该类薄膜透光性好，夜间保温性较差；透湿性差，易附着水滴；不耐日晒，不耐老化，一般只能连续使用4～6个月。这种薄膜只适用于春季花卉提早栽培，日光温室不宜选用。

2）聚氯乙烯（PVC）普通薄膜。这种薄膜新膜透光性好，但随时间的推移，吸尘严重，且不易清洗，透光率锐减；夜间保温性好；耐高温日晒；耐老化，可连续使用一年左右；雾滴较轻；耐低温性差，密度大。这种薄膜适于长期覆盖栽培。

3）聚乙烯（PE）长寿薄膜。又称PE防老化薄膜。在生产原料中按一定比例加入紫外线吸收剂、抗氧化剂等防老化剂，以克服普通薄膜不耐高温日晒、易老化的缺点，延长使用寿命，可连续使用两年以上。

4）聚氯乙烯（PVC）无滴膜。在PVC普通薄膜原料配方基础上，按一定比例加入表面活性剂（防雾剂），使薄膜的表面张力与水相同或接近，由于薄膜下表面不结露，可降低温室内的空气湿度，减轻由水滴侵染的花卉病害，温室内光照增强，晴天升温快，对花卉的生长发育有利。

5）塑料板材。一般有聚乙烯塑料板和丙烯树脂板等类型，厚度2～3mm，有平板和波形板之分。丙烯树脂板具有优良的透光性，透光率高达92%，紫外线透过率高于普通玻璃，红外线透过率也很高，保温性好，但是耐冲击性和耐热性较差。

（3）保温材料。温室的保温材料一般是指不透光覆盖物。常用的保温材料有草苫、纸被、棉被等。

1）草苫多用稻草、蒲草或谷草编制而成。稻草苫应用最普遍，一般宽1.5～2m，厚度5cm，长度应超过前屋面1m以上，用5～8道径打成。

2）纸被是用4层牛皮纸缝制成与草苫大小相仿的一种保温覆盖材料。由于纸被有几个空气夹层而且牛皮纸本身导热率低，热传导慢，可明显滞缓室内温度下降。

3）棉被是用棉布（或包装用布）和棉絮或防寒毡缝制而成，保温性能好，其保温能力在高寒地区约为10℃，高于草苫、纸被的保温能力，但造价高，一次性投资大。

四、温室内的设施

1. 花架

花架是放置盆花的台架。有平台和级台两种形式。平台常设于单屋面温室南侧或双屋面温室的两侧，在大型温室中也可设于温室中部。平台一般高80cm，宽80～100cm，若设于温室中部宽可扩大到1.5～2m。

花架结构有木制、铁架木板及混凝土三种。前两种均由厚3cm，宽6～15cm的木板铺成，两板间留2～3cm的空隙以利于排水，其床面高度通常低于短墙约为20cm。现代温室大多采用镀锌钢管制成活动的花架，可大大提高温室的有效面积，节省室内道路所占的空间，减轻劳动强度（图3-4）。

2. 栽培床

栽培床是温室内栽培花卉的设施。与温室地面相平的称为地床，高出地面的称为高床。高床四周由砖和混凝土砌成，其中填入培养土。

3. 给水设备

在一般的栽培温室中，大多设置水池或水箱，事先将水注入池中，以提高温度，并可以增加温室内的空气湿度。现代化温室多采用滴灌或喷灌，在计算机的控制下，定时定量地供应花卉生长发育所需要的水分，并保持室内的空气湿润度。

4. 风及降温设备

温室为了蓄热保温，均有良好的密闭条件，但密闭的同时造成高温、低二氧化碳浓度及有害气体的积累。因此，良好的温室应具有通风降温设备。

图3-4　室内花架

（1）自然通风。自然通风是利用温室内的门窗进行空气自然流通的一种通风形式。在温室设计时，一般能开启的门窗面积不应低于覆盖面积的25%~30%。自然通风可通过手工操作和机械自动控制。

（2）强制通风。用空气循环设备强制把温室内的空气排到室外的一种通风方式。大多应用于现代化温室内，由计算机自动控制。

（3）降温设备。一般用于现代化温室，除采用通风降温外，还装置喷雾、制冷设备进行降温。喷雾设备通常安装在温室上部，通过雾滴蒸发吸热降温（图3-5、图3-6）。

图3-5　温室降温设备——水帘

图 3-6　温室降温设备——喷雾

5. 补光、遮光设备

温室大多以自然光作为主要光源。为使不同生态环境的奇花异草集于一地，如长日性花卉在短日照环境下生长，就需要在温室内设置灯源补光，以增强光照强度和延长光照时数；若短日性花卉在长日照环境下生长，则需要遮光设备，以缩短光照时数。遮光设备有黑布、遮光墨、暗房和自动控光装置等。

6. 加温设备

温室加温的主要方法有烟道、暖气、热风和电热等。

（1）热水加温。用锅炉加温使水达到一定的温度，然后经输水管道输入温室内的散热管，散发出热量，从而提高温室内的温度。

（2）热风加温。又称暖风加温，用风机将燃料加热产生的热空气输入温室，达到升温的目的。

【学习评价】

一、自我评价

1. 是否了解了温室的类型？

2. 是否能够对温室的结构有较为详细的认识？

3. 温室的立面设计有哪些要求？

二、小组评价

小组评价见表 3-10。

表 3-10　小组评价

序　号	考核内容	考核要点和评分标准	分　值	得　分
1	本地区日光温室的结构及性能	日光温室结构正确，性能表述清楚	30	
2	画出日光温室的结构示意图	温室的结构示意图完整正确	40	
3	各部位名称和尺寸标注	标注名称正确，尺寸标注正确	30	
4	能够指出优缺点并提出改进意见	优缺点表述正确，改进意见合理		
合计			100	

三、教师评价

1. 对学生的学习态度进行评价。

2. 对学生的温室示意图绘制质量进行评价。

【复习思考】

1. 温室由哪几个部分组成，各部分的材料及作用是什么？

2. 温室内的设施有哪些？写出各种设施的位置及规格。

3. 温室的覆盖材料有哪些种类？如何选择？

技能二　花卉栽培设施——大棚

【技能描述】

（1）了解大棚的种类及特点。

（2）熟悉大棚建造的基本要求。

（3）熟悉大棚建造的主要材料及要求。

【技能情境】

塑料大棚是指用塑料薄膜覆盖的没有加温设备的棚状建筑，是花卉栽培及养护的主要设施，因此，在技能实训环节的设置上要充分结合本地的条件，安排好学生的现场实训，在情境设计上以实物为主，通过现场的观察、结合实物测量以及花卉种植方式的调查等形式来提高学生的技能水平。

（1）调查本地大棚类型。

（2）了解大棚的结构、尺寸、材料、朝向并绘制出立面图等。

（3）按照所给材料建造一个小型大棚。

【技能实施】

塑料大棚的设置

一、目的和要求

（1）进一步了解装配式镀锌钢管大棚的结构和类型。

（2）掌握塑料薄膜的贸烫黏接技术。

（3）运用所学知识，根据当地自然条件和生产要求进行装配式塑料大棚的选型、设置和安装。

二、用具和材料

装配式塑料大棚各部分组件及安装工具，塑料薄膜，纸张，绘图工具等。

本实训采用班级及小组相结合的形式，按照小组绘制大棚图，按照班级进行设置训练。4~6人一组，25~35人一班。

三、方法和步骤

1. 绘制图纸

画出单栋装配大棚的平面结构示意图和多个单栋大棚布置的平面图，注意棚间距离及道路设置，配以文字说明。

2. 大棚安装

（1）确立方位和放样。首先用指南针等工具确定方位，然后按图纸设立的位置进行现场放样。大棚的方位确定后，在准备建棚的地面上测定大棚四角的位置，埋下定位桩，在同一侧两个定位桩之间沿地平面拉一条基准线，在基准线上方30cm左右再拉一条水准线。

（2）安装拱架。

1）在每副拱架下标上记号，使该记号至拱架下端的距离等于插入土中深度与地面距水准线距离之和。

2）沿两侧基准线，按拱架间距标出拱架插孔位置，应保证同一拱架两侧的插孔对称。

3）用钢钎或其他工具向地下所需深度垂直打出插孔。

4）将拱架插入孔内，使拱架安装记号与水准线对齐，以保证高度一致。

（3）安装棚头、纵向拉杆和压膜槽。

1）安装棚头。用作棚头的两副拱架应保持垂直，否则拱架间距离不能保证，棚体不正。

2）安装纵向拉杆和压膜槽。纵向拉杆应保持水平直线，拱架间距离应一致，纵向拉杆或压膜槽的接头应尽量错开，不要使其出现在同一拱架间。棚头、纵向拉杆和压膜槽安装完成后，应力求棚面平齐，不要有明显的高低差。

（4）覆盖塑料薄膜。将粘接好的3~4块塑料薄膜覆盖于棚架之上，裙膜与天幕相接处重叠50cm左右，留作通风口，用卡槽将薄膜卡紧，压好压膜线，棚的四周薄膜埋入土中约30cm，以固定棚布。

（5）安装棚门。将按照规格做好的门装入棚头的门框内。门应开关方便，关闭严密。

四、作业与思考题

塑料大棚主要类型有哪些？如何根据本地区自然条件进行选择？

【技能提示】

大棚种类比较多，在该项目实训中，要选择好实训地点，最好先安排调查内容，特别是大棚的规格尺寸方面的内容，大棚的结构设置是重点，因此教师在安排实训中要将此内容做重点安排。

【知识链接】

一、大棚的用途

塑料大棚是指用塑料薄膜覆盖的没有加温设备的棚状建筑，是花卉栽培及养护的主要设施。

塑料大棚内的温度源于太阳辐射能。白天，太阳能提高棚内温度；夜晚，土壤将白天储存的热能释放出来，由于有塑料薄膜覆盖，散热较慢，从而保持了大棚内的温度。但塑料薄膜夜间长波辐射量大，热量散失较多，常致使棚内温度过低。塑料大棚的保温性与其面积密切相关。面积越小，夜间越易于变冷，日温差越大；面积越大，温度变化缓慢，日温差越小，保温效果越好。

二、大棚的类型

1. 按棚顶形状分类

按顶棚形状可分为拱圆形和屋脊形两种（图3-7）。

a）　　　　　　　　　　　　　　　　　b）

图3-7　大棚的形状

a）圆拱形大棚　b）屋脊形大棚

2. 按骨架材料分类

按骨架材料可分为竹木结构、钢筋混凝土结构、钢架结构（图3-8）、钢竹混合结构等。

图3-8　镀锌管材料大棚

3. 按连接方式分类

按连接方式可分为单栋大棚、双连栋大棚、多连栋大棚等。

三、大棚的建造

大棚建造的形式有多种。其中单栋大棚的形式有拱圆形和屋脊形两种。大棚一般南北延长，高度2.2～2.6m，宽度（跨度）10～15m，长度为45～60m，占地面积为600m² 左右，连栋大棚多由屋脊形大棚相连接而成，覆盖的面积大，土地利用充分，棚内温度高且稳定，缓冲力强，但因通风不好，往往造成棚内高温、高湿，易发生病害，因此连栋的数目不宜过多，跨度不宜太大。

为了加强防寒保温效果，提高大棚内夜间的温度，减少夜间的热辐射一般采用多层薄膜覆盖。多层覆盖是在大棚内再覆盖一层或几层薄膜，进行内防寒，俗称二层幕。白天将二层幕拉开受光，夜间再覆盖严格保温。二层幕与大棚薄膜的间隔一般为 30~50cm，多层覆盖使用薄膜厚度为 0.1mm 的聚乙烯薄膜。

【学习评价】

一、自我评价

1. 通过实训是否了解了大棚的基本结构？
2. 大棚的设置需要考虑哪些因素？
3. 能否独立绘制大棚的结构图？

二、小组评价

小组评价见表 3-11。

表 3-11　小组评价

序　号	考核内容	考核要点和评分标准	分　值	得　分
1	本地区大棚的结构及性能	大棚结构正确，性能表述清楚	20	
2	画出大棚的结构示意图	大棚的结构示意图完整正确	30	
3	各部位名称和尺寸标注	标注名称正确，尺寸标注正确	30	
4	能够指出优缺点并提出改进意见	优缺点表述正确，改进意见合理	20	
合计			100	

【复习思考】

塑料大棚的主要类型有哪些？如何根据本地区自然条件进行选择？

技能三　花卉栽培设施——冷（温）床

【技能描述】

（1）了解冷（温）床的种类及特点。
（2）熟悉冷（温）床设计的基本要求。
（3）熟悉冷（温）床的规格及主要设施。

【技能情境】

冷（温）床是园林植物育苗、促成栽培、花卉越冬的重要设施之一，也是花卉产业经常应用的传统栽培设施，由于它经济实惠、便于操作，在现代花卉产业、蔬菜生产企业中仍然广泛使用。

在该项技能训练中，应结合本地的实际情况，进入生产一线进行实训，如果条件限制，可以组织学生在实训基地进行实训。

【技能实施】

冷床（阳畦）的设计与建造

一、实训目的

使学生理解并掌握冷床的保温原理、设计地点的选择、普通冷床的尺寸与规模以及具体操作过程。

二、实训材料和工具

铁锹，卷尺，竹竿（木条），木棒，塑料薄膜，细绳等。

三、人员安排

（1）参观企业：2~3人一组。

（2）现场操作：4~6人一组。

四、实训步骤及要求（现场操作）

1. 选址

应选择地势较高、背风向阳的平坦地段。

2. 设计

冷床由风障、床框及覆盖物三部分组成。本实训以床框制作为主，规格为1.6m×4m。

3. 做床框

经过放线、挖土、叠垒，夯实等步骤，建成南低北高的床框（南北高差为10cm）。其中，北埂高35~45cm，框顶宽15~20cm，底宽35~40cm；南埂高25~35cm，框顶宽20~25cm，底宽30~40cm，东西两埂向南逐渐降低，东西埂宽度与南埂相同。

4. 床土配制与填充

将园土、沙、有机肥等按一定比例充分混合后填入床内，床面距埂30~50cm以供幼苗生长。

5. 覆盖

在床体上用木条或竹条支撑，覆盖塑料膜或其他保温覆盖物。白天接受日光照射，提高床内温度，傍晚在透光覆盖材料上面再加覆盖物，如蒲席、草帘等起到保温作用。

五、实训分析与总结

【技能提示】

冷床为越冬保护设施的一种，它具有成本低，制作简易等优点，是北方地区常用的栽培设施之一。通过本次实训让学生掌握冷床设计的原则和建造的方法，以培养学生实际动手能力和团结协作的精神，为今后的工作打下良好的基础。

【知识链接】

一、温床

1. 温床的特点

温床除利用太阳辐射外，还需人为加热以维持较高温度，是北方地区常用的保护地类型之一。温床保温性能明显高于冷床，是不耐寒植物越冬、一年生花卉提早播种、花卉促成栽培的简易设施。

2. 位置选择

温床建造宜选在背风向阳、排水良好的场地。

3. 温床的构造及规格

温床由床框、床孔及玻璃窗三部分组成（图3-9）。

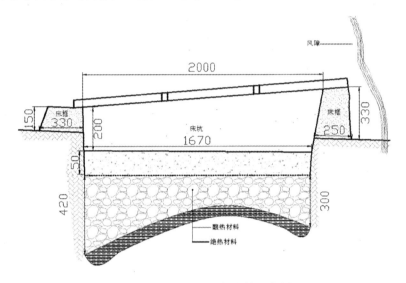

图3-9　半地下式单斜面土框酿热温床剖面图

（1）床框。宽约1.3~1.5m，长约4m，前框高20~25cm，后框高30~50cm。

（2）床孔。是床框下面挖出的空间，床孔大小与床框一致，其深度依床内所需温度及酿热物填充量而定。为使床内温度均匀，通常中部较浅，填入酿热物少；周围较深，填入酿热物较多。

（3）玻璃窗。用以覆盖床面，一般宽约1m，窗框宽5cm，厚4cm，窗框中部设椽木1~2条，宽2cm，厚4cm，上嵌玻璃，上下玻璃重叠约1cm，成覆瓦状。为了便于调节，常用撑窗板调节开窗的大小。撑窗板长约50cm，宽约10cm。床框及窗框通常涂以油漆或桐油防腐。

温床加温可分为发酵热和电热两类。发酵床由于设置复杂，温度不易控制，现已很少采用。电热温床选用外包耐高温的绝缘塑料、耗电少、电阻适中的加热线作为热源，发热时达50~60℃。在铺设线路前先垫以10~15cm的煤渣等，再盖以5cm厚的河沙，加热线以15cm间隔平行铺设，最后覆土（图3-10）。温度可由控温仪来控制。电热温床具有可调温、发热

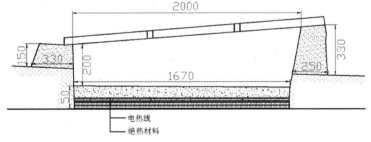

图3-10　半地下式单斜面电热温床剖面图

快、可长时间加热、可随时应用等特点，因而采用较多。目前，电热温床常用于温室或塑料大棚。

二、冷床

1. 冷床的特点

冷床是不需要人工加热而利用太阳辐射维持一定温度，使植物安全越冬或提早栽培繁殖的栽植床。它是介于温床和露地栽培之间的一种保护地类型，又称"阳畦"。冷床广泛用于冬春季节日光资源丰富而且多风的地区，主要用于二年生花卉的保护越冬及一、二年生草花的提前播种，耐寒花卉的促成栽培及温室种苗移栽露地前的炼苗期栽培等。

2. 冷床类型

冷床分为抢阳冷床和改良冷床两种类型。

（1）抢阳冷床。由风障、床框及覆盖物三部分组成。风障的篱笆与地面夹角约70℃，向南倾斜，用土背固定，土背底宽50cm、顶宽20cm、高40cm。床框经过叠垒、夯实、铲削等工序，一般北框高35～50cm，底宽30～40cm，顶宽25cm，形成南低北高的结构。床宽一般为1.6m，长为5～6m。白天接受日光照射，提高床内温度，傍晚，透光覆盖材料上再加不透明的覆盖物，如蒲席、草苫等保温。

（2）改良冷床。由风障、土墙、棚架、棚顶及覆盖物组成。风障一般直立；墙高约1m，厚50cm；棚架由木质或钢质柱、柁构成，前柱长1.7m，柁长1.7m；棚顶由棚架和泥顶两部分组成，在棚架上铺芦苇、玉米秸等，上覆10cm左右厚土，最后以草泥封裹。建成后的改良冷床前檐高1.5m，前柱距土墙和南窗各为1.33m，玻璃倾角45°，后墙高93cm，跨度2.7m。用塑料薄膜覆盖的改良床不再设棚顶。

【学习评价】

一、自我评价

1. 通过学习是否了解了冷（温）床的构造？
2. 冷（温）床在建造时应考虑哪些问题？

二、小组评价

小组评价见表3-12。

表3-12　小组评价

序　号	考核内容	考核要点和评分标准	分　值	得　分
1	本地区冷（温）床的结构及性能	结构正确，性能表述清楚	20	
2	画出冷（温）床的结构示意图	结构示意图完整正确	30	
3	各部位名称和尺寸标注	标注名称正确，尺寸标注正确	30	
4	团结合作情况	积极主动，合作愉快	20	
合计			100	

三、教师评价

1. 对学生的学习态度进行评价。
2. 对学生绘制的示意图进行评价。
3. 对学生参与实训的操作技能进行评价。

【复习思考】

1. 冷床的用途有哪些?
2. 温床在设置时应该注意哪些问题?
3. 通过调查,总结本地区常见的冷(温)床有哪些作用?

技能四　花卉栽培设施——荫棚

【技能描述】

(1) 了解荫棚的种类及特点。
(2) 熟悉荫棚设计的基本要求。
(3) 熟悉荫棚内的主要设施及用途。

【技能情境】

荫棚是指用于遮阴栽培的设施,常用于夏季花卉栽培的遮阴降温。通过学习使学生能够掌握荫棚的建造方法,该技能实训相对不需要过多的条件,建造简单,因此,在提前安排好学生的参观实训前提下,虚拟环境,组织学生完成一次荫棚的建造任务。

【技能实施】

一、实训目的

使学生理解并掌握荫棚的原理,设计地点的选择,普通荫棚的尺寸与规模以及具体操作过程。

二、实训材料和工具

铁锹,卷尺,竹竿(木条),木棒,遮阴网,细绳(钢丝),梯子等。

三、人员安排

(1) 参观企业:2~3人一组。
(2) 现场操作:4~6人一组。

四、实训步骤及要求(现场操作)

1. 选址

选择地势较高,通风良好之处。也可以设于温室近旁。

2. 设计

荫棚由支柱、横梁、覆盖物及花卉放置的场地等几部分组成。本实训以临时性荫棚制作为主,规格为长度6m,宽度5m(图3-11)。

3. 立支柱

放线、挖土,埋设支柱,支柱高度为2~2.5m,中间立柱稍高(避免杂物堆积),其中,边柱高2m,中间高度为2.5m,埋深0.4~0.5m。

4. 安装横梁

用钢丝、管件夹等将横梁与支柱进行固定。

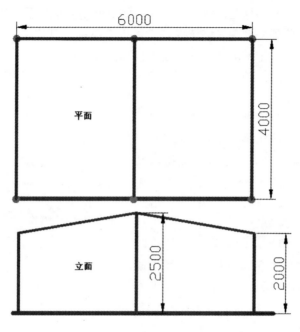

图 3-11　荫棚平面及立面图

5. 覆盖

在荫棚支架上覆盖遮阴网。遮光率视栽培花卉种类的需要而定。为避免上午、下午阳光从东或西面透入，应在荫棚东西两端设倾斜的遮阴帘，遮阴帘下缘要距地表 50cm 以上，以利于通风。

6. 遮阴网固定

用细绳、钢丝等将遮阴网固定在支柱及横梁上。

7. 场地铺设

若放置于地面上，应铺以陶粒、炉渣或粗沙，以利排水，下雨时可免除污水溅污枝叶及花盆。

五、实训分析与总结

【技能提示】

荫棚为花卉越夏保护设施的一种，它具有成本低、制作简易等优点，是花卉生产企业常用的栽培设施之一。通过本次实训让学生掌握荫棚设计的原则和建造的方法，以培养学生实际动手能力和团结协作的精神，为今后的工作打下良好的基础。

【知识链接】

一、荫棚的用途

荫棚是为园林植物生长提供遮阴的栽培设施。其中一种是搭在露地苗床上方的遮阴设施，高度约为 2m，支柱和横档均用镀锌钢管搭建而成，支柱固定于地面。这种荫棚也可在温室内使用。使用时，根据植物的不同需要，覆盖不同透光率的遮阴网。另一种是搭建在温室上方的温室外遮阴设施，对温室内部进行遮阴、降温。荫棚的作用，一是在夏秋强光、高温季节进行遮阴栽培。大部分花卉属于半荫性植物，不耐夏季高温，夏季软材扦插及播种等均需在荫棚下进行，荫棚是夏季栽培花卉必不可少的设施，可使植物避免阳光直射、降温、增加湿度、减少蒸发、防止暴雨冲击等。还可提高部分切花产量。二是在早春和晚秋霜冻季节对园林植物起到一定的保护作用，使园林植物免受霜冻的危害。

二、荫棚的类型及规格

荫棚形式多样，可分为永久性和临时性两类。永久性荫棚多设于温室近旁，用于温室花卉的夏季遮阴；临时性荫棚多用于露地繁殖床和切花栽培。

（1）永久性荫棚多设于温室近旁不积水又通风良好之处。一般高 2～3m，用钢管或水泥柱构成，棚架多采用遮阴网，遮光率视栽培花卉种类的需要而定。为避免上午、下午阳光从东或西面透入，在荫棚东西两端设倾斜的遮阴帘，遮阴帘下缘要距地表 50cm 以上，以利于通风。荫棚宽度一般为 6～7m，过窄遮阴效果不佳。盆花应置于花架或倒扣的花盆上，若放置于地面上，应铺以陶粒、炉渣或粗沙，以利排水，下雨时可免除污水溅污枝叶及花盆（图 3-12）。

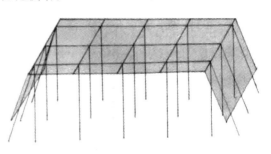

图 3-12　永久性荫棚示意图

（2）临时性荫棚较低矮，一般高度为 50～100cm，多用于露地繁殖床及切花栽培，上覆遮阴网，可覆 2～3 层，也可根据生产需要，逐渐减至 1 层，直至全部除去，以增加光照，促进植物生长发育。

【学习评价】

一、自我评价

1. 通过学习是否学会了荫棚的设置？

2. 荫棚在建造时应考虑哪些问题？

二、小组评价

小组评价见表 3-13。

表 3-13　小组评价

序　号	考核内容	考核要点和评分标准	分　值	得　分
1	本地区荫棚的结构及性能	结构正确，性能表述清楚	20	
2	画出荫棚的结构示意图	结构示意图完整正确	30	
3	各部位名称和尺寸标注	标注名称正确，尺寸标注正确	30	
4	团结合作情况	积极主动，合作愉快	20	
	合计		100	

三、教师评价

1. 对学生的学习态度进行评价。

2. 对学生绘制的示意图进行评价。

3. 对学生参与实训的操作技能进行评价。

【复习思考】

1. 荫棚的主要作用是什么？适合哪些场所应用？
2. 荫棚在设置时应该考虑哪些因素？
3. 荫棚的建造主要包括哪些材料，其规格尺寸是如何规定的？

项目三总结

　　保护地是以塑料大棚和温室为主体的种植生产设施。园林植物保护地栽培就是在塑料大棚或温室内，用人工方法全部或部分地控制环境条件的一种栽培方式。可在人工控制条件下生产花卉，达到花卉的周年均衡供应，也可根据市场的需要安排花卉的开花或供应时间，一方面延长了花卉的上市时间，扩大了市场，另一方面又能满足花卉种植和上市类型的多样化。

　　花卉生长的土壤和气候条件在保护地内是由人工调控的，因此，保护地能够最大限度地满足花卉生长的需要。

　　无土栽培、组织培养等新的花卉生产技术，也只有在保护地内才能发挥其作用。保护地生产，由于生产条件的改善和保证，产量和质量能够大幅度增加和提高，单位面积的收益必然很高，有利于开拓和占领市场。科技含量的提高、单位面积产量的增加、产品质量的保证，提高了市场的竞争力，也提高了开拓国外市场的能力。

　　另外，花卉保护地生产还可减少或免受自然灾害的影响、提高对自然光的利用、弥补农业生产的闲季土地和劳动力的利用等。但是保护地生产也有其不足的一面，尤其是资金投入相对较多，多数情况需要消耗能源，管理和生产技术要求高等。

项目 四 草坪建植与养护

【项目引言】

在园林绿地中，草坪被公认为是首选的地被植物，正确选择草坪的品种不但可以满足其绿化美化功能，而且还可以为人们的生活创造游憩场所。

在城市发展日新月异的今天，草坪草与其他观赏植物相比具有适应能力强，观赏效果突出，具备较强的自然属性等优良特点，一些植物景观以草坪作为主景获得了公众的喜爱。草坪作为园林绿化植物在庭院、公园、开放绿地等环境中得到广泛应用，因此，对于一个园林工作者来说，学习并掌握各种草坪草的生态习性，学会草坪的建植与养护方法是一项十分重要的内容。

【学习目标】

通过本项目的学习，重点了解草坪草的种类（主要冷季型草种中常见的早熟禾属、羊毛属、剪股颖属、黑麦草属和主要暖季型草种中的狗牙根属、结缕草属、野牛草属等），学会草坪的建植方法（草种的选择、草坪品种的特性、场地的准备、播种方法、营养体方法建坪、植生带法、喷播法）和草坪的养护管理内容（灌溉、修剪、施肥）及草坪常见病虫害防治等内容。

任务一 草坪概述

【任务分析】

草坪即草坪植被，通常是指以禾本科草或其他质地纤细的植被为覆盖，并以它们大量的根或匍匐茎充满土壤表层的地被。可以构成草坪的草本植物包括很多种，因此，在学习草坪建植之前，必须熟悉各种草坪草的类型，了解其生态习性，同时，根据草坪的用途不同可以将草坪分为许多种类型。

【任务目标】

（1）了解草坪的概念及分类的方法。

（2）能够熟悉常用的草坪草的形态特征、生长发育进程及其应用特点。

（3）掌握各草坪草的主要特征，比较同属草坪草的主要区别。

技能一　草坪草分类

【技能描述】

（1）能够根据草坪用途对草坪进行分类。

（2）能够根据草坪组合及园林规划对草坪进行分类。

（3）掌握不同类型草坪的特征。

【技能情境】

校园内具有多块草坪，不同区域的草坪类型也不相同，请你制定出一个草坪分类的计划，并对校园内的各个草坪进行分类。

【技能实施】

一、材料和工具

牛皮纸，记号笔，待分类草坪若干。

二、实施步骤

（1）学生分组。根据班级人数情况，一般 5～6 人一组，领取材料和工具，发放资料单。

（2）教师采用多媒体讲授草坪分类的相关理论知识。

（3）学生利用教材与资料单，分组讨论并制定草坪的分类计划，写于牛皮纸上。

（4）各组依次讲解制定的分类计划。

（5）讨论、修订，最后确定分类计划。

（6）草坪分类实训。

1）分配任务。每组对本校园内的草坪进行分类。

2）教师示范。任选一块草坪，根据不同分类依据，对其特点进行分析，示范学生识别的要点，最后确定该草坪的类型。

3）学生分组实训，实训指导教师随时指导。

（7）实训报告：标明草坪所在的位置、草坪类型、草坪特点等。

【技能提示】

校园内的草坪一般块数较多，位置比较分散，种类也较多。分类的依据不同，分类结果也不同。可以选择几种常用的分类标准来进行分类，能为以后的养护管理提供参考，更有实用价值。

【知识链接】

一、草坪的概念

最早《辞海》对草坪是这样注释的："草坪是园林中用人工铺植草皮或播种草籽培养形成的整片绿色地面。"这一解释明确指出了草坪是人工种植的一种植被，但是它又具有一定的局限性，只将草坪的应用范围局限于园林中。当今社会，草坪的应用范围非常广，不仅用于园林绿地建设，还广泛应用于校园、住宅区、机关单位、运动场、道路、飞机场、工厂矿区、水土保持等领域。并且随着社会的发展和地域的不同，草坪的应用形式和范围还将不断地变化。

因此，现代草坪较为全面的定义为：草坪即草坪植被，通常以禾本科草或其他质地纤细的植被为覆盖植物，并以它们大量的根或匍匐茎充满土壤表层的地被，由草坪草覆盖地表的地上枝叶层、地下根系和根系生长的表土层三部分构成一个有机体的整体。

二、草坪的分类

1. 按照草坪的用途分类

（1）观赏草坪。一般为封闭式，不允许游人入内踩踏或游憩，专供人们观赏用的草坪（图4-1）。这种草坪大多建植在广场雕像、喷泉和园林小品周围，作为景前装饰或陪衬景观。

（2）游憩草坪。是指允许人们入内散步、休息、文化娱乐及户外活动的草坪（图4-2）。这类草坪在公园、植物园、动物园、游乐园、风景疗养度假区内应用较多。

图4-1　观赏草坪

图4-2　游憩草坪

（3）运动场草坪。是指供人们进行体育活动用的草坪（图4-3）。如足球场草坪、网球场草坪、高尔夫球场草坪、橄榄球场草坪、垒球场草坪、赛马场草坪等。

（4）防护草坪。是指在坡地、水岸、公路、铁路边坡和堤坝等地，为防止水土流失而建植的草坪（图4-4）。

（5）其他草坪。如环保草坪、停车场草坪、飞机场草坪、森林草坪、林下草坪（图4-5）等。

图4-3　运动场草坪

图4-4 防护草坪

图4-5 林下草坪

2. 按照草坪的植物组合分类

（1）单一草坪。由一种草坪草的单一品种组成的草坪，也称单纯草地。这类草坪的特点是在色泽、高度、稠密度等方面具有高度一致性，具有较高的观赏性，但是抗逆性和适应性较弱。

（2）混合草坪。由多种草坪草种或品种建植的草坪。这类草坪的优点是不同草种之间存在优势互补，因此比单一草坪具有更强的抗逆性和适应性。但不同草种的叶色、高低、质地等存在差异，因此较难获得均一的外观。

（3）缀花草坪。在草坪上配植一些开花的多年生草本植物（图4-6）。如在草坪上自然错落地点缀有萱草、鸢尾、丛生福禄考、郁金香、马蔺、玉簪、石蒜、二月兰、红花酢浆草、紫花地丁等草本花卉。这些植物的种植面积一般不超过草坪总面积的1/4~1/3。

3. 按照园林规划的形式分类

（1）自然式草坪。指利用自然地形或模拟自然地形起伏而建植的草坪（图4-7）。这种草坪的轮廓以及周围的景物、道路等的布置均为自然式。

（2）规则式草坪。凡是地形平整，具有整齐的几何轮廓的草坪均属于规则式草坪（图4-8）。草坪周围的道路、景物也呈规则式分布。如运动场草坪、飞机场草坪、观赏草坪及规则式广场上的草坪多属于这种形式的草坪。

图4-6 缀花草坪

图4-7 自然式草坪

图 4-8　规则式草坪

【学习评价】

小组评价见表 4-1。

表 4-1　小组评价

序　号	考 核 内 容	考核要点和评分标准	分　值	得　分
1	草坪分类计划的制定	制定的计划完整、合理，可操作性强	30	
2	草坪分类	能够对不同类型草坪进行正确分类，并说明其主要特征	40	
3	实训报告	报告书写格式规范，实训内容完整、正确	30	
	合计		100	

【复习思考】

1. 不同的草坪草种一样吗？

2. 根据你的判断，这些草坪平时的养护管理是否一样？为什么？

3. 列举你所见到的草坪位置及其用途。

技能二　草坪草识别

【技能描述】

（1）能够熟悉常用的草坪草的形态特征、生长发育进程及其应用特点。

（2）能够识别草坪草的外部形态。

【技能情境】

校园内具有多块草坪，不同区域的草坪草也不相同，请你制定出一个草坪识别的计划，并对校园内的各个草坪进行识别。

【技能实施】

一、实施目的

通过实训，使学生认识和了解当地种植的草坪草种类；掌握常见草坪草营养期的一些主要植物学特征；正确识别当地种植的不同草坪草，为草坪建植与管理奠定基础。

二、实施原理

不同草坪草其主要器官具有较大差异。我们可以通过主要营养器官的着生方式、质地、大小和形态变化等来认识与区别不同的草坪草。

识别草坪草时，首先确定草坪草的科名。禾本科草坪草与其他单子叶植物，如莎草科的苔草、灯芯草科的灯芯草形态相似，首先要将这三科的植物区别开来（表4-2）。

表4-2　禾本科、莎草科与灯芯草科植物的区别

科名	识别要点	
	叶	茎
禾本科	呈两列对生，有叶舌	中空、半中空或实心，圆柱形或扁平，茎节明显
莎草科	呈三列伸出，有叶舌或退化	三棱形，具髓，茎节不明显
灯芯草科	呈三列伸出，有叶舌或退化	髓质海绵状或具腔室

目前我们所接触到的草坪草95%以上是禾本科植物，所以对草坪草的识别主要是对禾本科植物的识别。识别禾本科草坪草的依据主要有：茎的形态特征，幼叶的卷叠方式，叶舌、叶鞘、叶耳、叶颈和叶片的形态特征等。识别禾本科草坪草，首先观察草坪草器官的外部形态，然后利用植物检索表对其进行鉴定。

三、实施材料和用具

（1）实施材料：根据各地栽培的草坪草种类确定。选取各种草坪草的整株健康新鲜的标本。

（2）工具：禾本科草坪草检索表，放大镜，直尺，体视显微镜，镊子，记录卡（本），铅笔等。

四、实施步骤及方法

（1）取一整株草坪草，仔细观察其根、茎、叶等营养器官的形态特征，进行记录。必要情况下可借助尺子或放大镜。

（2）根据禾本科草坪草检索表对草坪草标本进行种的鉴定。

五、实训报告

（1）自制表格，记录供鉴定草坪草主要营养器官的形态特征。

（2）描述各草坪草的主要特征，比较同属草坪草的主要区别。

【技能提示】

校园内的草坪一般块数较多，位置比较分散，草坪种类也较多。可以选择几种常用的草坪草来进行识别与鉴定，能为以后的养护管理提供参考，更有实用价值。

【知识链接】

一、草坪草的形态特征

草坪草最主要的组成部分是互生于茎上的叶。叶的下半部分称为叶鞘，紧紧包绕着茎

秆，它起着保护幼芽和节间生长以及增强茎的支持等
作用。叶的上半部分称为叶片（图4-9），它相对平
展，向外伸展，各叶鞘形成一定的夹角。长成的叶是
一个独立的个体结构，正生长着的叶常由于被叶鞘包
裹而不能完全看到。在叶片和叶鞘连接处的腹面，有
一膜质或毛质的向上突起的结构，称为叶舌，可防止
害虫、水、病菌孢子等进入叶鞘内。外侧与叶舌相对
的位置上，生长着浅绿或白色的带状结构称为叶环
（也称为叶枕），叶环有弹性和延展性，以此调节叶片
的位置。不同草坪草种类之间叶环的形状、大小、色
泽也有明显的差异。有许多种草坪草，在叶片基部叶
舌的两侧，向外扩展生成两个爪状的穿出物即叶耳。
叶舌、叶环、叶耳是区分不同草坪草种类的重要特征。

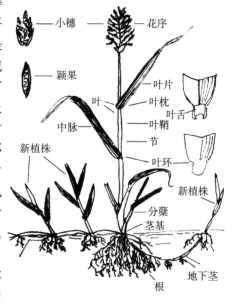

图4-9　草坪草整株示意图

　　在叶（茎）的基部，部分地被包裹于叶鞘中的称
为茎基。在营养生长阶段，茎基是一个高度压缩的
茎，内由很短的节分隔开来，在即将开花时，节间伸
长，由营养生长转向生殖生长。由茎基转化形成的花
轴从叶鞘内伸展出来，花轴的顶端是花序。

　　草坪草的根有两种类型：种子根（又称初生根）和不定根（又称次生根）。种子根在种
子萌芽期发育形成，生存期相对比较短。不定根着生在茎基部的节上。在一个草坪群落中，
不定根组成了根系系统。

　　除茎基和花轴之外，草坪草的茎还有根茎和匍匐茎两种。根茎生长于地表以下，在其末
端和节上可以生长出新的植株，不定根也可以从其节上发育并成长起来。匍匐茎也可以生长
出新的植株和不定根，但不同的是匍匐茎生长在地表之上。由种子发育出的新植株也可长出
一种类似根茎的结构，被称为中胚轴。种子在地下萌发，通过中胚轴将生长点顶到紧靠地表
的位置，在中胚轴伸长以后，初生根和不定根将会分别形成完整的根系。

二、草坪草的识别与鉴定

（一）禾本科草坪草的识别与鉴定

　　禾本科草坪草是草坪草的主体和核心，都具有典型的基本结构，但不同属种之间的草坪
草在结构和功能上存在差异。

1. 根系

　　种子在萌发时最先由胚根产生初生根，它将发芽的幼体固定在土壤中，并吸收无机盐和
水分。随着幼苗的生长和茎节的形成，在根和匍匐茎的茎节上生出很多不定根，不定根的数
量多而密集，构成了禾本科草坪草须根系的主体。一般初生根在播种当年死亡，植株以后的
生长全靠不定根吸收养料。草坪草根系的发达程度，直接影响它对水分和无机盐类的吸收能
力，从而影响建植时的成坪速度以及生长期抗旱能力的强弱。草坪草若要长期使用，避免老
根的形成是必要的，而这要取决于土壤条件和管理水平。

2. 茎

　　禾本科草坪草的茎分两种类型。一种是与地面垂直生长的称为直立茎（花茎等）。该茎

横切面为圆形或椭圆形，由稍有隆起的节与圆筒状的节间组成。起初以柔软的髓充满茎内，随着茎的伸长，多数变成中空，紫羊茅、羊茅和多花黑麦草等的株型多属此类。另一种是以匍匐枝爬生于地下（根状茎）或匍匐生于地上。结缕草、草地早熟禾、剪股颖等属此类。若需改变草坪的株形时，可播种直立型草坪草种子，因为处于草坪底层的匍匐型草坪草易被上层的直立型草坪草覆盖而被淘汰。

3. 叶

一般禾本科草类的叶由叶片、叶鞘、叶舌和一对叶耳组成（图4-10）。

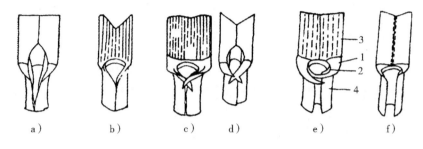

图4-10　不同草坪草的叶耳、叶舌、叶片、叶鞘的形状

a）剪股颖　b）紫羊茅　c）羊茅　d）多年生黑麦草　e）一年生黑麦草　f）多年生草地早熟禾

1—叶耳　2—叶舌　3—叶片　4—叶鞘

（1）叶片。是指叶结构中叶鞘以上的部分。禾本科草坪草叶形有基部最阔，越到前端越窄的类型；有叶片中部最阔，前端和基部窄的类型；有基部与前端几乎一样宽的类型；有前端急尖的类型等多种。叶尖有船形的，如草地早熟禾等；有很尖的披针形，如紫羊茅、高羊茅、结缕草、狗牙根、匍匐剪股颖等；还有渐尖的钝形、圆形或圆锥形的。从叶鞘的横断面来看，有叶片平坦截面成线形或扁平形的，如多年生黑麦草、匍匐剪股颖、狗牙根、结缕草等；有叶对折截面成 V 形的，如草地早熟禾等；还有折叠型；还有正面不平坦，截面不规则的糙面型。从幼叶看，有些是卷旋的，有些是折叠的，如在结缕草属中，结缕草和细叶结缕草的幼叶是卷叶，沟叶结缕草为对折态。这些在禾本科草坪草的鉴定中有一定的作用。除此之外叶缘锯齿状和全缘，叶片表面是否平滑和叶脉隆起等都是草坪草的鉴定依据。

叶脉是叶片输送养分和水分的维管束，禾本科草坪草的叶脉是从叶片中央纵向分布的，因此还能起骨骼的作用，防止叶的折断。其维管束鞘类型不同，一般可作为区分黍亚科和早熟禾亚科的参考依据。如细长结缕草的叶脉有机械组织，是发达的大维管束，宽度最大的叶片中央有 7 根以上的大维管束，还有 4~6 根小维管束配置其间，因此一片叶子大约有 30 根维管束；细叶结缕草有 7 根左右的大维管束；21 根左右的小维管束；沟叶结缕草维管束较少，只有 3 根大维管束和 6~7 根小维管束。

（2）叶鞘。是连接茎和叶片基部的部分，包秆呈鞘状，由叶片稍微增厚的组织构成。能抗踏压等外力，对秆有保护作用，能在冬季增强生长点的抗寒性。

（3）叶舌。叶子近轴面叶片与叶鞘相接处的突起物，分为透明或半透明膜质状、类似头发的丝状和退化三种类型，有截形、圆形、渐尖等形状。

（4）叶耳。是叶片与叶鞘连接处两侧边缘上的附属物。草坪草叶耳为细长交叉爪状，也有的退化只留一点痕迹的，如多年生黑麦草、高羊茅、草地羊茅等；还有些草坪草叶耳完全退化，如匍匐剪股颖、草地早熟禾、野牛草、假俭草、结缕草、狗牙根等。

4. 花

禾本科草坪草的花通常是由几朵小花组成一个小穗，再由若干个小穗组成花序。通常分为四种，即总状花序，如结缕草等；穗状花序如多年生黑麦草、狗牙根等；圆锥形花序，如高羊茅、紫羊茅、草地早熟禾、匍匐剪股颖等。除此之外，小穗的形态在种属之间常有变化。

5. 种子

禾本科草坪草种子由种皮、胚和胚乳组成。种子的外面紧紧地包裹着一层果皮，而果皮和种皮紧密愈合，不宜分离，称为颖果。颖果外面又被内稃和外稃所包被。

6. 分蘖

禾本科植物的分枝称为分蘖，是禾本科植物进行无性繁殖的形式。正是这一特性使得利用禾本科植物作草坪草成为可能。苏联土壤学家威廉士院士将禾本科草的分蘖分为根茎型、密丛型和疏丛型三类，后又进一步细分出根茎疏丛型、匍匐茎型两类，共五类。

（1）根茎型。主要通过分蘖进行繁殖并通过地下根状茎进行扩展。地下茎最初是由分蘖节中的芽突破叶鞘向外成水平伸展（鞘外枝）而成。地下茎在离母枝一定距离处向上弯曲，穿出地面后形成地上枝。这种地上枝又产生自己的根茎并以同样的方式形成新枝。根茎每年可延伸很长，如匍冰草年伸长可达 1~1.5m，每公顷重量可达 30t。这类草繁殖力很强，能在地下 0~20cm 的表土内，形成一个带有大量枝条的根茎系统。由于根茎在土壤中较深，所以对土壤通气条件十分敏感。当土壤中空气缺乏时，其分蘖节便向上移动，来满足对空气的要求，但是由于土壤表层水分较少，故移至一定深度时便死亡，因此，根茎型草类要求疏松的土壤。这类草主要有无芒雀麦、狗牙根等。

（2）疏丛型。分蘖节位于地下 1~5cm 的表土中，侧枝与主枝呈锐角方向伸出，各代侧枝都形成自己的根系，因此形成的草丛较疏松。老一代枝条死亡，其根系随之死亡，致使土壤中积累了大量的残根枯叶，新生的嫩枝叶只能从株丛边缘长出，因此会形成"中空"的草丛。对这类草坪草只有及时进行梳耙和施肥，促使新枝叶从株丛中央长出才能使草坪均匀。疏丛型草坪由于分蘖节接近地表，空气较充足，因此对土壤通气条件要求不高，但失水较快，抗旱性差。属于这类的有黑麦草、猫尾草等。

（3）密丛型。分蘖节位于地表以上或接近土壤表面（在干旱地区），处于空气充足的条件下。这类草新枝自分蘖节发生后与母枝平行向上生长，并保持在叶鞘内（鞘内分枝），因而形成紧密的小丘状株丛。草坪中央紧贴地面，而周围高出。草丛直径随时间推移而扩大，当草丛中央部分随时间逐渐衰老，直至死亡后，便形成了由周围较幼嫩的枝条所组成的"中空"草丛。由于密丛型草类分蘖节位置较高，能适应土壤紧实或过分湿润、通气不良的环境；并且因为被枯叶鞘和茎所包围，能蓄水保温，所以其蘖节经常处于湿润的条件下，又可防御干旱和低温的影响，因此这类草抗旱、抗寒、株丛低矮而适于作草坪。属于该类型草坪草主要有羊茅属的棱狐茅、紫羊茅和针茅属的部分种。

（4）根茎疏丛型。由短根茎把许多疏丛型株丛紧密地联系在一起，形成稠密的网状，如草地早熟禾等。这类草能形成平坦而有弹性且不易干裂的基质土，是建坪的优良草种。

（5）匍匐茎型。这类草坪草通过地上匍匐茎水平延伸得以扩展。在茎节上可发生出芽，长出枝叶，向下产生不定根，使枝条固定于地面，夏季当匍匐茎中部死亡后，即与母株分离形成独立的新株。这种草适于营养繁殖，也可种子繁殖，是一类优良的草坪草。常见的该类型草坪草有狗牙根、野牛草、匍匐剪股颖、假俭草等。

多年生禾本科草的分蘖几乎在整个生长期内都进行，不同时期分蘖产生的枝条在不同的温度、湿度、日照长度、光质等因素条件下，处于不同的发育阶段，因而形成了在发育和形态上有所差异的枝条——生殖枝、长营养枝和短营养枝，在一个发育正常的植株中这三类枝条的比例是植物固有的生物学特性。根据株丛内枝条性质和植株高度可将禾本科草划分为上繁草和下繁草。上繁草一般株丛较高，除一部分用于固土护坡外，多作刈草饲养牲畜。下繁草植株矮小，株丛内多由短营养枝组成，如草地早熟禾、棱狐茅等，是作草坪的良好材料。

（二）非禾本科草坪草的识别鉴定

非禾本科草坪草大多属双子叶植物，其形态结构与禾本科草坪草具有明显的不同。

【学习评价】

学习评价见表4-3。

表4-3 学习评价

序 号	考核内容	考核要点和评分标准	分 值	得 分
1	草坪草识别计划的制定	制定的计划完整、合理，可操作性强	30	
2	草坪草的识别	能够根据不同草坪草的根、茎、叶等器官形态特征进行正确鉴定	40	
3	实训报告	报告书写格式规范，实训内容完整、正确	30	
	合计		100	

【复习思考】

1. 名词解释：叶舌 分蘖 叶耳 叶鞘
2. 禾本科草的分蘖可分为几种类型？分别是什么？各有何特点？
3. 绘图说明典型草坪草的形态特征。

任务二 草坪建植

【任务分析】

草坪作为园林绿化材料的重要组成部分，其良好的生态效益，得到了社会大众的认同与肯定，已成为了现代文明城市的重要标志之一。同时，草坪也是一些地块零星之处和特殊地段，如飞机场，足球场和高尔夫球场等必不可少的绿化材料，因此，如何建植高质量的草坪是园林工程要解决的一个重要课题。

【任务目标】

（1）学会播种坪床的准备；学会根据不同用途、不同草种、不同混播形式等设计播种方案。

（2）学会分栽建坪坪床的准备；学会根据不同用途、不同草种、季节等设计分栽建植

草坪的方案。

技能一　播种建植草坪

【技能描述】

（1）能够熟悉种子繁殖法的概念与原理。

（2）掌握用种子直播法建植草坪的方法及程序，熟练运用种子直播法建坪的全套技能。

【技能情境】

学校具有实训基地，根据土壤条件的不同对所建植草坪进行具体的规划设计。请你制定出一个科学的种子直播法建坪方案，并对所建草坪进行管理。

【技能实施】

一、实施目的

熟悉种子直播法建坪的方法和原理，掌握用种子直播法建坪的程序和标准。

二、材料器材

（1）场地。上次实训已准备好的试验草坪场地。

（2）草种选择。提供不同种类的草坪草种子，以供学生选用。如草地早熟禾、高羊茅、狗牙根等，学生可根据设计要求，采用单播或混播等方式建坪。

（3）工具。锄头，铁耙，扫帚，塑料绳，无纺布，滚筒，雾化喷头，天平，卷尺等。

三、实训内容

（1）学习种子直播法建坪的步骤及技术要求。

（2）学习苗期的养护管理和技术要领。

（3）学习草坪施工的准备与现场管理。

四、实训步骤

1. 课前准备

教师提前一周下达实训任务书，学生阅读教材相关内容，根据各组爱好进行设计，假设要建植的草坪类型（如运动场草坪、观赏草坪、游憩草坪等），选择草种，完成建坪方案，准备好相关材料及用具。如有必要，场地可提前一天浇水，以便在土壤湿润的状态下进行播种。

2. 现场实训

（1）精整场地。用五齿耙按东西、南北向由四周向中心耙搂场地，达到中间高四周低，平整而细实的场地要求。

（2）播种。用塑料绳将场地分块，按分块面积和播种量称种，分块撒播。要求每块的种子分成4份，南北、东西方向来回撒播一次，力求均匀一致。

（3）盖籽。播完后用五齿耙顺一个方向轻轻翻动表土，或用扫帚轻扫一遍，或薄薄覆一层细土，使种子在地下0.5cm左右处。

（4）镇压。用滚筒（重60kg左右）或锄头镇压一遍，使种子与土壤接触紧密。

（5）浇水。第一次要浇足水，最好以雾化的喷头浇水，以免冲刷种子。以后视天气情况浇水，保持土表呈湿润状至齐苗。

（6）覆盖。待第一次浇水后，表土发白时，用草帘或草袋覆盖，也可浇水前覆盖。

（7）苗期养护。播种后，学生自行安排养护计划，直至成坪。内容主要包括浇水、除杂草、防病虫、施肥等，此项内容要写入建坪方案中。

五、实训报告

完成一份"播种建坪方案"，内容包括场地平整、所选草种的种类及依据、具体播种步骤及要求、播后的养护管理等。此外，每天的工作日志必须用本子记录，不可以是单页纸。

【技能提示】

在校内实训基地根据实训基地的土壤、气候等条件，可以选择种子建坪的方法建植一块草坪，能为以后的养护管理提供参考，更有实用价值。

【知识链接】

建坪方法概括起来有两大类，种子繁殖法和营养繁殖法。种子繁殖法也称为播种法，是北方常用的建坪方法，此外还有边坡绿化常用的喷播法和草坪植生带法。南方建坪常用营养繁殖法，如铺植法、匍匐枝建坪法等。

一、种子繁殖法建坪

（一）播种法建坪

播种法建坪是指用种子直接播种建立草坪的方法。大多数草坪草均可用种子直播法建坪。

1. 播种时间

草种的播种时间受气温的控制。因为在种子萌发的环境因子中，气温是无法人为控制的，而水分和氧气条件都可以人为控制。暖季型草坪由于生长最适温度较高，必须在春末夏初播种。冷季型草坪的播种时间一年都可，秋天播种杂草少，春天播种杂草、病虫害多，管理难度大，建议最好采用秋季播种。

2. 播种量

草坪种子的播种量取决于种子质量、混合组成和土壤状况以及工程的要求。特殊情况下，为了加快成坪速度可加大播种量（表4-4）。

表4-4　几种常见草坪草种参考单播量（g/m²）

草种	正常量	加大量
普通狗牙根（不去壳）	4~6	8~10
普通狗牙根（去壳）	3~5	7~8
中华结缕草	5~7	8~10
草地早熟禾	6~8	10~13
普通早熟禾	6~8	10~13
紫羊茅	15~20	25~30
多年生黑麦草	30~35	40~45
高羊茅	30~35	40~45
剪股颖	4~6	8
一年生黑麦草	25~30	30~40

混播草种的播种量计算方法：当两种草混播时，选择较高的播种量，再根据混播的比例计算出每种草的用量。如要配制90%高羊茅和10%草地早熟禾混播组合，混播种量40g/m²，首先计算高羊茅的用量40g/m²×90%=36g/m²，然后计算草地早熟禾的用量40g/m²×10%=4g/m²。

3. 播种方法

播种有人工撒播和机械播种两种方法。

人工撒播要求工人播种技术较高，否则很难达到播种均匀一致的要求。人工撒播的优点是灵活，尤其是在有乔灌木等障碍物的位置、坡地及狭长的小面积建植地上适用，缺点是播种不易均一，用种量不易控制，有时造成种子浪费。

建植面积较大时，尤其是运动场草坪的建植，适宜用机械播种。常用播种机有旋转式播种机和自落式播种机，其最大特点是容易控制播种量、播种均匀，不足之处是不够灵活，小面积播种不适用。

4. 播种作业

将种子均匀分布在坪床中，深度1cm左右（图4-11、图4-12）。作业步骤如下：

（1）划分相应的区域并等份划分种子，分2~3次，来回横向、纵向进行播种，以防止漏播。

（2）如混播种子的大小不一致，则分开种类按照上述方法进行播种。

（3）播种后要覆盖，一般用无纺布、作物秸秆和地膜等。覆盖是为了稳固种子，防止下雨将种子冲刷流失，防止鸟兽采食种子。

（4）覆盖后立即浇水，应使用雾化状的喷头喷灌。

图4-11　种子播种

图4-12　播种后铺无纺布覆盖种子

（二）植生带建坪

植生带是用特殊的工艺将种子均匀地撒在两层无纺纤维或其他材料中间而形成的种子带，是一项草坪建植的新技术。主要特点是运输方便、种子密度均匀、简化播种手续、出苗均匀、成坪质量好、便于操作。适宜中小面积草坪建植，尤其是坡度不大的护坡、护堤草坪的建植。

1. 材料组成

（1）载体。主要有无纺布和纸载体。原则是轻薄，播种后能在短期内降解，避免对环境造成污染（图 4-13）。

（2）黏合剂。多采用水溶性胶黏合剂或具有黏性的树脂，能黏住种子和载体。

（3）草种。各种草坪草种子均可做成植生带。如草地早熟禾、高羊茅、黑麦草、白三叶等。种子质量是关键，否则做出的植生带无使用价值。

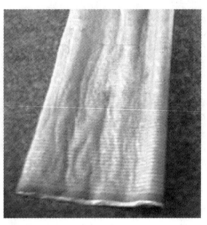

图 4-13　植生带材料

2. 加工工艺

目前国内外采用的加工工艺主要是双层热复合式植生带生产工艺，我国还推出了冷热复合法生产工艺，其要求如下：

（1）种子植生带加工工艺要保证种子不受损伤。

（2）布种要均匀，定位要准确，保证质量和密度。

（3）载体要轻薄、均匀，无破损和漏洞。

（4）植生带规格要求一致，边沿整齐。

（5）植生带的种子发芽率不低于 95%。

3. 储运和运输

要求：库房整洁、卫生、干燥、通风，温度 10 ~ 20℃，相对湿度不超过 30%，注意防火，预防病虫害和鼠害，运输中防火、防潮、防磨损。

4. 建植技术要点

（1）坪床准备。整地精细，平整光滑，土壤细碎。

（2）铺设技术。

1）铺设。要仔细认真，接边、搭头均按植生带的有效部分搭接好，以免漏播。

2）覆土。覆土要细碎、均匀，一般覆土 0.5 ~ 1cm，覆土后用辊镇压，使植生带和土壤紧密接触。

3）浇水。最好采用雾状喷头浇水，每天浇水 2 ~ 3 次，保持土壤湿润至齐苗。以后的管理同播种建坪，40d 左右即可成坪。

（三）喷播法建坪

喷播法建坪是一种播种建植草坪的新方法，是以水为载体，将草坪种子、黏合剂、生长素、土壤改良剂、复合肥等成分混合，通过专用设备喷洒在地表生成草坪，达到绿化效果的一种草坪建植方式（图4-14）。

图4-14　喷播法播种

1. 喷播建坪设备

喷播需要喷投设备，主要由机械部分、搅拌部分、喷射部分、料罐部分等组成，此外还要有运输设备。喷头设备一般安装在大型载重汽车上，施工时现场拌料、现场喷播。

2. 草浆的配制

草坪喷浆要求无毒、无害、无污染、黏着性强、保水性好、养分丰富。喷到地表能形成耐水膜，反复吸水不失黏性。能显著提高土壤的团粒结构，有效地防止坡面浅层滑坡及径流，使种子幼苗不流失。

（1）草浆的原料。草浆一般包括水、黏合剂、纤维、染色剂、草坪种子、复合肥等，有的还要加保水剂、松土剂、活性钙等材料。

1）水作为溶剂，能够把纤维、草籽、肥料、黏合剂等均匀混合在一起。

2）纤维在水和动力作用下形成均匀的悬浮液，喷后能均匀地覆盖地表，具有包裹和固定种子、吸水保湿、提高种子发芽率及防止冲刷的作用。

3）黏合剂由高质量的自然胶、高分子聚合物等配方组成，水溶性好并能形成胶状水混浆液，具有较强的黏合力、持水性和通透性。平地少用或不用，坡地多用；黏土少用，砂土多用。

4）染色剂使水和纤维着色，用以指示界限，一般用绿色，喷后容易检查是否漏喷。

5）肥料多采用复合肥，一般用量为 $2 \sim 3 g/m^2$。

6）草种一般根据地域、用途和草坪草本身的特性选择，采用单播、混播的方式播种。

（2）草浆的配制。喷播时，水与纤维覆盖物的质量比一般为30:1。根据喷播机的容器量计算材料的一次用量，不同的机型一次用量不同，一般先加水至罐的1/4处，开动水泵，使之旋转，再加水，然后依次加入种子→肥料→活性钙→保水剂→纤维覆盖物→黏合剂等。搅拌 $5 \sim 10 min$，使浆液均匀混合后才可喷播。

（3）草浆的喷播。喷播时水泵将浆液压入软管，从管头喷出，操作人员要熟练掌握均匀、连续喷到地面的技术，每罐喷完，应及时加进 1/4 罐的水，并循环空转，防止上一罐的物料依附沉积在管道和泵中。完工后用 1/4 罐清水将罐、泵和管子清洗干净。

【学习评价】

学习评价见表 4-5。

表 4-5　学习评价

序　号	考核内容	考核要点和评分标准	分　值	得　分
1	草坪播种建植计划的制定	制定的计划完整、合理，可操作性强	30	
2	草坪播种建植的方法步骤	能够根据不同土壤、不同气候正确地选择适宜的草坪草，熟练掌握播种法建坪的方法		
3	实训报告	报告书写格式规范，实训内容完整、正确	30	
	合计		100	

【复习思考】

1. 播种法建坪的主要程序和步骤是什么？
2. 播种法建坪的方法有哪些？
3. 喷播建坪的优点有哪些？

技能二　营养繁殖法建植

【技能描述】

（1）了解常用的草坪建植方法，掌握营养（无性）繁殖法的概念与原理。
（2）掌握用营养（无性）繁殖法建坪的方法及程序，熟练运用营养（无性）繁殖法中密铺法建坪的全套技能。

【技能情境】

学校实训基地需要进行草坪园建设，根据土壤条件的不同对所建植草坪进行具体的规划设计。请你制定出一个科学的营养（无性）繁殖法方案，并对所建草坪进行管理。

【技能实施】

一、实施目的

了解营养繁殖法建坪的原理，熟悉草皮块铺植法建坪的方法和程序，掌握密铺法建坪技术。

二、材料器材

（1）场地。前面实训已准备好的试验草坪场地。
（2）草皮块。种类根据当地实际情况而定，如结缕草、羊茅等。

（3）工具。锄头，铁耙，铁锹，圆头铲，平底铲，木板，滚筒，喷头等。

三、实训内容

（1）学习密铺法建坪的步骤及技术要求。

（2）学习新草坪的养护管理和技术要领。

（3）学习草皮块的选购标准与方法。

（4）学习草坪施工的准备与现场管理。

四、实训步骤

1. 课前准备

教师提前一周下达实训任务书，学生阅读教材相关内容，根据各组设计，选择草种，完成建坪方案，购买草皮，准备好相关用具。如有必要，场地可提前一天浇水，以便在土壤湿润的状态下进行铺植。

2. 现场实训

（1）精整。场地用五齿耙按东西、南北向由四周向中心耙耧场地，达到中间高四周低，平整而细实的场地要求。

（2）铺植。草皮铺植前应先拔去草皮块上的杂草，破碎的草皮块放到一边。然后从场地边缘开始铺植草皮，草皮块之间留 1cm 左右的间隙，草皮块之间呈品字形分布，所有边缘必须用完整的草皮块。一时不能用完的草皮块要摊开平放到阴凉处。

（3）镇压。用滚筒（重 60kg 左右）或锄头镇压一遍，使草皮与土壤接触紧密。一般两三天之后还要进行滚压（镇压），直至平整。如果场地凹凸不平严重，则要把草皮揭开，加细土或铲走多余的土壤，再把草皮块重新铺植回去。

（4）浇水。第一次要浇足水，以后视天气情况浇水，保持土表湿润至草皮成活。

（5）新草坪养护。铺植后，学生自行安排养护计划，直至成坪。内容主要包括浇水、除杂草、防病虫、施肥等，此项内容要写入铺植建坪方案中。

五、实训报告

完成一份"密铺法建坪方案"，内容包括场地整理、具体铺植的步骤及要求、后期的养护管理等。此外，每天的工作日志必须用专门的本子记录，不可以是单页纸。

【技能提示】

在校内实训基地根据实训基地的土壤、气候等条件，可以选择营养繁殖法建植一块草坪，能为以后的养护管理提供参考，更有实用价值。

【知识链接】

营养繁殖法建坪

营养繁殖法建坪包括铺草皮块、塞植、蔓植和匍匐枝植。其中除草皮块外，其余几种方法只适用于有发达匍匐茎和根茎的草坪草种。能迅速产生草坪是营养繁殖法的优点。

铺植草皮块是成本较高的建坪方法，但它能在一年中任何有效的时间内形成"瞬时草坪"，因此，这是最常使用的营养繁殖法。

（一）铺植法（图 4-15 ~ 图 4-17）

图 4-15 起好的草皮卷

图 4-16 草皮卷的运输

图 4-17 利用草皮铺植机械铺植草皮块

1. 密铺法

是指用草皮块将地面完全地覆盖。此方法成坪时间最短，可形成"瞬时草坪"，用到草皮块数量多。

（1）对坪床处理，保证土壤细碎、地面平整光滑。

（2）切取宽 25～30cm，长小于 2m，厚 2～3cm 的草皮条，或 30cm×30cm 的草皮块，卷起捆扎。

（3）运至建坪地后即刻铺植，防止草皮块失水分。在运输路线过长的情况下，要对草皮块进行水分的补充。

（4）铺植时，先从场地边沿开始铺植，用整块的草皮块铺置边沿地带，遗留空地不够整块草皮块，可依据空地形状进行切割，草皮块之间接缝处留 1～2cm 的间距。

（5）若草皮块一时不能用完，应一块一块地散开平放于阴凉处并及时浇水，不能堆积放置。

（6）铺植后用 0.5～1t 重的滚筒滚压，使草皮块与土壤紧密接触，无空隙，易成活。

（7）铺植后立刻浇水，浇水要浇足浇透。

2. 间铺法

为节约草皮材料可用此方法。虽然成坪时间长，但使用草皮块数量少，成本低。

（1）铺块式。各草皮块之间铺植间距 3～6m，铺设面积为总面积的 1/3。

（2）梅花格式。各草皮块之间相间交错排列，如"品"字形状，所呈图案美观，铺设面积占总面积的 1/2。铺植后，滚压并浇水。

3. 条铺法

把草皮切割成 6～12cm 的长条，以 20～30cm 的间距平行铺植，铺植后碾压、灌溉，经半年后可形成美观均一的草坪。

（二）塞植法

塞植法是利用从心土耕作取得的小柱状草皮柱和利用环刀或机械取出的大草皮塞，插入坪床形成草坪。其优点是节省草皮，分布较均匀。

（1）草皮塞一般为直径 5cm、高 5cm 的柱状，或 5m³ 的立方塞块。

（2）以 30～40cm 间距插入坪床，顶部要与土表平行。及时浇水，使草坪块生根。

（三）蔓植法

蔓植法的小枝通常不带土。常用于匍匐茎发达的暖季型草坪草。先准备好坪床，剪取插穗小枝，插穗小枝通常长 5cm 左右，种植在间距 15～30cm、深 5～8cm 的沟内。每一幼植应具 2～4 节，并应单个种植，以免部分幼枝露出地表。种植后要填压坪床和充分灌溉。经养护管理，一般两个月可以成坪。

（四）撒茎法

利用匍匐枝为繁殖材料，将其均匀地撒在湿润的坪床上，然后在坪床上表施土壤，最后滚压、灌溉。草茎一定要新鲜，以带 2～3 节为宜，通常的用量是 0.5kg/m³

【学习评价】

学习评价见表 4-6。

表 4-6 学习评价

序 号	考 核 内 容	考核要点和评分标准	分 值	得 分
1	营养繁殖法建坪计划的制定	制定的计划完整、合理，可操作性强	30	
2	营养繁殖建植草坪的方法步骤	能够根据不同土壤、不同气候正确地选择适宜的草坪草，并熟练掌握营养法建坪的方法	40	
3	实训报告	报告书写格式规范，实训内容完整、正确	30	
	合计		100	

【复习思考】

1. 营养繁殖法建坪的方法有哪些？
2. 密铺法建坪的技术要点是什么？

任务三 草坪养护

技能一 草坪的修剪

【技能描述】

（1）能够根据草坪用途对草坪进行修剪。
（2）能够根据不同草坪草种类合理地确定草坪修剪的高度。
（3）掌握草坪的 1/3 修剪原则。

【技能情境】

校园内具有多块草坪，不同区域的草坪类型也不相同，请你制定出一个草坪不同修剪高度的计划，并对校园内的各个草坪进行修剪。

【技能实施】

一、实施的目的和意义

绿茵如毯的草坪不仅具有改良环境的生态作用和很高的观赏价值，还给人类提供了适宜的活动场所。草坪管理的意义在于：

（1）有利于草坪着色的一致性，防止花果和枯枝落叶的形成。
（2）利于草坪表面的平坦性，防止个别植物的极端生长和大枝条的形成。
（3）有利于提高草坪的致密性，防止杂草的大量滋生。

本实训的主要目的是让同学们熟悉草坪修剪的方法步骤。

二、内容与步骤

1. 观察了解旋转式剪草机的简单构造

2. 操作步骤及注意事项

（1）检查。启动前，一定要检查机油、汽油是否充足，空气滤清器是否干净，刀片是否损坏，螺栓是否锁紧。注意必须先检查后开机，否则可能毁坏机器，甚至危及人身安全。此外，机油油面不要超过"高位"标志，加油需在停止状态下、通风良好的地方进行，操作时应穿长裤、保护鞋，戴防护眼镜。

（2）启动。启动前，应根据草坪修剪的 1/3 原则来调节剪草高度。具体操作如下：首先，将化油器上的燃油阀门从"1"推至"2"的位置，再将节流杆（油门）推至阻风门（CHOKE）位置，然后提起启动索，快速拉动。注意，不要让启动索迅速缩回，而要用手送回，以免损坏启动索，启动后要将节流器（油门）扳至"低速"（LOW），使发动机平稳运转。

（3）剪草。将离合器杆靠紧手柄方向搬动时，剪草机会自动前进；松开离合器杆时，剪草机会停止发动机。剪草时，要将节杆（油门）置于"高速"（HIGH）的位置，以发挥汽油机的最佳性能。另外，剪草时只许步走前进，不得跑步，不得退步。换挡杆有两种位置，"快速（FAST）"和"慢速（SLOW）"能够使剪草机的刀片以两种旋转速度切割草坪。但是行进间不能进行换挡。

（4）关机。缓慢地将节流杆推至"停止"（STOP）位置，再将化油器的燃油阀门从"2"推至"3"的位置，即可关机。

（5）清洁机具。剪草作业结束后，应将剪草机清理干净，长时间不用时，还应将刀片等部位上油保护。

三、材料用具

（1）材料：待修草坪。

（2）用具：剪草机或剪草刀，钢卷尺，钳子，活扳手，油石，螺钉旋具等。

四、方法步骤

（一）草坪剪草设计

1. 修剪时间：频率和次数试验

（1）选择某一生长良好、待修剪的草坪。

（2）设计好剪草处理。

（3）剪草高度试验 3～4cm。

2. 修剪高度试验

（1）修剪高度分 3cm、4cm、5cm、6cm 四个等级，修剪的时间、频率和次数及管理水平一致。

（2）根据试验结果分析草坪的再生能力、盖度、密度、叶色、根量等，从而选择最佳的修剪高度。

（二）草坪修剪时的注意事项

（1）草坪或草种不同对修剪的要求也不同，要根据具体情况而定。新建草坪按正常强度的 1/3 进行修剪，草坪在返青后不久或秋末枯萎以前不修剪或修剪以利越冬和生长。

（2）草坪修剪应按 1/3 原则。任何一次修剪后，草坪的叶面积或高度的减少不能超过 1/4～1/3，并且将剪下的 1/3 归还草坪以调节草枯枝层量和土壤营养物质平衡。

草坪修剪应选择晴朗无风的午后进行，以免擦伤叶子，传染病害，土壤应干燥，刀刃应锋利，以免拉出根系和践踏草坪。修剪后立即灌水或结合灌水施肥、施肥土，但是不应喷施农药，防止药害。

五、作业

每位同学参加一次修剪试验，并讨论其结果。

【技能提示】

校园内的草坪一般块数较多，位置比较分散，种类也较多。可以选择几种不同用途的草坪进行修剪，能为以后的养护管理提供参考，更有实用价值。

【知识链接】

草坪修剪

修剪是指去掉草坪地上一部分生长的枝叶。修剪的目的在于保持整齐、美观及充分发挥草坪的坪用功能，适度修剪可促进草坪匍匐茎和枝条密度的提高，利于日光进入草坪基层，抑制杂草，使草坪草健康生长。为了使草坪美观实用，必须定期修剪。

一、修剪原则

1. 修剪原则

草坪修剪的基本原则为每次修剪量一般不能超过茎叶组织纵向总高度的1/3，占总组织量的30%~40%，即修剪的1/3原则，不能伤害根颈，否则会因地上茎叶生长与地下根系生长不平衡而影响草坪草的正常生长。如草坪需要修剪的高度为2cm（剪草机和刀片置于2cm的修剪高度），那就应在草坪草长至3cm高时进行修剪，剪掉1cm。如果草坪草长的太高，不应一次就将草剪到标准高度，这样会使草坪草的根系停止生长，修剪量超过40%草坪根系会停止生长6d至2周。正确的做法是，在频率间隔时间内，增加修剪次数，逐渐修剪到要求高度。1/3修剪原则对夏季逆境胁迫下的冷季型草坪草特别适用。在过低的修剪频率下，草坪修剪时由于一次修剪量大并接近基部而易发生茎叶剥离，在恢复时要消耗大量储备的碳水化合物；按照1/3原则进行较频繁的修剪则可以避免茎叶剥离，虽然修剪本身消除一部分碳水化合物，但如能正确操作，便可避免因茎叶剥离消耗大量的碳水化合物。

新建草坪由于草坪草比较娇嫩，根系较浅，加上根潮湿疏松，修剪时应高于纵向高度的1/3，最好在草坪高于修剪高度后再修剪，并逐渐降低修剪高度，直到达到要求高度，同时应避免使用钝刀片，以防将小草从土中拔出。

2. 修剪对草坪的影响

草坪草对于修剪只是忍耐，但修剪对草坪的美丽与健康是有好处的。修剪是一种胁迫，单从植物学角度来看，修剪可以引起根系暂停生长，导致根系生物量减少，深度变浅，高修剪的草坪，草坪草根系深，草坪密度低；低修剪的草坪，草坪草根系浅，但草坪密度高（图4-18）。修剪会降低草坪草形成碳水化合物的能力，并且被修剪破坏的组织易侵入病菌，草坪草能忍耐修剪，是因为其具有低位、壮实、致密的生长点和生长较快的特性。

草坪草补偿由于修剪造成的组织损失的能力是有限的，一般来讲，叶片越直立，忍耐低修剪的能力就越差。叶片直立型草坪草种如草地早熟禾和苇状羊茅通常修剪高度的限度为1.3~2.5cm或更高，匍匐茎型草坪草如匍匐剪股颖和狗牙根能忍耐低的修剪高度，因为匍匐茎与侧茎含有叶绿素，能进行光合作用，能有效地补偿修剪造成的叶组织损失，匍匐剪股颖尤其能忍耐低修剪，在高尔夫球场的果岭修剪高度可达0.25cm之低。有些草坪草虽缺乏匍匐茎但也能

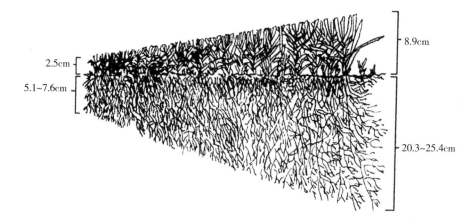

图 4-18 修剪对草坪草根的生长与草坪密度的影响

忍耐低修剪，如一年生早熟禾为<u>丛生型</u>，能在修剪高度极低（0.2cm）的情况下产生种子；多年生黑麦草也是丛生型，也能忍耐0.63cm的低修剪，可用于冷季补播高尔夫球场果岭。

总之，修剪高度越低，草坪草所受的胁迫越大，草坪草就越易受病菌的侵染。并且在其他管理条件相同的情况下，草坪在最低修剪高度时，也潜在最大种群的杂草。

二、修剪高度

修剪高度是指草坪修剪后留在地面上的高度，也称为"留茬"。在理论上等于剪草机设置的剪草高度，由于剪草机行走在草坪茎叶上，实际修剪高度应略高于设定高度，差异的大小取决于草的坚挺、弹性，茎叶的大小以及剪草机的自重和部件形状；当地面松软，有枯草层时，剪草机可能下沉，实际高度则会等于或略低于设定高度。可结合测量剪草后的实际高度，在一个坚硬的平面上测量和调整剪草机刀片与地面的高度来调节设定剪草高度。

最适宜的剪草高度主要受草种和品种本身的特性、草坪草生长的立地条件、生长季节的气候条件和草坪草自身的状态等因素的影响。每一种草坪草都有它特定的修剪高度范围（表4-7），在范围内修剪可获得令人满意的草坪质量，低于耐受范围，草坪变得稀疏、蓬松、柔软而匍匐，质量低下；高于此范围，发生茎叶剥离或剪去过多的绿色茎叶导致老茎裸露。不合理的修剪还会引起杂草侵入。实际上每种草坪修剪高度的确定还应综合考虑其遗传特点、气候条件、栽培管理措施和其他环境影响因素。

表 4-7 常见草坪草的标准留茬高度

冷季型草种	修剪留茬高度/cm	暖季型草种	修剪留茬高度/cm
匍匐剪股颖	0.6 ~ 1.3	普通狗牙根	1.3 ~ 3.8
细弱剪股颖	1.3 ~ 2.5	杂交狗牙根	0.6 ~ 2.5
草地早熟禾	2.5 ~ 5.0	结缕草	1.3 ~ 5.0
加拿大早熟禾	6.0 ~ 10.1	野牛草	2.5 ~ 5.0
细叶羊茅	3.8 ~ 6.4	地毯草	2.5 ~ 5.0
紫羊茅	2.5 ~ 5.0	假俭草	2.5 ~ 5.0
高羊茅	3.8 ~ 7.6	巴哈雀	2.5 ~ 5.0
黑麦草	3.8 ~ 5.0	钝叶草	3.8 ~ 7.6
沙生冰草	3.8 ~ 6.4	格兰马草	5.0 ~ 6.4
扁穗冰草	3.8 ~ 7.6		

三、修剪时间和频率

草坪修剪的时间和频率不仅与草坪的生长发育有关，还跟草坪的种类有关，同时跟肥料的供给有关，特别是氮肥的供给，对修剪的频率影响较大。一般来说冷季型草坪有春秋两个生长高峰期，因此在这两个高峰期应加强修剪，但为了使草坪有足够的营养物质越冬，在晚秋修剪应逐渐减少次数，在夏季冷季型草坪有休眠现象，也应根据情况减少修剪次数。暖季型草坪草由于只有夏季的高峰期，因此在夏季应多修剪。草坪的修剪一般冷季型草坪草始于3月，末于10月；暖季型草坪草始于4月，末于10月，通常在晴朗的天气进行。在生长正常的草坪中，供给的肥料多就会促进草坪的生长，从而增加草坪的修剪次数。

正确的修剪频率取决于多种因素，如草坪类型、草坪品质的多样化、天气、土壤肥力、草坪在一年中的生长状况和时间等。草坪草的高度是确定修剪与否的最好指标，草坪修剪应在草高达额定留茬高度的1～2倍时修剪为佳，按草坪修剪的1/3原则进行。通常在草坪草旺盛生长的季节，草坪每周需修剪两次；在气温较低、干旱等条件下的草坪草缓慢生长的季节则每周修剪一次。一般草坪在生长季节的修剪频率及次数见表4-8。

表4-8　草坪修剪的频率（次/周）及次数

草坪类型	草坪草种类	修剪频率			修剪次数（次/年）
		4～6月	7～8月	9～11月	
庭院	细叶结缕草剪股颖	1 2～3	2～3 3～4	1 2～3	5～6 15～20
公园	细叶结缕草剪股颖	1 2～3	2～3 3～4	1 2～3	10～15 20～30
竞技场、校园	细叶结缕草狗牙根	2～3	3～4	2～3	20～30
高尔夫球场	细叶结缕草剪股颖	10～12 16～20	16～20 12	12 16～20	70～90 100～150

注：表中数据摘自参考文献［3］。

对于生长过高的草坪，一次修剪到标准留茬高度的做法是有害的。这样修剪会使草坪地上光合器官失去太多，过多地失去地上部分和地下部分的储藏营养物质，致使草坪变黄、变弱。因此生长过高的草坪不能一次修剪到位，而应逐渐修剪至留茬高度。

草坪的修剪次数是用频率描述的，即一定时间内草坪的修剪次数，频率越高代表修剪次数越多。在夏季，冷季型草坪进入休眠，一般2～3周修剪一次，但在春秋两季由于生长旺盛，冷季型草坪需常修剪，至少一周一次；暖季型草冬季休眠，在春秋生长缓慢，应减少修剪次数，在夏季天气较热，暖季型草生长旺盛，应进行多次修剪，如普通狗牙根可一周修剪一次，而杂交狗牙根每周可修剪2～3次。

四、修剪方向

由于修剪方向的不同，草坪茎叶的取向和反光也不同，因而产生如许多体育场草坪见到的明暗相间的条带，由小型剪草机修剪的果岭也有同样的图案。按直角方向两次修剪可获得如国际象棋盘一样的图案，增加美学效果。一般庭院用小型滚刀式剪草机也可在几天内保持这种图案。

每次剪草总在一个方向，易使草向剪草方向倾斜生长，形成穗状纹理，这在高尔夫球场上会影响击球质量。改变剪草方向可避免在同一高度连续齐根修剪，也可防止剪草机轮子在同一地方反复走过，压实土壤成沟。修剪时应尽可能地改变修剪方向（图4-19），最好每次修剪时都采用与上次不同的样式，以防草地土壤板结，减少草坪践踏。

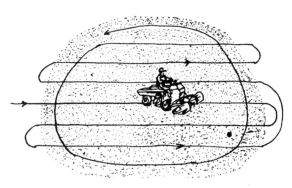

图 4-19　草坪修剪原则示意图

注：该图取自参考文献［1］。

五、草坪修剪的作业计划

1. 修剪前的准备工作

（1）修剪方向的确定。剪草机作业时运行的方向和路线会显著影响草坪草枝叶的生长方向和土壤受挤压的程度。每次修剪要避免从同一方向、同一路线往返进行，否则，草也会趋于同一方向定向生长，出现"纹理"现象，而且还会导致草坪草瘦弱，使草坪的均一性下降。同时剪草机轮子在同一地方反复碾过，草坪土壤受到不均匀挤压，可能会被压实形成土沟，使草坪坪面的平整度受影响。改变修剪方式可减弱纹理现象，在剪草机前加刷子有利于茎叶的抬高和立起。因此，修剪时应尽可能改变起点、行进方向、行进路线，最好每次修剪时都采用与上次不同的方式进行（图4-20）。

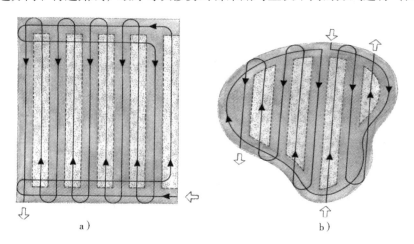

a）　　　　　　　　　　　　b）

图 4-20　草坪修剪路线示意图

a）规则式草坪修剪路线　b）不规则式修剪路线

注：该图取自参考文献［26］。

（2）草坪图案设计。改变修剪方向能产生明暗相间的条带，形成各种美丽的图案。此外也可运用间歇修剪技术形成色泽深浅相间的图形，如彩条行、彩格状、同心圆形等，常见于球类运动场草坪和观赏草坪。

（3）修剪场地的检查。为了安全起见，每次修剪前要在场地周围设立安全警示牌，将草坪内所有的石头、砖块、树枝等垃圾清捡出去，以免损伤剪草机，危害人身安全。

（4）剪草机的检查。对剪草机的各部位应非常熟悉，尤其是应当知道如何停止剪草机，以便发生意外时紧急停机。启动汽油机之前，一定要检查汽油和润滑油是否充足、刀片是否锋利、螺栓是否锁紧。

（5）剪草高度的调节。根据1/3原则调节剪草高度，避免"脱皮"现象。

（6）着装要求。操作剪草机应穿戴较厚的保护工作服和鞋子，鞋子应该是防滑的，绝对不能赤脚。

2. 修剪时的注意事项

（1）草屑处理。剪草机剪下的草坪草组织总体叫草屑。草屑会影响草坪的美观，草堆的覆盖也将会引起草坪草发生疾病或死亡，可将草屑收集在附带在剪草机上的收集器或袋内，收集起来运出草坪。

（2）草坪边缘的修剪。草坪边缘的修剪要视具体情况采用相应的方法。路牙旁、花坛边等越出边界的茎叶，可用切边机、长柄修边剪刀或圆头铲等工具，做垂直修剪，使之整齐。这项工作通常也称为切边，是草坪养护管理中经常性的一项工作。

（3）正确的操作剪草机。操作剪草机前需认真阅读使用手册，了解正确操作剪草机的方法、步骤和要求。

（4）使用后剪草机的保养。剪草机保养良好能延长寿命，提高效率。

【学习评价】

学习评价见表4-9。

表4-9 学习评价

序 号	考核内容	考核要点和评分标准	分 值	得 分
1	草坪修剪计划的制定	制定的计划完整、合理，可操作性强	30	
2	草坪修剪	能够根据不同的用途对不同类型草坪进行科学修剪，并说明其修剪意义	40	
3	实训报告	报告书写格式规范，实训内容完整、正确	30	
	合计		100	

【复习思考】

1. 观察当地不同草种的各类草坪修剪情况，列出本地不同草种的草坪合理的修剪高度和频率。

2. 草坪修剪图案设计的具体做法是什么？

3. 草坪修剪时的注意事项有哪些？

技能二 草坪的肥水管理

【技能描述】

（1）能够根据不同季节和草坪生长状况对草坪进行合理的肥水管理。

（2）掌握浇水与施肥的方法。

【技能情境】

校园内具有多块草坪，不同区域的草坪类型也不相同。请你制定出一个草坪浇水与施肥的养护管理计划，并对校园内的各个草坪进行科学的肥水管理。

【技能实施】

一、实施的目的和要求

（1）通过本次实训，了解草坪追肥对补充草坪养分、促进草坪健壮生长的重要作用。

（2）学会追肥肥料种类的选择、搭配及施用方法，并根据草坪的生长发育状况制定施肥方案。

（3）掌握所选化肥施用时的注意事项。

二、材料与工具

（1）根据草坪的生长发育状况，选择和准备适宜的氮、磷、钾化肥种类及数量。

（2）准备相关器具：化肥称量器具，化肥分装器具或施肥机具。

三、方法和内容

（1）实地选择一块具有代表性的草坪，即需追施化肥的草坪，最好是已表现出氮、磷、钾某种元素缺乏症状的草坪。

（2）测定该地块草坪的生长发育状况，评估其缺肥水平，确定氮、磷、钾肥料的施用总量及比例。

（3）按要求称取氮、磷、钾化肥，搅拌均匀，均匀撒施于草坪面上。

（4）结合施肥进行灌水，施肥后马上灌水。

四、实训报告

【技能提示】

校园内的草坪一般块数较多，位置比较分散，种类较多，用途也不同。可以选择几种不同用途的草坪，制定合理的肥水管理计划，为以后的养护管理提供参考，更有实用价值。

【知识链接】

一、草坪的灌溉

（一）草坪灌溉的意义和作用

（1）灌溉是保证草坪植物正常生长的物质基础。草坪草生长期间要消耗大量的水分，水分是草坪草生长发育的最大限制性因素。解决草坪水分不足最有效的方法就是灌水。

（2）草坪的灌水是保证草坪草鲜绿，延长绿期的根本条件之一。干旱季节，草坪草叶小而薄，叶片变黄，在充足的灌水后草坪才能够由黄色转变为绿色。

（3）草坪灌水是调节小气候、改变温度的重要环节之一。在夏季炎热的气候条件下，适时灌溉能降低温度、增加湿度、防止高温的灼烧等。在冬季来临前进行冬灌，可以提高温度、防止冻害。

（4）草坪灌水是增强草坪竞争力，延长利用年限的条件之一。草坪灌水能增加草坪草的竞争力、抑制杂草，从而延长其利用年限。

（5）草坪适时灌水可以预防病虫、鼠害，是保证草坪草正常生长的重要手段之一。有的病虫害在干旱季节会更严重，如蚜虫、黏虫等，在干旱时发生率高，危害严重。干旱季节草坪害鼠破坏草坪严重，适时灌水可以消灭仔鼠或赶走大鼠。

（二）草坪需水量的确定

草坪灌水，任何时候都要浇透，不能只浇湿表面。但频繁深层的浇水方式必然导致草坪草根系的浅层分布，从而大大地减弱了草坪对干旱和贫瘠的适应性。

1. 灌水时间

草坪何时需灌水，这在草坪管理中是一个复杂但又必须解决的问题，可用多种方法确定。

当草坪草缺水时，草坪草表现出不同程度的萎蔫、卷曲，进而失去光泽，变成青绿色或灰绿色，最后枯黄。一般当草坪出现局部萎蔫时就需要及时灌水。草坪第一次灌水时，应首先检查地表状况，如果地表坚硬或被枯枝落叶所覆盖，最好先行打孔、划破、垂直修剪后再行灌水。

灌水时应无风、湿度较高、温度较低，以尽量减少损失。黄昏灌水虽然能有效地提高水的利用率，但草坪整夜处于潮湿状态，病原细菌和微生物易乘虚而入，侵染草坪草组织，从而引起草坪病害。在夏季的中午及下午灌水，水分蒸发损失大，还容易引起草坪的灼烧。所以综合考虑清晨是一天中最佳的灌水时间。

在草坪的管理实践中，由于用水或草坪使用的限制，不可能在清晨灌水时，许多草坪管理者也采用傍晚和夜间灌溉，补救的措施是定期喷洒杀菌剂以预防病害的发生。也有草坪管理者认为，在北方的晚秋至早春季节，以中午前灌溉为好，此时水温较高，灌水后不致伤害草坪草的根系。

2. 灌水频率

主要根据床土类型和天气状况来决定灌水频率。通常，砂土比黏土容易受干旱的影响，因而需频繁灌水，热干旱比冷干旱的天气需要更多地灌水。

草坪灌水频率无严格的规定，一般认为，在生长季内，普通干旱情况下每周浇水 1 次；特别干旱或床土保水性差时则每周需灌水 2 次或 2 次以上；在凉爽的天气则可减至每 10d 灌水 1 次。草坪灌水一般应遵循草坪干至一定程度再灌水的原则，这样可以带入空气，并刺激根向床土深层扩展；每天喷灌 1～2 次的做法是不明智的，那将导致苔藓、杂草的蔓延和草坪草浅根体系的形成。

3. 灌水量

草坪灌水量的影响因素主要包括草坪草种或品种、草坪养护水平、土壤质地以及气候条件等。

（1）草坪草种或品种。不同的草坪草种或品种需水量不同的。一般，暖季型草坪草比冷季型草坪草的耐旱性强，并且有更发达的根系，在逆境中表现出更大的优势。

根系越发达的草坪草耐旱性越强。因为根系分布越深越广，越能更大范围地从土壤中吸收水分和养分。不同草种或品种之间表现差异较大，如冷季型草坪中，苇状羊茅的根系分布较深，就比其他冷季型草坪草更能适应干旱的气候。通常多数多年生草坪草的根深而强壮，可耐受长时间的干旱环境，而一年生草坪草则根系浅而弱，易受干旱伤害。

（2）草坪养护水平。一般同种草坪草，养护水平高的，灌水量要大些。如高尔夫球场的果岭道地带，养护精细，修剪高度低、修剪频率高，使得根系分布浅，施肥较多，灌水量也就较大。

（3）土壤质地。土壤质地对土壤水分的影响很大，砂土由于大孔隙多，水分向下渗透快，排水性好，但保水性差。黏土因为小孔隙多，保水性很强，但排水性差，壤土则介于二者之间。

（4）气候条件。我国地域辽阔，各地气候条件差异很大，南方降水充沛，北方则普遍稀少，降水在季节上分配也极不平衡。此外，在不同的气候条件下以及不同的生长季节中，草坪的耗水量也不相同（表4-10）。因此，必须因地制宜地制定合理的灌溉计划。

表4-10　不同气候条件下草坪最大日平均耗水量　　（单位：mm/d）

气候条件	草坪最大日平均耗水量	气候条件	草坪最大日平均耗水量
寒冷地区，潮湿天	2.5	寒冷地区，干旱天	3.8
温暖地区，潮湿天	3.8	温暖地区，干旱天	5.1
炎热地区，潮湿天	5.1	炎热地区，干旱天	7.6

草坪草在生长季内的干旱期，为保持草坪鲜绿，每周需补充 3~4cm 的水；在炎热和严重干旱的条件下，旺盛生长的草坪每周需补充6cm或更多的水分。

4. 灌水方法

草坪灌水以地面灌溉和喷灌为主要方式。地面灌溉常采用大水漫灌和胶管洒灌等多种方式，这种方法常因地形的限制而容易产生漏水、跑水和不均匀灌水等弊病，对水的浪费也大。在草坪管理中常采用的是喷灌，喷灌不受地形限制，还具有灌水均匀、节省水源、便于管理、减少土壤板结、增加空气湿度等优点，是草坪灌溉的理想方式。适于草坪的喷灌系统有三种，分别是移动式、固定式和半固定式。

5. 灌水技术要求

（1）初建草坪，苗期最理想的灌水方式是微喷灌。出苗前每天灌水 1~2 次，土壤计划湿润层为 5~10cm。随苗出苗壮逐渐减少灌水次数和增加灌水定额。低温季节，尽量避免白天浇水。

（2）草坪成坪后至越冬前的生长期内，土壤计划湿润层按 20~40cm 计，土壤含水量不应低于饱和田间持水量的60%。

（3）为减少病虫危害，在高湿季节应尽量减少灌水次数，以下午浇水为佳。

（4）灌水应与施肥作业相配合。

（5）在冬季严寒的地区，入冬前必须灌好封冻水。封冻水应在地表刚刚出现冻结时进行，灌水量要大，在来年春季土地开始融化之前、草坪开始萌动时灌好返春水。

二、草坪施肥技术

（一）肥料三要素的作用

草坪草需要足量的氮、磷、钾等常量元素和钙、镁、硫、铁、钼等多种大量元素。这些营养元素在草坪的生长和维持中具有不可替代的作用。

氮肥（N）富含于机体蛋白、核酸、叶绿素、植物激素等重要物质中。以铵态（NH_4^+）和硝态（NO_3^-）的形式进入草坪植株体，起到建造草坪草机体、生长肥大的叶片和增加草坪密度的作用。

磷肥（P）以正磷酸根（$H_2PO_4^-$、HPO_4^{2-}）的形式进入草坪植株体。它是细胞内磷脂、核酸和核蛋白的主要成分，起到调节能量的释放、促进植物体代谢活动进行的作用。

钾肥（K）富含于草坪植物体的分生组织中，以钾离子（K^+）的形式通过根系吸收到植物体内，起促进碳水化合物的形成和运转、酶的活化和调节渗透压的作用。因此，经常供给钾肥，可明显提高草坪对不良生境的适应能力。

草坪必需的营养元素以多种形式存在于肥料之中，不同肥料中的有效成分含量及特点不同（表4-11）。

表4-11　草坪常用肥料

种类		养分含量（占干重的百分数）			
		N	P	K	其他
有机肥料	干禽粪	4～8	1.1～2	0.6～0.8	基肥
	干牛粪	0.2～2.7	0.01～0.3	0.06～2.1	基肥
	羊粪	1～3	0.1～0.6	0.3～1.5	基肥
	堆肥	1.4～3.5	0.3～1	0.4～2	基肥
	肥料类型	分子式	溶解度（15℃，g/L）	营养元素含量（%）	其他
无机肥料	氯化铵	NH_4Cl	35	N:26	追肥
	硝酸铵	NH_4NO_3	1183	N:35	追肥
	硫酸铵	$(NH_4)_2SO_4$	706	N:21.2；S:24.3	追肥
	磷酸氢二铵	$(NH_4)_2HPO_4$	575	N:21.2；P:23.5	追肥
	磷酸氢钙	$CaHPO_4 \cdot 2H_2O$	0.32	Ca:23；P18	追肥
	磷酸二氢铵	$NH_4H_2PO_4$	227	N:11.8；P:26	追肥
	磷酸氢二钾	K_2HPO_4	1670	K:44.9；P:17.8	追肥
	氯化钾	KCl	238	K:52.4	追肥
	磷酸二氢钾	KH_2PO_4	330	K:28.7；P:23.5	追肥
	硝酸钾	KNO_3	133	K:38.7；N:13.8	追肥
	硫酸钾	K_2SO_4	120	K:44.9；S:18.4	追肥
	硝酸钠	$NaNO_3$	921	N:16.5	追肥
	过磷酸钙	—	—	P:9；S:11；Ca:21	追肥
	重过磷酸钙	—	—	P:20；Ca:23.6	追肥
	水合磷酸钾	$K_4P_2O_7 \cdot 3H_2O$	—	K:40.7；P:16.1	追肥
	尿素	$CO(NH_2)_2$	1000	N:46.7	追肥

（二）草坪的施肥

草坪草的正常生长发育除了需要充足的阳光、温度、空气和水分外，还必须有充足的养料补充。草坪草绝大多数是多年生的，一次种植都要利用数年。为了促进草坪草良好生长、延长草坪的利用期、保持良好的绿色度、增强草坪的园林绿化效果，要施入相应肥料，以充分满足草坪草的营养需要。

给草坪施肥，不仅要了解草坪草对营养的需求，还要了解土壤的肥力状况。为了合理施肥和充分发挥肥效，不仅要研究肥料本身特点，还必须把土壤、肥料和草坪草三者联系起来综合研究。草坪草的类型不同，土壤状况不同，以及修剪、浇水方式的差异都会影响施肥方案的制定，必须因地制宜，因草而宜，达到优化组合，才能发挥草坪的最佳绿化效果。

1. 施肥次数

理想的施肥方案应是在整个生长季节每隔一周或两周施用少量草坪草生长所必需的营养元素。应根据草坪草的营养状况随时调整肥料施用量，应避免过量施用肥料，对新肥料的试验也要求少量施用。然而如此细致的方案用工太多，也不符合实际。另一个极端则是所有的肥料一次施用，在许多低强度管理的草坪上这种类型的施肥方案可能相当成功。但对大多数草坪来讲，每年至少施两次肥才能保证草坪正常生长和维持良好的外观。施肥的次数可以通过施用缓效肥料或有机质来减少。至于选择哪种肥料，需要根据肥料的性质和草坪生长的情况而定。

草坪施肥只有充足的肥料是不行的，还必须合理施用，使少量的肥料发挥更大的作用。具体施肥次数要根据对草坪草的营养诊断和土壤养分分析来确定，要实地调查研究草坪草生长发育状况及土壤情况。此外草坪的品种组成也是决定施肥次数的重要因素，匍匐剪股颖和改良的狗牙根，其健壮生长要求充足的养分，被认为是重肥草坪草；细叶羊茅、假俭草等生长较慢的草，对肥料的要求量则低。

对于不同类型及功能的草坪施肥次数差异很大，一般绿化草坪每年 2～3 次，足球场草坪、高尔夫球场草坪每年 4～6 次，护坡草坪每年 4～6 次。

2. 施肥时间

施肥计划制定后，具体的施肥时间成为草坪养护管理工作中的重要内容之一。施肥的最佳时间应该是温度和湿度最适宜草坪草生长的季节，并且应在这个季节开始时施用，而不是在这个季节中间施用肥料，才能得到最佳效果。

在一年只施一次肥时，对冷季型草坪来说夏末是最佳施肥时间，而对暖季型草坪则以春末为好。若有第二次施肥，暖季型草坪最好安排在初夏和仲夏，冷季型草坪一般安排在初次生长高峰后即仲春到春末。

不同草坪草的生长周期有差异，应根据其对养分的需求情况来确定施肥时间。如早熟禾应在生长后期施肥，以减少病害，秋季获得良好的颜色，促进春季早返青。如果在早春到仲春大量施用速效氮肥会加重早熟禾及其他冷季型草的春夏病害，初夏和仲夏要尽量避免施肥或少施肥，以利于提高冷季型草坪抗胁迫的能力。同样暖季型草坪晚夏和初秋施肥会降低草坪草的抗冻能力，易造成冻害。因此草坪施肥时间必须考虑到施肥后草坪对病害和环境的抗性。

气候状况在很大程度上也决定着施肥时间，施肥应在温度状况有利于草坪草生长的初期或中期进行。若草坪草生长较健壮，当出现不利于草坪草生长的环境条件和病害时不宜施肥。如果仲夏给冷季型草坪草施肥，加大其养分消耗，会使其对热、旱和病害的耐受性降低；在晚夏或初春给冷季型草坪施肥，能够促进根系的生长和春季的返青。暖季型草坪最适宜的施肥时间是春末，第二次施肥宜安排在夏天，草质差的草坪，初春和晚夏施肥较合适。

3. 施肥量

草坪需要施用多少肥料取决于多种因素，包括期望的草坪质量高低、空气条件、生长季节的长短、土壤质地、光照条件、践踏强度、灌溉强度、修剪碎叶的去留等。草坪管理人员应根据土壤养分测定结果、草坪草营养状况以及施肥经验综合制定施肥量。

氮、磷、钾三大元素最值得注意，但其他必需元素也不可忽视，如在碱性、砂性或有机质含量高的土壤中特别容易缺铁，高尔夫球场草坪、运动场草坪有时对某些元素有特别的需要，对草坪草而言，无论缺乏哪一种元素，都会将产生病态反应（表4-12）。

表4-12　草坪草中营养元素含量及缺乏症状

元素	干物质中含量	营养元素缺乏症状
氮	2.5～6.0（%）	老叶变黄，幼芽生长缓慢
钾	1.0～4.0（%）	老叶显黄尤其叶尖，叶缘枯萎
磷	0.2～0.6（%）	先老叶暗绿，后呈现紫红色或微红色
钙	0.1～0.2（%）	幼叶生长受阻或呈棕红色
镁	0.1～0.5（%）	出现枯斑、条纹，边缘鲜红
硫	0.2～0.6（%）	老叶变黄
铁	50～500（mg/kg）	幼叶出现黄斑
锰	极小量	类似铁缺乏症
铜	微量	常无症状
锌	微量	生长受阻，叶皮薄而皱缩、干缩
硼	微量	绿纹，生长受阻
钼	微量	老叶淡绿色
氯	微量	一般无症状

氮素供给水平左右着草坪的优劣，不同草坪草对氮的需要程度不同，进而得出喜肥程度不同，因而在施肥上也应做出区别，常见种类施肥量见表4-13。

表4-13　不同草坪施肥量（按纯氮计）

喜肥程度	施肥量/（g/月·m^2）	草种
最低	0～2	如野牛草等
低	1～3	如紫羊茅、加拿大早熟禾等
中等	2～5	如结缕草、黑麦草、普通早熟禾等
高	3～8	如草地早熟禾、剪股颖、狗牙根等

氮肥的施用量还取决于氮肥的类型、温度、时间、修剪高度等因素。在良好的生长条件下，一般每次施用量不宜超过$60kg/hm^2$速效氮，高于这个量时，易引起草坪损伤或过多的蘖枝生长。当温度增加到胁迫水平时，冷季型草坪施氮量不宜超过$30kg/hm^2$，如施用缓效氮肥，可适当增加但不可超过$180kg/hm^2$。修剪低矮的或低于耐剪高度的草坪施用的速效氮肥量要少于正常修剪的草坪。修剪低矮的草坪密度大，肥料颗粒常常掉不到草坪地表，而是落在叶片上，烧伤叶片的概率也大，如匍匐剪股颖一般不要施用超过$26kg/hm^2$的速效氮。同样的高尔夫球场草坪在发球区或球道上修剪高度是果岭上的2～3倍，能忍耐2～3倍的施肥量。

在贫瘠土壤上着生的草坪需要的肥料较多；草坪草生长季越长，需要的肥料也越多；在使用频率较高的草坪上应该施更多的肥料来促进其生长。一般来说，草坪每年施肥两次，氮、磷、钾肥比例为10:6:4（氮肥的1/2为缓效氮），一次施肥为7～$90kg/hm^2$。我国南方秋季施肥量约为 40 ~ 50kg/hm²，北方春季施肥量约为 3 ~ 40kg/hm²。追施无机肥料应控制适宜的浓度，否则会引起草坪的"灼烧"，对于一些刺激性较强的无机肥料，更要注意施用量，如尿素粒施为 70 ~ 90kg/hm²，如超过 150kg/hm² 就会毁叶伤根；一般硫酸钾、硝酸铵的喷施浓度不能高于 0.5%，过磷酸钙不能超过 3%，否则会损伤叶片或幼茎。

4. 肥料施用计划

肥料施用的频率、种类和用量与人们对草坪的质量要求、天气状况、生长季的长短、土壤状况、灌溉水平、修剪物的去留、草坪用草品种等多种因素相关，草坪肥料施用计划应综合诸因素，科学制定，无一规范模式可循。

草坪草在一年的生长季内对氮肥的要求量见表 4-14。

表 4-14　草坪草在一年的生长季内对氮肥的要求量

草坪草名称	生长季内需纯氮肥量/（g/m²）
冷季型草坪草	
匍匐剪股颖	20 ~ 30
草地早熟禾	20 ~ 30
细弱剪股颖	15 ~ 25
绒毛剪股颖	15 ~ 25
普通早熟禾	15 ~ 20
高羊茅	15 ~ 20
黑麦草	15 ~ 20
粗茎早熟禾	10 ~ 20
小糠草	10 ~ 20
紫羊茅	10 ~ 15
暖季型草坪草	
狗牙根	20 ~ 40
钝叶草	15 ~ 25
结缕草	15 ~ 25
巴哈雀	10 ~ 25
地毯草	10 ~ 15
假俭草	5 ~ 15
野牛草	5 ~ 10

5. 施肥方法

草坪的施肥方法可分为基肥、种肥和追肥。正确掌握施肥方法是充分发挥肥效、保证草坪草生长良好的重要条件。不正确的施肥方法和不良的施肥技术，非但不能充分发挥肥效，还会给草坪草带来损害，降低绿化美化效果。

（1）基肥及施用。在草坪草播种或栽植之前，结合土壤耕作施用的肥料称为基肥。基肥的作用有两个，一是对土壤的培肥作用，提高土壤肥力，改良土壤性质，如增加土壤有机质，施用石灰改良酸性土壤等；二是施足草坪草整个生长期间所需的肥料。迟效性的有机肥料必须作为基肥施在土壤深处，因此施基肥应与耕翻结合进行，充足的基肥可使草坪草在整个生长期从土壤中源源不断地得到养分供应，保证旺盛而又持续地生长。

基肥以有机肥为主，施用量因有机肥种类、土壤肥力和草坪草种类不同而异。有机肥中土多而有机质少的可多施，如土少而有机质多的则可少施；土壤肥力低的黄沙土、红黄壤土、盐碱土、白浆土等可多施，而土壤肥力较高的黑土、黑钙土及经过改良的土壤等则可少施；禾本科草坪草及灌木可多施，而豆科草坪草及一些低矮纤细的草坪类则可少施，一般基肥施用量为 $3.5 \sim 4.5 kg/m^2$。施肥时间因建植新坪时间及各地季节而变，一般应在播种或栽植前 $2 \sim 3$ 个月施入土壤中。

基肥施用方法可分为撒施、条施、分层施用和混合施肥。撒施是主要的施肥方法，是指将肥料均匀撒入土层中。条施的优点是肥料集中、用量少、肥效高，适用于镶嵌式草坪。

（2）种肥及施用。在草坪草播种或栽植的同时，将肥料拌入种子或作为种衣包在种子表面，与种子同时埋入土壤中；施在种子或种苗附近的肥料称为种肥，给草坪草施种肥，既节省肥料，又收效快。种肥能够供给草坪草苗期生长需要的养料，也称为发苗肥，可使幼苗早期获得足够的养料，使幼苗生长更健壮，为后期生长打下基础。

种肥要少而精，一般用质量好、无很大烧伤作用的肥料，做到少施、见效快、不流失、不挥发为好。常用混合肥料，制成颗粒剂或包衣施用。如采用迟效有机肥料则必须是腐熟肥料，防止种子与肥料长期在潮湿条件下接触。过酸或过碱条件下不施种肥。

种肥施用方法因播种方法而异。采用沟播、穴播者，也相应采用沟施或穴施；撒播者可将种子与肥料充分混匀后撒施；也可把种子浸泡在肥液中，使特殊肥分进入种皮及内部，晒干后使肥分保留在种子内及表面；也可将肥料同泥浆或某些胶质物按比例混合、搅拌，使种子表面裹一层丸衣，干后再播种。

（3）追肥及施用。在草坪草生长期间，喷洒于叶表面或施入根旁的肥料称为追肥，其中实行叶面喷洒，使养分通过叶片传导到植物体内称为根外追肥。追肥可及时充足的供给草坪草以各种养分，从而提高其旺盛的生命力，使植株健壮，有很强的竞争力和再生力，实现草姿美、草色绿的要求，提高草坪绿化效果。

追肥施用量及注意事项：追肥是为草坪草生长期间提供补给的肥料，要少施、勤施，如果一次施用过多，则很容易发生肥害，烧伤植株或根部或引起徒长倒伏。对刺激性较强的化学肥料，更要注意施用量。以尿素为例，适宜的施用量为 $50 \sim 60 kg/hm^2$，如果超过 $100 kg/hm^2$ 就有毁叶伤根的危险；用硝酸铵根外追肥，若其浓度超过 0.5%，则可杀死部分叶片或损伤幼茎。草坪追肥应注意以下各项：

1）看苗追肥。当草坪生长缓慢、分蘖减少、叶色发黄时，多为缺氮的表现，要及时追氮肥。当出现其他缺素症状时，也要采用相应的肥料及时追肥。

2）看土施肥。当土壤贫瘠，草坪草生长缓慢或停止时要及时追肥。

3）看肥追肥。液体肥料要特别注意浓度，严格按照标准剂量施用，以防发生肥害。

4）看水施肥。追肥时的土壤水分状况是决定肥效快慢和肥效高低的重要因素。旱天追肥必须与灌溉相结合，即追肥后相应灌水一次。

用作追肥的肥料主要为速效的无机肥料，有撒施、条施、穴施、随水灌入、叶面喷洒等，还可把无机肥料、微量元素肥料或外源激素等结合人工降雨或用喷雾器喷洒在草坪上，通过组织吸收和传导满足草坪草的生长发育需要。无论采用哪种方法施肥，都要科学计算，适时适量，以充分发挥肥效。

在草坪施肥的具体过程中，施肥的方法是十分重要的，方法不正确，施肥不均匀，常常引起草坪色泽不匀，影响美观，有的甚至引起草坪的局部灼烧，造成严重的伤害。

草坪的施肥方法一般有人工撒施、叶面喷施、机械施肥三种。

1）人工撒施。这种方法缺点是由于施肥不均匀而造成草坪花斑，施肥后需用水浇灌草坪。

2）叶面喷施。液体肥和可溶性肥可采用这种方法。这种方法的优点是通过喷雾器喷施，施肥量少，容易施得均匀，但要注意浓度控制，如尿素的浓度一般在 2% ～ 3%，磷酸二氢钾（KH_2PO_4）的浓度应在 0.2% ～ 0.3% 的范围内。浓度过大也容易造成草坪灼烧。

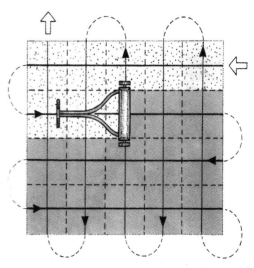

图 4-21　草坪施肥路线示意图

注：该图取自参考文献［26］。

3）机械施肥。机械施肥的优点是容易施匀。常用的有三种机器，第一种是离心式手摇施播机，像播种机一样，通过手摇把肥料颗粒均匀地施在草坪上；第二种是离心式手推施播机，通过施肥机下的飞盘离心力撒施肥料。第三种形状和手推车一样，在装肥料的箱子（容器）下有可调节的孔，在机器过草坪时将肥料均匀地漏撒在草坪上，这种方法比较精确，只适用于小面积的草坪施播，通常把肥料分成两份，一份南北方向来回施，另一份东西方向来回施，以保证肥料均匀地施入草坪，施肥后浇水，把肥料冲进土壤中（图4-21）。

【学习评价】

学习评价见表4-15。

表 4-15　学习评价

序　号	考核内容	考核要点和评分标准	分　值	得　分
1	草坪肥水管理计划的制定	制定的计划完整、合理，可操作性强	30	
2	草坪的肥水管理	能够对不同类型的草坪进行正确的肥水管理，并说明其肥水管理的重要性	40	
3	实训报告	报告书写格式规范，实训内容完整、正确	30	
	合计		100	

【复习思考】

1. 留意校园草坪的灌溉情况，提出科学的草坪管理节水措施。

2. 观察本校草坪何时返青、何时进入枯黄期，并且提出延长绿期的方法，说明其理由。

3. 请完成一份当地庭院草坪的养护月历。

技能三　草坪病虫害防治

【技能描述】

（1）能够根据草坪病害症状特点和发生规律进行诊断。

（2）根据病害种类制定合理有效的防治方案。

（3）掌握草坪常见病虫害的防治方法。

【技能情境】

校园内有多块草坪，不同区域的草坪生长状况也不相同，请你制定出一个合理的草坪病害防治方案，并对校园内各个草坪进行科学的防治。

【技能实施】

一、实施的目的要求

通过对几种具有代表性的草坪病害的症状特点及病原形态进行观察和识别，掌握常见草坪病害的识别要点。

二、材料及用具

草坪草常见病害的盒装标本，瓶装标本，破坏性标本，挂图，幻灯片，显微镜，镊子，滴瓶，纱布，放大镜，挑针，刀片，盖玻片，载玻片等。

三、内容及方法

（1）观察常见草坪草病害的挂图、标本及幻灯片，了解草坪草主要病害的症状特征及发病规律。

（2）以几种主要草坪草病害为代表，观察其症状特点和病原形态。

1）褐斑病。用挑针挑取菌丝进行显微镜检查，观察菌丝的分枝处是否呈直角，用放大镜观察菌核的外部形态。该病害主要结合发病现场及资料图片进行观察识别。

2）锈病。切片或挑片显微镜检查草坪草锈病的夏孢子及冬孢子堆。注意观察其形态，冬孢子双胞、有柄、壁厚；夏孢子单胞、无柄、壁薄。该病害主要结合发病现场及资料图片进行观察识别。

3）白粉病。用挑针分别挑取白粉及小黑点，制片显微镜检查分生孢子、闭囊壳及附属丝。用挑针轻轻挤压盖玻片，注意观察挤压出来的子囊及子囊孢子。该病害主要结合发病现场及资料图片进行观察识别。

4）腐霉枯萎病。用挑针挑取菌丝显微镜检查，观察菌丝有无隔膜，能否见到姜瓣状的孢子囊。该病害主要结合发病现场及资料图片进行观察识别。

5）镰刀菌枯萎病。用挑针挑取粉红色的霉层显微镜检查，观察其分生孢子是否为镰刀形。该病害主要结合发病现场及资料图片进行观察识别。

6）夏季斑枯病。将病草的根部冲洗干净，在显微镜下检查，可见到平行于根部生长的暗褐色匍匐状外生菌丝。该病害主要结合发病现场及资料图片进行观察识别。

四、实训作业

列表描述所观察到的草坪草病害的识别要点和病原类型。

【技能提示】

校园内的草坪一般块数较多，位置比较分散，种类也较多。可以选择几种已发生病害的草坪来鉴别病害类型，能为以后的养护管理提供参考，更有实用价值。

【知识链接】

一、草坪病害及其防治

（一）草坪主要病害及其防治

1. 褐斑病

褐斑病广泛分布于世界各地，可以侵染所有草坪草，如草地早熟禾、高羊茅、多年生黑麦草、剪股颖、结缕草、狗牙根等250余种禾草。以冷季型草坪草受害最重。

（1）症状。主要侵染叶片、叶鞘和茎秆，引起苗枯、叶腐、基腐、根腐。初期受害叶片或叶鞘常出现梭形、长条形或不规则病斑，病斑内部青灰色水浸状，边缘红褐色，后期病斑深褐色甚至整叶水浸状腐烂，严重时病菌可侵入茎秆。大面积受害时，草坪上出现大小不等的近圆形枯草圈，条件适宜时，被侵染的草坪上形成几厘米至几十厘米，甚至 1～2m 的枯草圈，枯草圈常呈"蛙眼"状，即中央绿色、边缘枯黄色的环带。在清晨有露水或高湿时，枯草圈外缘有萎蔫的新病株组成的暗绿色至黑褐色的浸润圈，称为"烟圈"，阳光暴晒后可消失。另外，若病株数量大，在病害严重发生前一天会散发出一股霉味，有时在发病后仍有气味。

（2）发生规律。褐斑病是由立枯丝核菌引起的一种真菌病害。丝核菌以菌核或菌丝体在土中或病残体上渡过不良环境。由于丝核菌是一种寄生能力较弱的其菌，因此处于良好生长环境中的草坪草只能发生轻微的侵染，不会造成严重损害。只有当草坪草生长在高温条件且生长停止时，才有利于病菌的侵染及病害的发展。

丝核菌是土壤习居菌，主要以土壤传播。春季由菌核萌发长出的菌丝和病残体上的菌丝从寄主的叶、叶鞘和根部直接侵入或由伤口侵入。枯草层较厚的老草坪菌源量大、发病重。低洼潮湿、排水不良、田间郁蔽、小气候湿度高，偏施氮肥、植株旺长、组织柔嫩，冻害、灌水不当等因素都有利于病害的发生。全年都可发生，但以高温高湿、多雨炎热的夏季为害最重。

（3）防治措施。

1）草坪草品种选择。选育和种植耐病草种。

2）搞好草坪的清洁卫生。建植草坪时禁止填入垃圾土、生土，土质黏重时应掺入河沙或砂质土。定期修剪，及时清除枯草层和病残体，减少菌源量。

3）加强管理。平衡施肥，增施磷钾肥，避免偏施氮肥。避免漫灌、积水和傍晚灌水。改善草坪通风透光条件，降低湿度。及时修剪，夏季剪草不要过低。

4）药剂防治。用三唑醇、五氯硝基苯、粉锈宁等杀菌剂拌种，用量为种子重量的 0.2%～0.4%。发病草坪春季应及早喷洒 12.5% 烯唑醇超微可湿性粉剂 2500 倍液、25% 敌力脱乳油 1000 倍液或 50% 灭菌灵可湿性粉剂 500～800 倍液。

2. 腐霉枯萎病

腐霉枯萎病又称油斑病、絮状疫病，是一种毁灭性病害，全国各地普遍发生，是草坪上的重要病害。所有草坪草都易感染此病，而冷季型草坪草受害最重，如早熟禾、草地早熟禾、匍匐剪股颖、高羊茅、细叶羊茅、粗茎早熟禾、多年生黑麦草等。

（1）症状。主要造成芽腐、苗腐、幼苗猝倒和整株腐烂死亡。种子萌发和出土过程中被侵染，会出现芽腐、苗腐、幼苗猝倒，发病轻的幼苗叶片变黄、稍矮，此后症状可能消失。成株期根部受侵染，产生褐色腐烂斑块、根系发育不良、病株发育迟缓、分蘖减少、底部叶片变黄、草坪稀疏。在高温高湿条件下，受害草坪上出现直径 2～5cm 的圆形黄褐色枯草斑。清晨有露水时，病叶呈水浸状暗绿色，变软、黏滑，连在一起，用手触摸时，有油腻感，故得名油斑病。湿度很高时，尤其是在雨后的清晨或晚上，腐烂叶片成簇趴在地上且出现一层绒毛状的白色菌丝层，在枯草病区的外缘也能看到白色或紫灰色的菌丝体。

（2）发生规律。腐霉枯萎病是由腐霉属真菌引起的病害。土壤和病残体中的卵孢子是重要的初侵染源。此菌能在冷湿环境中侵染为害，也能在天气炎热潮湿时猖獗流行。高温高湿是腐霉菌侵染的最适条件，白天气温在 30℃ 以上、夜间不低于 20℃、大气相对湿度大于 90% 十几小时以上，或者是降雨天气，或者喷灌较频繁，该病就可能大面积发生。嫩绿植株易感病，碱性土壤比酸性土壤发病重，冷季型草比暖季型草受害重。

（3）防治措施。

1）改善草坪立地条件。选择合适的种植地块或改良土壤结构，改进排水条件。

2）加强栽培管理。合理灌溉，提倡喷灌、滴灌，控制灌水量，减少灌水次数，降低草坪小气候相对湿度。合理修剪，剪草不要过低，高温季节有露水时不修剪，以避免病菌传播。平衡施肥，避免施用过量氮肥，增施磷肥和有机肥。枯草层超过 2cm 时及时清除。

3）提倡不同草种或不同品种混合建植。如高羊茅、黑麦草、早熟禾按不同比例混合种植。

4）药剂防治。土壤和种子处理可用 75% 敌克松乳油 50～150 倍拌细土，撒施在土壤中，或用 0.2% 灭霉灵或杀毒矾拌种也是防治烂种和幼苗猝倒的有效方法。还可叶面喷雾杀菌，幼坪应及时用 64% 杀毒矾 6000 倍液、58% 甲霜灵锰锌 600 倍液喷坪面，高温高湿季节可选择 800～1000 倍液甲霜灵、乙磷铝、杀毒矾、甲霜灵锰锌等药剂喷施。

3. 炭疽病

炭疽病是世界各地草坪草上普遍发生的一类叶部病害，几乎可侵染所有草坪草，在一年生早熟禾和匍匐剪股颖上造成的危害最严重。

（1）症状。炭疽病的病症随环境条件和栽培方式的不同而有不同表现，但主要表现是叶部枯萎和茎基腐烂。叶片上产生圆形至长形的红褐色病斑，被黄色晕圈所包围。病斑可发展变大，数斑合并使整个叶片枯萎。叶片在枯萎前变成黄色，然后变成古铜色至褐色。在感病叶片上用放大镜观察可见到黑色针状子实体，在发病盛期幼叶上的子实体也很明显。病原在茎上侵染后会导致茎被病斑环绕，进而形成大小不等的黄色或铜色枯斑，枯斑形状不规则。

（2）发生规律。炭疽病是由炭疽菌属真菌引起的病害。病原菌以菌丝体和分生孢子在病株和病残体上越冬。分生孢子随风、雨水飞溅传播到健康草坪草上进行侵染。高温高湿的天气、土壤紧实以及磷肥、钾肥、氮肥和水分供应不足、叶面或根部有水膜等均有利于病害的发生。

（3）防治措施。

1）加强养护管理。均衡施肥，避免在高温和干旱期间使用含量高的氮肥，增施磷肥、钾肥。避免在午后或晚上灌溉，应浇透水，尽量减少灌溉次数，避免造成小气候湿度过大。适当修剪，及时清除枯草层以减少初侵染病菌数量。

2）种植抗病草种和品种。培育抗病草种或品种，根据不同地理条件合理选择抗病草种，并做到抗病草种的轮换、搭配、混合种植。

3）药剂防治。发病初期，可用75%百菌清可湿性粉剂500～600倍液、50%多菌灵可湿性粉剂800倍液或70%甲基托布津可湿性粉剂800倍液喷雾。

4. 锈病

锈病是草坪草上的一类重要病害，分布广、危害重，所有的草坪草均能感染，其中以多年生黑麦草、高羊茅、草地早熟禾等受害最重。

（1）症状。主要危害叶片、叶鞘或茎秆，在感病部位生成黄色至铁锈色的夏孢子堆和黑色冬孢子堆。叶片从叶顶端开始变黄，然后向叶基部发展，使草坪成片变成黄色。危害严重时，病斑连接成片或成层，使叶片变黄、干枯纵卷，造成茎叶死亡，草坪稀疏、瘦弱，景观被破坏。

（2）发生规律。锈病是由锈菌引起的真菌病害。病原菌以菌丝体和夏孢子在病株上越冬。在草坪草不能周年存活的地区，锈菌不能越冬，次年春季只能由越冬地区随气流传来的夏孢子引起新的侵染。一般在5～6月开始造成初侵染，在叶片上出现色斑；9～10月发病严重，草叶枯黄；9月底10月初产生冬孢子堆。病原菌生长发育的适温为17～22℃，空气相对湿度80%以上有利于侵染。光照不足、土壤板结、土质贫瘠、偏施氮肥、病残体弱的草坪上易发病。

（3）防治措施。

1）栽培管理。建植草坪前，黏性重的土壤可掺砂质土，砂性重的土壤可掺塘泥、沟泥等，瘦瘠土壤应施有机肥作基肥。多施磷钾肥，适当施用氮肥。合理灌水，降低田间湿度。发病后适时剪草并做好清洁工作，减少菌源数量。适当减少草坪周围的树木和灌木，保证通风透光。

2）药剂防治。目前，三唑类杀菌剂是防治锈病的特效药剂。发病初期可喷洒25%粉锈宁可湿性粉剂1000～2500倍液、70%甲基托布津可湿性粉剂1000倍液或12.5%速保利（特普唑）可湿性粉剂2000倍液。

（二）草坪病害的预防

1. 植物检疫

植物检疫是国家通过颁布有关条例和法令，对植物及其产品，特别是种子等繁殖材料进行管理和控制，防止危险性病虫杂草的传播蔓延。植物检疫是病害防治的第一道防线，是预防性措施。目前我国90%以上冷季型草种是从国外调入，传入危险性病虫杂草的风险很大，因此，必须严格执行各项检疫性措施。

2. 加强管理

（1）选用抗病性强的草种和品种。选用抗病性强的草种和品种，是综合防治技术体系的核心和基础，是防治草坪病害最经济有效的方法。草坪草的不同草种和品种对不同病害的抗性存在着很大差异。因此，建植草坪要在兼顾坪用性状的前提下注意选择抗病草种和品种。

（2）混播。混播是根据草坪的使用目的、环境条件以及养护水平选择 2 种或 2 种以上的草种混合播种，组建一个多元群体的草坪草群落。由于混合群体具有多种抗病性，可以减少病原物数量、加大感病个体间的距离、降低病害传播效能，又有可能产生诱导抗性或交叉保护，所以能够有效地抑制病害。

（3）合理修剪。修剪虽可以减少病原的数量，但修剪造成的伤口又有利于病原菌的侵入，同时还可以通过剪草机携带传播病害。因而应根据草坪草品种的特性确定修剪的高度与频度（即合理修剪）。修剪一般掌握 1/3 原则，修剪过低，会加重草地早熟禾等夏季斑枯病的发展；留茬过高或修剪不及时会增加草坪冠层的湿度，形成不利的小气候条件，加重褐斑病、腐霉枯萎病等病害的流行。

（4）加强肥水管理。施肥时要全面、均衡，注意增施磷钾肥和必要的微量元素肥，有利于提高草坪草的抗病性。施肥应遵循"重施秋肥、轻施春肥、巧施夏肥"的原则。灌水时间和灌溉次数要因土壤、草种和品种、天气等而定，一般要保持 10~15cm 土壤湿润，灌水时间以清晨最好，忌傍晚灌水。

（5）及时清除杂草层。枯草层可为多种病原菌提供越冬场所，成为病害发生的初侵染源，影响草坪的通气性与透水性，降低草坪草活力及其抗病性。一般要求枯草层的厚度不应超过 1.5~2cm。通常采取打孔、疏草和垂直切割等措施进行清理。

二、草坪虫害及其防治

（一）草坪害虫种类

草坪害虫种类繁多，它们以不同的方式危害草坪，造成叶残根枯，影响草坪景观，有些还能传播草坪病害。

1. 蛴螬（金龟甲类）

蛴螬是鞘翅目金龟甲总科幼虫的总称。危害草坪的蛴螬种类很多，主要有铜绿丽金龟、华北大黑鳃金龟、毛黄鳃金龟、中华弧丽金龟、白斑跗花金龟等。

（1）危害症状。蛴螬在地下取食萌发的种子，造成缺苗，咬食草坪草根及根茎部，造成断根、死根，严重时草坪草植株枯萎，变为黄褐色，甚至死亡，是危害草坪最重要的地下害虫之一。

（2）防治措施。

1）成虫防治。利用成虫的趋光性，设置黑光灯进行诱杀。

2）蛴螬防治。毒土法，在虫口密度较大的草坪撒施 5% 辛硫磷颗粒剂，用量为 30~37.5kg/hm²，为保证撒施均匀，可掺适量细沙土。喷药、灌药，用 50% 辛硫磷乳油 500~800 倍液喷洒地面，也可用 75% 辛硫磷乳油、25% 乙酰甲胺磷乳油、90% 敌百虫原药 1000~1500 倍液灌注根际。拌种，草坪播种前将 75% 辛硫磷乳油稀释 200 倍，按种子量的 1/10 拌种，晾干后使用。

2. 蝼蛄

蝼蛄是危害最严重的地下害虫之一，也是高尔夫球场、草坪、草皮农场的毁灭性虫害之一。

（1）危害症状。蝼蛄成虫和若虫在土中咬食刚播下的种子和幼芽，或将幼苗根、茎部咬断，使幼苗枯死。发生初期因危害症状不明显不易被发现，到晚夏或早秋草皮开始死亡时被发现已为时太晚，因若虫进入高龄，体大，取食量大，难以防治。

（2）防治措施。灯光诱杀成虫，特别在闷热天气、雨前的夜晚最有效，在 19：00 ~ 22：00 点灯诱杀。毒饵诱杀，用 80% 敌敌畏乳油或 50% 辛硫磷乳油 0.5kg 拌入 50kg 煮至半熟或炒香的饵料（麦麸、米糠等）中作毒饵，傍晚均匀撒于草坪上。但要注意防止人畜误食。

3. 小地老虎

小地老虎，别名切根虫，是我国重要的地下害虫。我国有几种地老虎均可危害草坪，但小地老虎分布最广。

（1）危害症状。小地老虎以幼虫危害草坪草。低龄幼虫将叶片咬成缺刻、孔洞，高龄幼虫在近地表处把茎部咬断，使整株枯死。大发生时，草坪呈现"斑秃"，造成严重危害。这些死斑常似高尔夫球在果岭上留下的球印。

（2）防治措施。

1）清除杂草。早春及时清除草坪附近杂草，减少虫源。

2）诱杀成虫。毒饵诱杀，春季成虫羽化盛期，用黑光灯诱杀成虫。也可用糖醋酒液诱杀成虫，糖、醋、酒和水的比例为 6:3:1:10，加适量敌百虫，盛于盆中，于近黄昏时放于草坪中。

3）诱杀幼虫。用幼嫩多汁的新鲜杂草（酸模、灰菜、苜蓿等）70 份与 25% 西维因可湿性粉剂 1 份配制毒饵，于傍晚撒于草坪中，可诱杀 3 龄以上幼虫。

【学习评价】

学习评价见表 4-16。

表 4-16　学习评价

序　号	考核内容	考核要点和评分标准	分　值	得　分
1	草坪病虫害计划的制定	制定的计划完整、合理，可操作性强	30	
2	草坪病虫害	能够根据草坪受害部位不同、草坪受害症状不同，说明其病害类型及虫害类型，并制定养护方案	40	
3	实训报告	报告书写格式规范，实训内容完整、正确	30	
	合计		100	

【复习思考】

1. 常见的草坪病害症状包括哪些？
2. 草坪病害主要的病症类型有哪些？
3. 锈病发生的症状是什么？列出其防治方法。

技能四　草坪杂草防除

【技能描述】

了解草坪常见杂草的种类、特征和防除方法。

【技能情境】

校园内有多块草坪，不同区域的草坪生长状况也不相同，有些地块草坪杂草是禾草类杂草、有些是莎草类杂草或阔叶类杂草，请你制定出一个合理的草坪杂草防治方案，并对校园内的各个草坪进行科学的防治，以维护草坪少受或不受侵害。

【技能实施】

一、实施的目的要求

通过对当地草坪中常见杂草形态特征的观察，掌握常见草坪杂草的识别要点。

二、材料和用具

杂草标本，放大镜，剪刀，铲子，长有杂草的草坪。

三、内容及方法

1. 禾草类杂草的观察识别

通过现场识别和实验室观察，了解禾草类杂草如马唐、稗草、牛筋草、狗尾草、一年生早熟禾、白茅、狗牙根等草坪杂草的形态特点。结合观察时期，了解该类杂草的发生特点。

2. 莎草类杂草的观察识别

通过现场识别和实验室观察，了解莎草类杂草如香附子、碎米莎草等草坪杂草的形态特点。结合观察时期，了解该类杂草的发生特点。

3. 阔叶类杂草的观察识别

通过现场识别和实验室观察，了解阔叶类杂草如蒲公英、车前草、马齿苋等草坪杂草的形态特点。结合观察时期，了解该类杂草的发生特点。

四、实训作业

列表描述常见草坪杂草所属科目、形态特征及其发生特点。

【技能提示】

校园内的草坪一般块数较多，位置比较分散，种类也较多。可以选择几种已发生杂草的草坪来鉴别草坪杂草的类型，并列出防除对策，能为以后的养护管理提供参考，更有实用价值。

【知识链接】

草坪杂草及其防除

一、草坪杂草的危害

1. 草坪杂草的危害方式

（1）影响草坪草的观赏价值。建植草坪的目的之一是营造一个整洁的环境，供人们游憩和观赏。假如草坪中杂草丛生、形态各异、植株高低不齐，会严重影响草坪的观赏性。

（2）争夺草坪草的营养。杂草因其强大的根系对水、肥有着很强的吸收能力，为了自身的生存而从土壤中富集了大量养分，而养分的大量流失对草坪草的生长是极为不利的。特别是在水分和养分本来就较差的情况下，这种竞争会更加激烈，最终的结果通常是草坪草生长受到严重抑制，而杂草却正常生长。

（3）侵占生长空间。草坪草一般都是低矮植物，而与之共生或伴生的杂草一般植株高大，这样会使草坪草接受的光照减少、光照强度降低，从而影响草坪草的光合作用。杂草都具有庞大的地下根系，占据了地下空间，致使草坪草的根系生长受阻，此外，有些杂草的根系还能分泌抑制其他植物生长的物质，这些物质对草坪草的生长有直接的抑制作用。

（4）传播病虫害。许多杂草是病虫害的越冬寄主或中间寄主。如果没有这些杂草的存在，一些病、虫就不能完成它们的侵染循环和生活周期。如荠菜是霜霉病、白粉病的寄主，龙葵是炭疽病、椿象、烟蚜的寄主，车前草是地老虎、飞虱、蚜虫的寄主，看麦娘、早熟禾是叶蝉、飞虱的越冬寄主，小旋花是地老虎和盲蝽的寄主等。因此，杂草发生量大或周围杂草多的草坪病虫害发生也重。

2. 各类杂草的危害时期

（1）一年生杂草。该类杂草一般在春季4~5月萌发，秋季开花结实，夏季6~8月是其生长旺盛期，也是其主要危害期。

（2）二年生杂草。该类杂草一般在9~10月种子萌发生长，以幼芽越冬，第二年春季返青，春末夏初迅速生长，5~6月开花结实，待种子成熟后枯死。其主要危害时期为春季、秋季。

（3）多年生杂草。多在春季萌发，夏秋季生长旺盛，晚秋至冬季地上部分枯萎，所以其危害时期为5~8月。7~8月由于温度高、湿度大，适宜于各类杂草生长，因此也是危害草坪的主要时期。

草坪杂草在一年中发生的先后顺序为：一般是双子叶杂草先发生，尤其是二年生和多年生杂草，其后是单子叶杂草，最后发生的又是双子叶杂草，所以在防除时要根据杂草的发生规律采取相应的措施。

二、草坪杂草的防除

草坪杂草防除是草坪建植和养护中一项非常重要的、长期而艰巨的日常管理工作，对草坪建植的成功与否、草坪的使用价值、观赏价值等都有着深刻的影响，必须坚持"预防为主、综合治理"的原则，对草坪杂草进行全面综合防治。杂草防除工作常常分为预防杂草发生和消灭已发生杂草两部分，预防杂草发生是最好的防除措施，预防工作做好了，可以减轻将来的防除工作难度。

（一）草坪杂草防除的预防措施

1. 严格执行杂草检疫制度

严把对外检疫关。对于国外引进的草坪种子必须经过严格的杂草检疫，凡属国内没有或尚未广泛传播而具有潜在危险的杂草必须严格禁止或限制进入。目前我国许多草坪种子大部分需从国外引进，而且草坪草种子的大小、形状与许多杂草的种子很相似，识别起来有一定的困难，因此加强对外检疫工作就显得尤为重要。

加强对内检疫工作。随着我国草坪业的飞速发展，跨地区之间的草皮调运更加频繁，这样为杂草在国内的传播和蔓延提供了更多的机会和可能性。为此在草皮调入之前，必须对原产地杂草的发生和分布情况进行认真的调查，切勿盲目调运，以防引入原来没有的杂草。

杂草的检疫工作是控制杂草输入、输出的门户，是防止外来杂草及危险性杂草传播、蔓延危害的屏障，在杂草的防治中具有战略地位。

2. 清洁场地及草坪周围环境，减少杂草种子来源

草坪在种植前，首先要对场地进行彻底清理并对进入场地的机械轮胎等进行清理，最大限度地减少杂草的繁殖体。施用充分腐熟的有机肥，种植草坪前对所需的土壤进行熏蒸等也是减少杂草种子入侵的有效措施。

3. 诱杀除草

在整地后、播种前进行灌溉，为杂草萌发提供良好的条件，让其尽可能多地出苗，待杂草苗出齐后，喷施灭生性、短残效的除草剂，将已出土的杂草灭杀。

4. 利用栽培措施控制杂草

通过各种栽培措施控制杂草，目的是恶化杂草发生的环境条件，优化草坪草生长的条件，人为地增强草坪草对杂草的竞争力，这是一项经济、有效、简便易行的措施，主要包括以下几个方面：

（1）适当提高播种量。适当提高播种量可以加快和增加草坪对地面的覆盖，减少杂草的发生量和抑制杂草的生长。适当提高播种量对草坪的中后期生长和管理也是有利的。在冷季型草坪混播草种中，适当比例地混入出苗速度快的草种，使之迅速出苗、生长，从而抑制杂草的生长。

（2）科学的肥水管理。适当、适时的草坪肥水管理措施可以起到促进草坪草生长、抑制杂草的作用，反之则有利于杂草的发生。一般在杂草防除后或杂草发生轻微时期进行施肥灌溉对草坪草的生长是极为有利的；在早春杂草还未出苗时，及时施肥、灌溉可促进草坪草的返青、生长，从而抑制杂草的萌发和生长。

（3）适时播种。通过调整草坪草的播种期来避开杂草的发生高峰期是防除杂草的一个简便易行的措施，而且效果十分明显。如春、夏播种的草坪，此时禾本科杂草的发生量大，而且杂草出苗快，因此此期间播种的草坪很容易出现草荒，可将播种期改为秋季，则杂草的发生以阔叶杂草为主，更容易清除。

（4）及时补种和补栽。草坪草在生长期间，由于种植或病虫害等原因会致使草坪出现局部死亡，形成斑秃。斑秃一旦形成，就为杂草的发生提供了空间，因此管理较差的草坪中由于许多斑秃的形成，导致在斑秃的中心及周围杂草发生严重。对于草坪的斑秃部位应及时补播或补栽草坪草，不给杂草的发生提供空间。

（二）草坪杂草的防治措施

草坪杂草的防治措施通常有人工或机械除草、生物防治、化学防治等。

1. 人工或机械除草

对于零星少量发生的杂草或一些难防除的杂草，人工拔除是个好方法，但由于人工拔除杂草费工、投入大，因此对于大面积种植草坪不适合使用。目前我国所种植的大部分草坪都需要进行修剪，有些草坪的修剪相当频繁，可以利用草坪草和杂草生长点的高度差异，合理运用修剪措施防除杂草。

2. 生物防治

草坪杂草的生物防治是指利用杂草的天敌——有益昆虫、病原菌、动物等生物来控制和消灭杂草，同时也包含利用植物种间竞争的特点，用某些植物的良好生长来控制另一种植物生长的方法。

3. 化学防治

化学除草就是利用化学除草剂对草坪杂草进行防治的方法。该法快速、高效、使用方便，可进行大面积的杂草防除，是目前控制草坪杂草的一种行之有效的措施。但该法易造成环境污染，且使用不当时，会使草坪出现药害或造成人畜及其他有益生物中毒，所以在使用化学除草剂时，必须明确除草剂的性质、特点，并严格按照操作规程进行。

【学习评价】

学习评价见表4-17。

表4-17　学习评价

序　号	考 核 内 容	考核要点和评分标准	分　值	得　分
1	草坪杂草计划的制定	制定的计划完整、合理，可操作性强	30	
2	草坪杂草	能够对不同类型草坪杂草进行正确识别，并制定合理的防除措施	40	
3	实训报告	报告书写格式规范，实训内容完整、正确	30	
	合计		100	

【复习思考】

1. 草坪杂草的危害有哪些？
2. 预防草坪杂草的措施有哪些？
3. 一年生、两年生和多年生杂草有何区别？

技能五　草坪其他管理技术

【技能描述】

（1）能够分析草坪质量下降的原因，给出科学合理的辅助管理措施。
（2）掌握常用辅助管理措施的操作原理及方法。

【技能情境】

校园内有多块草坪，不同区域的草坪生长状况各不相同，请你制定出不同区域草坪养护管理的实施计划，并对校园内的各个区域草坪进行科学合理的管理，以提高其观赏性。

【技能实施】

一、材料和工具

实地养护管理所需用具：梳草机，打孔机，机油，汽油，河沙，复合肥，板车，待实训的草坪等。

二、实施步骤

学生以小组为单位，领取材料和工具，选择一块坪地板结或枯草层厚的草坪作为实训草坪进行打孔、穿刺或者梳草作业。

（1）土壤板结程度调查。根据草坪渗水的速度判断土壤板结程度，如下雨，可在雨后观察草坪排水能力，判断是否板结。

（2）草坪生长状况及枯草层厚度密度调查。实地目测草坪草的厚度，枯枝层厚度，老枝老叶的比例等。

（3）确定进行打孔、穿刺或梳草等的深度。

（4）检查机器。操作步骤及注意事项如下：

1）检查。开机前一定要检查机油、汽油是否充足，火花帽是否装在火花塞上等，否则可能毁坏机器。

2）启动。首先，打开燃油开关、电路开关，阻风阀视情况可全关、半关、全开（但启动后则必须把阻风阀放在全开位置），然后适当加大油门，迅速拉动手把，将汽油机启动。注意，打孔机必须在手把拉起、孔锥脱离地面的状态下启动。

3）打孔或梳草。汽油机需在低转速下运转 2～3min 进行暖机，然后加大油门，使汽油机增速。慢慢放下打孔机或梳草机手把，双手紧握把手，跟紧打孔机或梳草机前进，即可进行草坪打孔或梳草作业。

4）关机。工作完毕，先将打孔机操作手把拉起，减小油门，让汽油机在低速状态下运转 2～3min 后，再将电路开关关上，汽油机熄火，最后将燃油开关关上。

5）清洁机具。打孔或梳草完毕后，要将打孔机或梳草机清理干净，空气滤清器芯要用煤油清洗。火花帽要从火花塞上取下来，以防误启动。火花塞每运转 100h 要从汽油机上取下并清洁。

（5）作业后养护。在沙子中混合复合肥、辛硫磷颗粒剂等，用板车推至草坪上，用铁铲向草坪上撒播，可改良坪地土质和肥力。作业结束后，马上浇水灌溉，适当镇压，避免草坪出现脱水。

三、实训作业

写出打孔机或梳草机的操作步骤及注意事项。

【技能提示】

校园内的草坪一般块数较多，位置比较分散，种类也较多。生长状况不同，有些生长良好，有些生长很差，可以选择不同区域具有代表性的草坪进行打孔或梳草作业，再结合其他养护管理措施进行合理养护，能为以后的养护管理提供参考，更有实用价值。

【知识链接】

草坪的辅助管理

一般情况下，如果草坪品种选择得当，通过施肥、灌溉、修剪等常规养护措施，即可获得高质量的草坪。如果草坪中出现了枯草层过厚、土壤板结、草坪纹理等现象，则还需要进行梳草、打孔、滚压、表施细土等辅助养护管理作业。

一、滚压

1. 滚压的作用

（1）能够增加草坪草分蘖和促进匍匐枝的伸长。

（2）可使匍匐茎的浮起受抑制，使节间变短，草坪密度增加。

（3）生长季节滚压可使叶丛紧密而平整。

（4）铺植后滚压可使草坪根部与坪床结合紧密，易于吸收水分，产生新根，以利草坪的定植。

（5）可抑制杂草入侵。

（6）可对因霜、冻胀和融化或蚯蚓等动物搅乱而引起的土壤变形进行修整。

（7）对运动场草坪可增加场地硬度，使场地平坦，提高草坪的使用价值。

（8）滚压还可对草坪造成花纹，提高草坪的美观度。

2. 滚压的方法

（1）滚压器的重量及类型。人推轮重量为 60～200 kg，机动滚轮为 80～500 kg，用于坪床修整的滚轮以 200 kg 为宜，对幼坪则以 50～60 kg 为宜。

（2）滚压的时间。以栽培为目的草坪在春季到夏季镇压为好，需利用的则在建坪后不久；降霜期、早春刈剪时期宜进行；土壤黏重、水分多时，在生长旺盛时期进行最佳。

（3）滚压不是单独的措施，一般要结合刈剪、施土或沙进行，运动场草坪在比赛前通常要进行修剪、灌水、镇压等措施，镇压一般在最后一道工序进行，可以通过不同走向镇压，使草叶反光形成各种形状的花纹，以利比赛时产生较好的效果。

3. 滚压的注意事项

（1）在土壤黏重或水分过多时不宜滚压。

（2）草坪弱小时不宜滚压。

4. 草坪滚压机

专用草坪滚压机有手扶式和乘坐式两种。滚压幅宽 0.6～1m，重量为 120～500 kg 不等。滚压机拖带的滚筒一般是重量可调的空心滚筒，根据土壤状况和草坪建植要注水或沙来调节使用重量。大型拖拉机牵引的滚压机幅宽可达 2m 以上，重量可达 3500 kg（图 4-22）。

图 4-22　草坪滚压机

二、中耕和松土

中耕就是使用合适的机具在适宜时期人为划破草皮，改良草坪的物理性状和其他性状，以加快草坪枯草层的分解，促进地上部分的生长发育的一系列培育措施，包括草坪的打孔、划破穿刺、垂直刈割和表面松土等。

（一）草坪的打孔机

打孔就是用草坪打孔机，在紧实、板结的草坪中打出土柱，使土壤自然膨胀、结构疏松，同时增加了坪床土壤层的通透性，使水分和肥料得以充分的利用，恢复草坪草的正常生长。打孔一般在春秋两季进行。打孔有实心打孔和空心打孔，区别是空心打孔有土柱打出，而实心打孔则无土柱打出。此外，有高压水枪打孔，是将高压水柱打入土壤中（图4-23、图4-24）。

图4-23　草坪打孔机

a）

b）

c）

图4-24　不同形式的打孔作业
a）空心齿　b）穿刺　c）碾切

（二）松土

是指通过机械方法除去草皮层上覆盖物的过程，并浅松土壤。可用高强韧性的钢丝制成的手动齿耙进行，也可用松土机进行。

（三）垂直刈割

垂直刈割也称为划破草皮。是借助安装在高速旋转水平轴上的刀片进行地表面的垂直切割，以清除草皮表面积累的枯枝层，改善草皮的通透性。冷季型草坪在夏末或秋初进行，而暖季型草坪在春末或夏初进行。刀片安装有上、中、下三位，上位能切掉匍匐茎上的叶，提高草坪的平整性；中位能粉碎耕作的土块，利于腐殖层分解；下位可除去腐殖层表面的落叶层，刺入土壤，并提高其通气性。有的划破机还自带播种工具，可以同时进行补播。

（四）草坪梳草

1. 梳草的作用

（1）降低草坪郁闭度、改善草坪的通透性。草坪生长速度快、草坪徒长、草坪使用时间长等，都会使得草坪地面上的枝条与叶片数量大大增加，厚厚的草层造成草坪郁闭度增加，草坪上下气流不畅，光照不足，湿度较大，容易产生病害。使用梳草机梳走部分多余的茎叶，可以降低草坪的郁闭度，增加通透性，降低感病的概率，使草坪可以健康生长。

（2）清除枯草层。梳草机的活动刀片在机械离心力的作用下能有效地清除枯草层，破坏草坪病害滋生的环境条件，降低草坪感病的概率。

（3）促进草坪的更新。梳草机梳走部分多余的茎叶与枯枝层后，草坪上新生的分蘖由于解除了抑制，会很快生长成新的茎叶，促进了草坪的更新，延长了草坪的使用年限，提高了草坪的质量。

2. 梳草的时间

梳草的最佳时间是阴天或者阳光不特别强烈的天气，不能在雨天进行。

3. 梳草的强度

梳草强度取决于以下几点：

（1）以切根为目的的梳草作业要加大深度，以梳草为目的的则深度适中，以减小草叶密度为目的的则应浅些。

（2）草坪生长高峰期梳草深度可相对深些。

（3）枯草层越厚梳草深度越深。

（4）气候条件有利于草坪生长恢复时可深梳。

（5）生长状况良好的草坪梳草深度可相对深些。

4. 梳草后的养护管理

梳草作业后，会引起草坪短暂脱水萎蔫，如果梳草后养护管理不当，在草坪恢复期内，杂草与地下害虫也会趁机入侵。因此，梳草后对草坪应及时地养护管理，或者梳草结合其他养护措施进行。

梳草后最好对草坪进行表施土壤、营养土、细沙、肥料、农药等，在作业结束后要马上灌溉，适当滚压。

【学习评价】

学习评价见表4-18。

表4-18 学习评价

序　号	考核内容	考核要点和评分标准	分　值	得　分
1	草坪打孔或梳草计划制定	制定的计划完整、合理，可操作性强	30	
2	草坪打孔或梳草	能够正确地操作养护机械，对草坪进行合理管理，作业后枯草及土芯清理彻底，结合铺沙、施肥与用药，作业后马上浇水	40	
3	实训报告	报告书写格式规范，实训内容完整、正确	30	
	合计		100	

【复习思考】

1. 为什么要打孔透气？
2. 根据你的判断，校园内需要打孔、梳草的草坪有哪些？为什么？
3. 草坪滚压的作用是什么？

项目四总结

在园林绿地中，草坪被公认是首选的地被植物，正确选择草坪的品种不但可以满足其绿化美化功能，而且还可以为人们的生活创造游憩场所。

在本项目中应重点了解草坪草的种类。主要冷季型草种中常见的有早熟禾属、羊毛属、黑麦草属等，主要暖季型草种中常见的有狗牙根属、结缕草属、野牛草属等。

草坪的建植方法（草种的选择、草坪品种的特性、场地的准备、播种法建植、营养繁殖法建植、植生带法、喷播法等）、草坪的养护管理内容（灌溉、修剪、施肥等）以及草坪常见病虫害防治等内容也是学习的重点。

附录　常见园林植物 300 种

一、常绿针叶树

序号	中名	科名	株高（m）及叶形	习　　性	观赏特性及园林用途	适用地区
1	油松	松科	25m、叶 2 针一束，长 10～15cm	强阳性，耐寒，耐干旱瘠薄和碱土	树冠伞形；庭荫树，行道树，园景树	华北，西北
2	马尾松	松科	30m、叶 2 针一束，长 12～20cm	强阳性，喜温湿气候，宜酸性土	造林绿化，风景林	长江流域及以南地区
3	黑松	松科	20～30m、叶 2 针一束，长 6～12cm	强阳性，抗海潮风，宜生长于海滨	庭荫树，行道树，防潮林，风景林	华东沿海地区
4	五针松	松科	5～15m、五针一束，长 3～6cm	中性，较耐荫，不耐寒，生长慢	针叶细短、蓝绿色；盆景，盆栽，假山园	长江中下游地区
5	雪松	松科	15～25m、针叶灰绿色	弱阳性，耐寒性不强，抗污染力弱	树冠圆锥形，姿态优美；园景树，风景林	北京、大连以南各地
6	南洋杉	南洋杉科	30m、叶针形、三角状钻形	阳性，喜暖热气候，很不耐寒	树冠狭圆锥形，姿态优美；园景树，行道树	华南
7	杉木	杉科	25m、叶条形，长 2～6cm	中性，喜温湿气候及酸性土，速生	树冠圆锥形；园景树，造林绿化	长江中下游至华南
8	柳杉	杉科	20～30m、叶钻形，长 1～2.5cm	中性，喜温暖湿润气候及酸性土	树冠圆锥形；列植，丛植，风景林	长江流域及以南地区
9	侧柏	柏科	15～20m、小枝扁平，全为鳞叶	阳性，耐寒，耐干旱瘠薄，抗污染	庭荫树，行道树，风景林，绿篱	华北、西北至华南
10	千头柏	柏科	2～3m、小枝片明显直立，鳞叶	阳性，耐寒性不如侧柏	树冠紧密，近球形；孤植，对植，列植	长江流域，华北
11	柏木	柏科	25m、小枝下垂，鳞叶	中性，喜温暖多雨气候及钙质土	墓道树，园景树，列植，对植，造林绿化	长江以南地区
12	圆柏	柏科	15～20m、有鳞叶、刺叶	中性，耐寒，稍耐湿，耐修剪	幼年树冠狭圆锥形，园景树，列植，绿篱	东北南部、华北至华南
13	龙柏	柏科	5～8m、全为鳞叶	阳性，耐寒性不强，抗有害气体	树冠圆柱形，似龙体，对植，列植，丛植	华北南部至长江流域
14	鹿角柏	柏科	0.5～1m、全为鳞叶、灰绿色	阳性，耐寒	丛生状，干枝向四周斜展；庭园点缀	长江流域，华北
15	铺地柏	柏科	0.3～0.5m、全为刺叶、3 枚轮生	阳性，耐寒，耐干旱	匍匐灌木；布置岩石园，地被	长江流域，华北
16	罗汉松	罗汉松科	10～20m、叶条状披针形	半阴性，喜温暖湿润气候，不耐寒	树形优美，观叶、观果；孤植，对植，丛植	长江以南各地

（续）

序号	中名	科名	株高（m）及叶形	习　性	观赏特性及园林用途	适用地区
17	竹柏	罗汉松科	20m、叶革质，似竹叶	阴性，较耐寒，喜酸性土，不耐水湿	枝叶青翠，树冠浓郁，宜作庭荫树，行道树	长江以南各地
18	红豆杉	红豆杉科	30m、叶二列，条形	喜暖湿气候	种子红色；园景树	长江以南各地
19	三尖杉	三尖杉科	20m、叶二列，线状披针形，微弯曲	耐荫，不耐寒	种子紫色或紫红色；园景树	华西、华南、西南

二、落叶针叶树

序号	中名	科名	株高（m）及叶形	习　性	观赏特性及园林用途	适用地区
1	金钱松	松科	20~30m、叶条形，长2~5.5cm	阳性，喜温暖多雨气候及酸性土	树冠圆锥形，秋叶金黄；庭荫树，园景树	长江流域
2	水松	杉科	8~10m、鳞叶，长2mm	阳性，喜暖热多雨气候，耐水湿	树冠狭圆锥形；庭荫树，防风、护堤树	华南
3	水杉	杉科	20~30m、小枝对生，叶条形	阳性，喜温暖，较耐寒，耐盐碱	树冠狭圆锥形；列植、丛植，风景林	长江流域，华北南部
4	落羽杉	杉科	20~30m、叶条形，长1~1.5cm	阳性，喜温暖，不耐寒，耐水湿	树冠狭圆锥形，秋色叶；护岸树，风景林	长江流域及其以南地区
5	池杉	杉科	15~25m、叶钻形，长0.4~1cm	阳性，喜温暖，不耐寒，极耐湿	树冠狭圆锥形，秋色叶；水滨湿地绿化	长江流域及其以南地区

三、常绿阔叶乔木

序号	中名	科名	株高（m）及叶形	习　性	观赏特性及园林用途	适用地区
1	广玉兰	木兰科	15~25m、叶长椭圆形，叶背有锈色毛	阳性，喜温暖湿润气候，抗污染	花大，白色，6~7月；庭荫树，行道树	长江流域及其以南地区
2	白兰	木兰科	8~15m、叶长椭圆形	阳性，喜暖热，不耐寒，喜酸性土	花白色，浓香，5~9月；庭荫树，行道树	华南
3	樟树	樟科	10~20m、叶椭圆形，长5~8cm	弱阳性，喜温暖湿润，较耐水湿	树冠卵圆形；庭荫树，行道树，风景林	长江流域至珠江流域
4	大叶樟	樟科	10~20m、叶椭圆形，叶背有白粉	喜温暖湿润，耐污染能力强于香樟	树冠卵圆形；庭荫树，行道树，风景林	长江流域
5	天竺桂	樟科	16m、叶椭圆形，离基三出脉	中性，幼时耐荫，不耐水湿	行道树，园景树	华南
6	楠木	樟科	35m、叶长椭圆形，长7~11cm	中性，幼时耐荫，生长慢，寿命长	行道树，园景树	华南，西南
7	肉桂	樟科	10~20m、枝四棱，叶长椭圆形，厚革质	喜光，稍耐荫	庭景树，经济林木	华南
8	杜英	杜英科	10~20m、小枝红褐色，叶长椭圆形	稍耐荫，耐寒性弱，耐修剪，抗污染	枝叶茂密，霜后部分叶变红；背景树，园景树	长江以南地区

（续）

序号	中名	科名	株高（m）及叶形	习　性	观赏特性及园林用途	适用地区
9	羊蹄甲	豆科	10m、叶近圆形，端2裂	阳性，喜暖热气候，不耐寒	花玫瑰红色，10月；行道树，庭园风景树	华南
10	腊肠树	豆科	15m、偶数羽状复叶，小叶4～8对	喜暖热多湿气候	6月满树黄花，极为美丽；庭园风景树	华南
11	蚊母	金缕梅科	5～15m、叶长椭圆形，有虫瘿	阳性，喜温暖气候，抗有毒气体	花紫红色，4月；街道及工厂绿化，庭荫树	长江中下游至东南部
12	木麻黄	木麻黄科	20～30m、小枝绿色，细长下宽	阳性，喜暖热，耐干瘠及盐碱土	行道树，防护林，海岸造林	华南
13	榕树	桑科	20～25m、具气生根，叶椭圆形，	阳性，喜暖热多雨气候及酸性土	树冠大而圆整；庭荫树，行道树，园景树	华南
14	高山榕	桑科	20～25m、叶椭圆形，厚革质	阳性，喜暖热多雨气候及酸性土	树冠大而圆整；庭荫树，行道树，园景树	华南
15	银桦	山龙眼科	20～25m、叶二回羽状深裂	阳性，喜温暖，不耐寒，生长快	干直冠大，花橙黄色，5月；庭荫树，行道树	西南，华南
16	大叶桉	桃金娘科	25m、叶卵状长椭圆形	阳性，喜暖热气候，生长快	行道树，庭荫树，防风林	华南，西南
17	柠檬桉	桃金娘科	30m、叶窄披针形，具柠檬香气	阳性，喜暖热气候，生长快	树干洁净，树姿优美；行道树，风景林	华南
18	蓝桉	桃金娘科	35m、叶蓝绿色，镰状披针形	阳性，喜温暖，不耐寒，生长快	行道树，庭荫树，造林绿化	西南，华南
19	白千层	桃金娘科	20～30m、叶披针形	阳性，很不耐寒，耐干旱和水湿	行道树，防护林	华南
20	女贞	木犀科	6～12m、叶卵状披针形	弱阳性，喜温湿，抗污染，耐修剪	花白色，6月；绿篱，行道树，工厂绿化	长江流域及以南地区
21	桂花	木犀科	10～12m、叶长椭圆形	阳性，喜温暖湿润气候	花黄、白色，浓香，9月；庭园观赏，盆栽	长江流域及其以南地区
22	棕榈	棕榈科	5～10m、叶掌状中裂	中性，喜温湿气候，抗有毒气体	工厂绿化，行道树，对植，丛植，盆栽	长江流域及其以南地区
23	蒲葵	棕榈科	8～15m、叶近圆形，掌状浅裂	阳性，喜暖热气候，抗有毒气体	庭荫树，行道树，对植，丛植，盆栽	华南
24	王棕	棕榈科	15～20m、叶长4m，羽状全裂	阳性，喜暖热气候，不耐寒	树形优美；行道树，园景树，丛植	华南
25	皇后葵	棕榈科	10～15m、羽状复叶，长达2～5m	阳性，喜暖热气候，不耐寒	树形优美；行道树，园景树，丛植	华南
26	假槟榔	棕榈科	20～30m、叶长2m，羽状全裂	阳性，喜暖热气候，不耐寒	树形优美；行道树，丛植	华南
27	鱼尾葵	棕榈科	20m、叶二回羽状全裂，裂片鱼尾形	耐荫，喜湿润酸性土	树姿优美，叶形奇特；行道树，庭荫树	华南
28	苏铁	苏铁科	5m、叶羽状全裂	中性，喜温暖湿润气候及酸性土	姿态优美，庭园观赏，盆栽，盆景	华南，西南

四、落叶阔叶乔木

序号	中名	科名	株高（m）及叶形	习　性	观赏特性及园林用途	适用地区
1	银杏	银杏科	20～30m、叶扇形，顶端常 2 裂	阳性，耐寒，抗多种有毒气体	秋叶黄色，庭荫树，行道树，孤植，对植	沈阳以南、华北至华南
2	鹅掌楸	木兰科	20～25m、叶马褂形	阳性，喜温暖湿润气候	花黄绿色，4～5 月；庭荫观赏树，行道树	长江流域及其以南地区
3	皂荚	豆科	20m、偶数羽状复叶，小叶 6～14 片	阳性，耐寒，耐干旱，抗污染力强	树冠广阔，叶密荫浓；庭荫树	华北至华南
4	合欢	豆科	10～15m、二回羽状复叶，小叶长圆形	阳性，耐寒，耐干旱瘠薄	花粉红色，6～7 月；庭荫观赏树，行道树	华北至华南
5	槐树	豆科	15～25m、羽状复叶	阳性，耐寒，抗性强，耐修剪	枝叶茂密，树冠宽广；庭荫树，行道树	华北，西北，长江流域
6	龙爪槐	豆科	3～5m、羽状复叶	阳性，耐寒	枝下垂，树冠伞形；庭园观赏，对植，列植	华北，西北，长江流域
7	刺槐	豆科	15～25m、羽状复叶，小叶 7～13 枚，椭圆形	阳性，适应性强，浅根性，生长快	花白色，5 月；行道树，庭荫树，防护林	南北各地
8	红豆树	豆科	20m、羽状复叶（7～9 小叶），长圆形	喜光，幼树耐荫，不耐干旱，寿命长	花白色或淡红色，芳香，4 月；庭园观赏，行道树	华西、华东、华南
9	珙桐	珙桐科	20m、叶广卵形	喜半荫和温凉湿润气候，不耐炎热和暴晒	花时白色苞片远观似鸽子栖于枝端；庭荫树	西南山区
10	喜树	珙桐科	20～25m、叶椭圆形至长卵形	阳性，喜温暖，不耐寒，生长快	主干通直，树冠宽展；庭荫树，行道树	长江以南地区
11	枫香	金缕梅科	30m、叶掌状 3 中裂	阳性，喜温暖湿润气候，耐干旱瘠薄	秋叶红艳，庭荫树，风景林	长江流域及其以南地区
12	悬铃木	悬铃木科	15～25m、叶掌状 5～7 中裂	阳性，喜温暖，抗污染，耐修剪	冠大荫浓；行道树，庭荫树	华北南部至长江流域
13	毛白杨	杨柳科	20～30m、叶三角卵形	阳性，喜温凉气候，抗污染，速生	行道树，庭荫树，防护林	华北，西北，长江下游
14	加杨	杨柳科	25～30m、叶三角卵形	阳性，喜温凉气候，耐水湿、盐碱	行道树，庭荫树，防护林	华北至长江流域
15	旱柳	杨柳科	15～20m、叶披针形	阳性，耐寒，耐湿，耐旱，速生	庭荫树，行道树，护岸树	东北，华北，西北
16	龙爪柳	杨柳科	10m、叶披针形	阳性，耐寒，生长势较弱，寿命短	枝条扭曲如龙游；庭荫树，观赏树	东北，华北，西北
17	垂柳	杨柳科	18m、叶线状披针形	阳性，喜温暖及水湿，耐旱，速生	枝细长下垂；庭荫树，观赏树，护岸树	长江流域至华南地区
18	枫杨	胡桃科	20～30m、羽状复叶，叶轴有翼	阳性，适应性强，耐水湿，速生	庭荫树，行道树，护岸树	长江流域，华北
19	榆树	榆科	20m、叶长椭圆形	阳性，适应性强，耐旱，耐盐碱土	庭荫树，行道树，防护林	东北，华北至长江流域

（续）

序号	中名	科名	株高（m）及叶形	习　性	观赏特性及园林用途	适用地区
20	榔榆	榆科	15m、叶长椭圆形	弱阳性，喜温暖，抗烟尘及毒气	树形优美，庭荫树，行道树，盆景	长江流域及其以南地区
21	桑树	桑科	10～15m、叶卵形	阳性，适应性强，抗污染，耐水湿	庭荫树，工厂绿化	南北各地
22	构树	桑科	15m、叶卵形，密生柔毛	阳性，适应性强，抗污染，耐干旱瘠薄	庭荫树，行道树，工厂绿化	华北至华南
23	黄葛树	桑科	15～25m、叶长椭圆形	阳性，喜温热气候，不耐寒，耐热	冠大荫浓；庭荫树，行道树	华南，西南
24	梧桐	梧桐科	10～15m、叶3～5掌状裂	阳性，喜温暖湿润，抗污染，怕涝	枝干青翠，叶大荫浓；庭荫树，行道树	长江流域，华北南部
25	重阳木	大戟科	10～15m、3出复叶	阳性，喜温暖气候，耐水湿，抗风	行道树，庭荫树，堤岸树	长江中下游地区
26	臭椿	苦木科	20～25m、羽状复叶，小叶13～25枚	阳性，耐干旱瘠薄、盐碱，抗污染	树形优美，庭荫树，行道树，工厂绿化	华北、西北至长江流域
27	香椿	楝科	25m、偶数羽状复叶，小叶10～20枚	喜光，能耐轻盐渍，较耐水湿，抗污染	枝叶茂密，嫩叶红艳可食；庭荫树，行道树	华北、华中、西南
28	楝树	楝科	10～15m、2～3回羽状奇数复叶	阳性，喜温暖，抗污染，生长快	花紫色，5月；庭荫树，行道树，四旁绿化	华北南部至华南、西南
29	栾树	无患子科	10～15m、羽状复叶	阳性，较耐寒，耐干旱，抗烟尘	花金黄色，6～7月，庭荫树，行道树，观赏树	辽宁、华北至长江流域
30	黄连木	漆树科	15～20m、羽状复叶，小叶10～14枚	弱阳性，耐干旱瘠薄，抗污染	秋叶橙黄色或红色；庭荫树，行道树	华北至华南、西南
31	三角枫	槭树科	5～10m、叶3浅裂	弱阳性，喜温湿气候，较耐水湿	庭荫树，行道树，护岸树，绿篱	长江流域各地
32	五角枫	槭树科	20m、叶掌状5裂	弱阳性，深根性，少病虫	庭荫树，行道树，防护林	长江流域各地
33	蓝花楹	紫葳科	10～15m、2回羽状复叶，小叶10～24对	阳性，喜暖热气候，不耐寒	花蓝色美丽，5月；庭荫观赏树，行道树	华南
34	泡桐	玄参科	15～20m、叶阔卵形	阳性，喜温暖气候，不耐寒，速生	花白色，4月；庭荫树，行道树	长江流域及其以南地区

五、常绿小乔木及灌木

序号	中名	科名	株高（m）及叶形	习　性	观赏特性及园林用途	适用地区
1	含笑	木兰科	2～3m、叶倒卵状椭圆形	中性，喜温暖湿润气候及酸性土	花淡紫色，浓香，4～5月；庭园观赏，盆栽	长江以南地区
2	茉莉	木犀科	0.5～3m、叶宽卵形	喜光稍耐荫，不耐寒，不耐旱，喜酸性土	花似玉铃，香气清雅而持久；花篱，盆栽	长江以南地区

（续）

序号	中名	科名	株高（m）及叶形	习性	观赏特性及园林用途	适用地区
3	枇杷	蔷薇科	4~6m、叶倒披针状椭圆形	弱阳性，喜温暖湿润，不耐寒	叶大荫浓，初夏黄果；庭园观赏，果树	南方各地
4	石楠	蔷薇科	3~5m、叶长椭圆形，长8~20cm	弱阳性，喜温暖，耐干旱瘠薄	嫩叶红色，秋冬红果；庭园观赏，丛植	华东，中南，西南
5	黄槐	豆科	4~7m、偶数羽状复叶，小叶7~9对	喜光，生长快	伞房花序鲜黄色，全年；庭园观赏，行道树	长江以南各地
6	米兰	大戟科	4~7m、羽状复叶或3出复叶	喜光，略耐荫，喜暖怕冷，不耐旱	枝叶繁密常青，花香馥郁；庭园观赏，盆栽	长江以南各地
7	洒金东瀛珊瑚	山茱萸科	2~3m、叶椭圆形，叶面有黄斑	阴性，喜温暖湿润，不耐寒	叶有黄斑点，果红色；庭园观赏，盆栽	长江以南各地
8	珊瑚树	忍冬科	3~5m、叶长椭圆形	中性，喜温暖，抗烟尘，耐修剪	白花6月，红果9~10月；绿篱，庭园观赏	长江流域及其以南地区
9	黄杨	黄杨科	2~3m、叶倒卵形，革质	中性，抗污染，耐修剪，生长慢	枝叶细密；庭园观赏，丛植，绿篱，盆栽	华北至华南、西南
10	雀舌黄杨	黄杨科	0.5~1m、叶倒披针形，革质	中性，喜温暖，不耐寒，生长慢	枝叶细密；庭园观赏，丛植，绿篱，盆栽	长江流域及其以南地区
11	海桐	海桐科	2~4m、叶倒卵形，革质	中性，喜温湿，不耐寒，抗海潮风	白花芳香，5月；基础种植，绿篱，盆栽	长江流域及其以南地区
12	山茶花	山茶科	2~5m、叶卵形或椭圆形	中性，喜温湿气候及酸性土壤	花白、粉、红色，2~4月；庭园观赏，盆栽	长江流域及其以南地区
13	茶梅	山茶科	3~6m、叶椭圆形	弱阳性，喜温暖气候及酸性土壤	花白、粉、红色，11~翌年1月；庭园观赏，绿篱	长江以南地区
14	枸骨	冬青科	1.5~3m、叶硬，矩圆形，有硬刺	弱阳性，抗有毒气体，生长慢	绿叶红果；基础种植，丛植，盆栽	长江中下游各地
15	大叶黄杨	卫矛科	2~5m、叶革质，椭圆形	中性；喜温湿气候，抗有毒气体	观叶；绿篱，基础种植，丛植，盆栽	华北南部至华南、西南
16	红千层	桃金娘科	2~3m、叶线形或披针形	性喜暖热气候，不耐寒	枝叶细密，花红色；庭园观赏，列植	华南、西南
17	夹竹桃	夹竹桃科	2~4m、叶3枚轮生，窄披针形	阳性，喜温暖湿润气候，抗污染	花粉红色，5~10月；庭园观赏，花篱，盆栽	长江以南地区
18	栀子花	茜草科	1~1.6m、叶长椭圆形	中性，喜温暖气候及酸性土壤	花白色，浓香，6~8月；庭园观赏，花篱	长江流域及其以南地区
19	龙船花	茜草科	0.5~2m、叶长椭圆形	中性，喜酸性土壤，耐寒力较弱	花小而多，红色，全年开花；花篱，盆栽	华南
20	六月雪	茜草科	1m；叶椭圆形	喜阴湿，喜肥，耐修剪	树形纤巧，夏日白花满树；绿篱，下木	华中，东南部

（续）

序号	中名	科名	株高（m）及叶形	习　性	观赏特性及园林用途	适用地区
21	南天竹	小檗科	1~2m、2~3回羽状复叶	中性，耐荫，喜温暖湿润气候	枝叶秀丽，秋冬红果；庭园观赏，丛植，盆栽	长江流域及其以南地区
22	十大功劳	小檗科	1~1.5m、小叶5~9枚，狭披针形	耐荫，喜温暖湿润气候，不耐寒	花黄色，果蓝黑色；庭园观赏，丛植，绿篱	长江流域及其以南地区
23	八角金盘	五加科	4~5m、叶掌状7~9深裂	喜荫，不耐干旱，耐寒力弱，抗污染	叶大光亮长绿；林下，立交桥下，室内盆栽	长江流域及其以南地区
24	鹅掌柴	五加科	2~15m掌状复叶，小叶6~9枚，椭圆形	喜暖热湿润气候，生长快	树冠整齐优美；庭园观赏，盆栽	长江流域及其以南地区
25	红花檵木	金缕梅科	4~9m、叶卵形，紫红色	耐半荫，喜酸性，适应性强	花繁密而美丽；丛植于草坪，林缘	长江流域及其以南地区
26	九里香	芸香科	3~8m、羽状复叶，小叶3~9枚，卵形	喜光，也较耐荫，耐旱	花白色、芳香，秋季；绿篱、列植、丛植	华南、西南
27	柑橘	芸香科	3m、枝有刺，叶长卵状	喜温暖湿润气候，较耐寒	春季满树香花，秋冬黄果累累；庭园观果树	华南、西南
28	金橘	芸香科	2m、枝多刺，叶长椭圆形	喜温暖湿润气候	果扁圆，径2~2.5cm，橘黄色；盆栽观果	华南、西南
29	金柑	芸香科	3m、枝无刺，叶长椭圆形	性强健，耐旱、抗病	果长圆，径3cm，橘黄色；盆栽观果	华南、西南
30	凤尾兰	百合科	1.5~3m、叶剑形	阳性，喜亚热带气候，不耐严寒	花乳白色，夏、秋；庭园观赏，丛植	华北南部至华南
31	丝兰	百合科	0.5~2m、叶剑形，叶缘有白丝	阳性，喜亚热带气候，不耐严寒	花乳白色，6~7月；庭园观赏，丛植	华北南部至华南
32	短穗鱼尾葵	棕榈科	5~9m、2回羽状全裂，花序长60cm	耐荫，喜湿润酸性土	树姿优美，叶形奇特；列植，丛植	华南
33	棕竹	棕榈科	1.5~3m、叶掌状10~24深裂	阴性，喜湿润的酸性土，不耐寒	观叶；庭园观赏，丛植，基础种植，盆栽	华南，西南
34	筋头竹	棕榈科	2~3m、叶掌状5~10深裂	阴性，喜湿润的酸性土，不耐寒	观叶；庭园观赏，丛植，基础种植，盆栽	华南，西南

六、落叶小乔木及灌木

序号	中名	科名	株高（m）及叶形	习　性	观赏特性及园林用途	适用地区
1	玉兰	木兰科	4~8m、叶倒卵形	阳性，稍耐荫，颇耐寒，怕积水	花大洁白，3~4月；庭园观赏，对植，列植	华北至华南、西南
2	紫玉兰	木兰科	2~4m、叶椭圆形或倒卵形	阳性，喜温暖，不耐严寒	花大紫色，3~4月；庭园观赏，丛植	华北至华南、西南

（续）

序号	中名	科名	株高（m）及叶形	习　性	观赏特性及园林用途	适用地区
3	二乔玉兰	木兰科	3～6m、叶倒卵形	阳性，喜温暖气候，较耐寒	花白带淡紫色，3～4月；庭园观赏	华北至华南、西南
4	月季	蔷薇科	1～1.5m、羽状复叶，多5小叶	阳性，喜温暖气候，较耐寒	花红、紫色，5～10月；庭园观赏，丛植，盆栽	东北南部至华南、西南
5	杂种小月季	蔷薇科	0.3～0.5m、羽状复叶	阳性，适应性强，耐寒，耐热	花红、黄色，5～10月；庭园观赏，丛植，盆栽	东北南部至华南、西南
6	玫瑰	蔷薇科	1～2m、羽状复叶，多5小叶	阳性，耐寒，耐干旱，不耐积水	花紫红色，5月；庭园观赏，丛植，花篱	东北、华北至长江流域
7	棣棠	蔷薇科	1～2m、叶卵形	中性，喜温暖湿润气候，较耐寒	花金黄色，4～5月，枝干绿色；丛植，花篱	华北至华南、西南
8	梅	蔷薇科	3～6m、小枝绿色，叶卵形	阳性，喜温暖气候，怕涝，寿命长	花红、粉、白色，芳香，2～3月；庭植，片植	长江流域及其以南地区
9	碧桃	蔷薇科	3～5m、叶披针形	阳性，耐干旱，不耐水湿	花粉红色，重瓣，3～4月；庭植，片植，列植	东北南部、华北至华南
10	紫叶李	蔷薇科	3～5m、叶卵形	弱阳性，喜温暖湿润气候，较耐寒	叶紫红色，花淡粉红色，3～4月；庭园点缀	华北至长江流域
11	樱花	蔷薇科	3～5m、叶卵形，叶缘重锯齿	阳性，较耐寒，不耐烟尘和毒气	花粉白，4月；庭园观赏，丛植，行道树	东北、华北至长江流域
12	榆叶梅	蔷薇科	1.5～3m、叶椭圆形	弱阳性，耐寒，耐干旱	花粉、红、紫色，4月；庭园观赏，丛植，列植	东北南部，华北，西北
13	火棘	蔷薇科	2～3m、叶倒卵形	阳性，喜温暖气候，不耐寒	春白花，秋冬红果；基础种植，丛植，篱植	华东，华中，西南
14	贴梗海棠	蔷薇科	1～2m、有枝刺，叶卵形	阳性，喜温暖气候，较耐寒	花粉、红色，4月，秋果黄色；庭园观赏	华北至长江流域
15	海棠花	蔷薇科	4～6m、小枝红褐色，叶椭圆形	阳性，耐寒，耐干旱，忌水湿	花粉红色，单或重瓣，4～5月；庭园观赏	东北南部，华北，华东
16	垂丝海棠	蔷薇科	3～5m、幼枝紫红色，叶卵形	阳性，喜温暖湿润气候，耐寒性不强	花鲜玫瑰红色，4～5月；庭园观赏，丛植	华北南部至长江流域
17	蜡梅	蜡梅科	1.5～2m、叶表有硬毛，卵形	阳性，喜湿暖，耐干旱，忌水湿	花黄色，浓香，1～2月；庭园观赏，盆栽	华北南部至长江流域
18	龙牙花	豆科	3～5m、干有刺，3出复叶，卵形	喜温热气候，较耐寒	花红色，6月；庭园观赏，盆栽	华北南部至长江流域
19	洋金凤	豆科	3m、2回羽状复叶，小叶7～11对	喜光，不耐寒，不抗空气污染	花橙色或黄色，3月；庭园观赏	华南
20	紫荆	豆科	2～3m、叶近圆形	阳性，耐干旱瘠薄，不耐涝	花紫红色，3～4月叶前开放；庭园观赏，丛植	华北、西北至华南

（续）

序号	中名	科名	株高（m）及叶形	习性	观赏特性及园林用途	适用地区
21	红瑞木	山茱萸科	1.5~3m、叶血红色，叶卵形	中性，耐寒，耐湿，也耐干旱	茎枝红色美丽，果白色；庭园观赏，草坪丛植	东北，华北
22	木本绣球	忍冬科	2~3m、叶卵形或卵状椭圆形	弱阳性，喜温暖，不耐寒	花白色，成绣球形，5~6月；庭植观花	华北南部至长江流域
23	无花果	桑科	1~2m、叶广卵形或近圆形	中性，喜温暖气候，不耐寒	庭园观赏，盆栽	长江流域及其以南地区
24	柽柳	柽柳科	5~7m、叶披针形，长1~3cm、	喜光，耐寒，耐热，耐干又耐水湿	姿态婆娑、枝叶纤秀；可作绿篱，防护林	全国大部分地区
25	木槿	锦葵科	2~3m、叶菱状卵形	阳性，喜温暖气候，不耐寒	花淡紫、白、粉红色，7~9月；丛植，花篱	华北至华南
26	木芙蓉	锦葵科	1~2m、叶掌状3~5(7)裂	中性偏阴，喜温湿气候及酸性土	花粉红色，9~10月；庭园观赏，丛植，列植	长江流域及其以南地区
27	扶桑	锦葵科	6m、叶长卵形	喜光，不耐寒	花大色艳，夏秋开花；庭园观赏，盆栽	华南
28	吊灯花	锦葵科	1~4m、叶椭圆形	中性偏阴，不耐寒	花大而下垂，红色，全年；庭园观赏，盆栽	长江流域及其以南地区
29	杜鹃	杜鹃花科	1~2m、叶卵状椭圆形，有糙毛	中性，喜温湿气候及酸性土	花深红色，4~5月；庭园观赏，盆栽	长江流域及其以南地区
30	金丝桃	藤黄科	2~5m、叶长椭圆形	阳性，喜温暖气候，较耐干旱	花金黄色，6~7月；庭园观赏，草坪丛植	长江流域及其以南地区
31	石榴	石榴科	2~3m、小枝端刺状，叶长椭圆形	中性，耐寒，适应性强	花红色，5~6月，果红色；庭园观赏，果树	黄河流域及其以南地区
32	黄栌	漆树科	3~5m、叶倒卵形，先端微凹	中性，喜温暖气候，不耐寒	霜叶红艳美丽，庭园观赏，片植，风景林	华北
33	鸡爪槭	槭树科	2~5m、叶掌状5~9深裂	中性，喜温暖气候，不耐寒	叶形秀丽，秋叶红色，庭园观赏，盆栽	华北南部至长江流域
34	红枫	槭树科	1.5~2m、叶常年红色或紫红色，5~7深裂	中性，喜温暖气候，不耐寒	叶常年紫红色；庭园观赏，盆栽	华北南部至长江流域
35	羽毛枫	槭树科	1.5~2m、叶深裂达基部，裂片狭长而又羽状细裂	中性，喜温暖气候，不耐寒	树冠开展，叶片细裂；庭园观赏，盆栽	长江流域
36	红羽毛枫	槭树科	1.5~2m、叶形同羽毛枫，常年古铜色或古铜红色	阳性，喜温暖气候，不耐水湿	树冠开展，叶片细裂，红色；庭园观赏，盆栽	长江流域
37	小叶女贞	木犀科	1~2m、叶椭圆形	中性，喜温暖气候，较耐寒	花小，白色，5~7月；庭园观赏，绿篱	华北至长江流域
38	毛叶丁香	木犀科	1~3m、叶卵圆形	中性，喜温暖气候，较耐寒	花小，白色，5~7月；庭园观赏，绿篱	华北至长江流域
39	迎春	木犀科	0.5~5m、枝四棱，3出复叶，小叶卵形	喜光稍耐荫，较耐寒，怕涝	花黄色，早春叶前开放；庭园观赏，丛植	华北至长江流域

（续）

序号	中名	科名	株高（m）及叶形	习 性	观赏特性及园林用途	适用地区
40	连翘	木犀科	2～3m、小枝梢四棱，叶卵形	阳性，耐寒，耐干旱	花黄色，3～4月叶前开放；庭园观赏，丛植	东北，华北，西北
41	金边连翘	木犀科	2～3m、叶对生、卵形，缘有齿	阳性，耐寒	叶边壳丽金黄，常年保持；庭园观赏，丛植	东北，华北，西北
42	牡丹	毛茛科	1～2m、2回羽状复叶	中性，耐寒，要求排水良好土壤	花白、粉、红、紫色，4～5月；庭园观赏	华北，西北，长江流域
43	小檗	小檗科	1～2m、叶倒卵形或匙形	中性，耐寒，耐修剪	花淡黄色，5月，秋果红色；庭园观赏，绿篱	华北，西北，长江流域
44	紫叶小檗	小檗科	1～2m、有枝刺，叶倒卵形	中性，耐寒，要求阳光充足	叶常年紫红色，秋果红色；庭园点缀，丛植	华北，西北，长江流域
45	紫薇	千屈菜科	2～4m、小枝四棱，叶椭圆形	阳性，喜温暖气候，不耐严寒	花紫、红色，7～9月；庭园观赏，园路树	华北至华南、西南
46	银芽柳	杨柳科	2～3m、叶长椭圆形	喜光，喜湿润土壤，耐寒	冬芽及花序密被银白色，绢毛，切花	华北至华南
47	八仙花	虎耳草科	3～4m、叶倒卵形至椭圆形	喜阴，不耐寒，喜酸性土	花球大美丽；宜植于林下，路边，建筑物北面	华南至长江流域

七、藤本类

序号	中名	科名	株高（m）及叶形	习 性	观赏特性及园林用途	适用地区
1	蔷薇	蔷薇科	3～4m、羽状复叶	阳性，喜温暖，较耐寒，落叶	花白、粉红色，5～6月；攀援篱垣、棚架等	华北至华南
2	十姊妹	蔷薇科	3～4m、羽状复叶	阳性，喜温暖，较耐寒，落叶	花深红色，重瓣，5～6月；攀援篱垣、棚架等	华北至华南
3	木香	蔷薇科	6m、少刺，小叶3～5枚，长椭圆形	阳性，喜温暖，较耐寒，半常绿	花白色或淡黄色，芳香，4～5月；攀援篱架等	华北至长江流域
4	紫藤	豆科	15～20m、羽状复叶	阳性，耐寒，适应性强，落叶	花堇紫色，4月；攀援棚架、枯树等	南北各地
5	常春藤	五加科	20～30m、具气生根，叶掌状3裂	阳性，喜温暖气候，落叶	花紫色，4月；攀援棚架、枯树，盆栽	长江流域及其以南地区
6	猕猴桃	猕猴桃科	叶卵圆形或倒卵形，密被绒毛	中性，喜温暖，耐寒性不强，落叶	花黄白色，6月；攀援棚架、篱垣，果树	长江流域及其以南地区
7	葡萄	葡萄科	30m、叶3～5掌裂	阳性，耐干旱，怕涝，落叶	果紫红色或黄白色，8～9月；攀援棚架、栅篱等	华北，西北，长江流域
8	爬山虎	葡萄科	15m、叶掌状3裂	耐荫，耐寒，适应性强，落叶	秋叶红、橙色；攀援墙面、山石、树干等	东北南部至华南
9	薜荔	桑科	叶互生，椭圆形	耐荫，喜温暖气候，不耐寒，常绿	绿叶长青；攀援山石、墙垣、树干等	长江流域及其以南地区

（续）

序号	中名	科名	株高（m）及叶形	习性	观赏特性及园林用途	适用地区
10	叶子花	紫茉莉科	枝有刺，叶卵形	阳性，喜暖热气候，不耐寒，常绿	花红、紫色，6～12月；攀援山石、园墙、廊柱	华南，西南
11	金银花	忍冬科	9m、叶卵形或椭圆状卵形	喜光，也耐荫，耐寒，半常绿	花黄、白色，芳香，5～7月；攀援小型棚架	华北至华南、西南
12	凌霄	紫葳科	9m、羽状复叶，小叶7～9枚，卵形	中性，喜温暖，稍耐寒，落叶	花橘红、红色，7～8月；攀援墙垣、山石	华北及其以南各地
13	美国凌霄	紫葳科	10m、羽状复叶，小叶7～13枚，卵形	中性，喜温暖，耐寒，落叶	花橘红色，7～8月；攀援墙垣、山石、棚架	华北及其以南各地

八、观赏竹类

序号	中名	科名	株高（m）及叶形	习性	观赏特性及园林用途	适用地区
1	毛竹	禾本科	10～25m、径12～20cm，叶较小	阳性，喜温暖湿润气候，不耐寒	秆散生，高大；庭园观赏，风景林	长江以南地区
2	桂竹	禾本科	10～20m、径8～10cm，小枝2～3叶	阳性，喜温暖湿润气候，耐寒	秆散生；庭园观赏（斑竹为其变种）	华北南部至长江流域
3	斑竹	禾本科	10～20m、小枝2～3叶，披针形	阳性，喜温暖湿润气候，稍耐寒	秆散生，竹秆有紫褐色斑；庭园观赏	华北南部至长江流域
4	孝顺竹	禾本科	2～3m、径1～3cm，小枝5～6叶	中性，喜温暖湿润气候，不耐寒	秆丛生，枝叶秀丽；庭园观赏	长江以南地区
5	花孝顺竹	禾本科	2～3m、径1～3cm，小枝5～6叶	中性，喜温暖湿润气候，不耐寒	秆金黄色，具绿色纵条纹；庭园观赏	长江以南地区
6	凤尾竹	禾本科	1m、径<1cm，叶羽状排列	中性，喜温暖湿润气候，不耐寒	秆丛生，枝叶细密秀丽；庭园观赏，篱植	长江以南地区
7	慈竹	禾本科	5～8m、径2～4cm，小枝叶几至十几枚	阳性，喜温湿气候及肥沃疏松土壤	秆丛生，枝叶茂盛；庭园观赏，防风、护堤林	华中，西南
8	麻竹	禾本科	10～20m、径10～30cm，叶宽大	阳性，喜温暖湿润气候，稍耐寒	粗大劲直，笋味美；庭园观赏，防风林	华北南部至长江流域
9	刚竹	禾本科	8～12m、径3～4cm	阳性，喜温暖湿润气候，稍耐寒	枝叶青翠，庭园观赏	华北南部至长江流域
10	罗汉竹	禾本科	5～8m、叶狭披针形	阳性，喜温暖湿润气候，稍耐寒	竹秆下部节环交互歪斜；庭园观赏	华北南部至长江流域
11	紫竹	禾本科	3～5m、径2～4cm，叶披针形	阳性，喜温暖湿润气候，稍耐寒	竹秆紫黑色；庭园观赏	华北南部至长江流域
12	淡竹	禾本科	7～15m、径3～7cm	阳性，喜温暖湿润气候，稍耐寒	秆灰绿色；庭园观赏	长江流域及其以南地区
13	佛肚竹	禾本科	2～7m、小枝具叶7～13枚	阳性，喜温暖湿润气候，稍耐寒	畸性秆上细下大似瓶状；庭园观赏，盆栽	长江流域及其以南地区
14	黄金间碧竹	禾本科	6～15m、径2～4cm，鲜黄色，间绿色纵条纹	阳性，喜温暖湿润气候，稍耐寒	庭园观赏，盆栽	长江流域及其以南地区

九、一、二年生草本花卉

序号	中名	科名	株高（m）	习　性	观赏特性及园林用途	适用地区
1	扫帚草	藜科	1～1.5m	阳性，耐干旱瘠薄，不耐寒	株丛圆整翠绿；自然丛植，花坛中心，绿篱	全国各地
2	五色苋	苋科	0.4～0.5m	阳性，喜暖畏寒，宜高燥，耐修剪	株丛紧密，叶小，叶色美丽；毛毡花坛材料	全国各地
3	三色苋	苋科	1～1.4m	阳性，喜高燥，忌湿热积水	秋天梢叶艳丽；丛植，花境背景，基础栽植	全国各地
4	鸡冠花	苋科	0.2～0.6m	阳性，喜干热，不耐寒，宜肥忌涝	花色多，8～10月；宜花坛，盆栽，干花	全国各地
5	凤尾鸡冠	苋科	0.6～1.5m	阳性，喜干热，不耐寒，宜肥忌涝	花色多，8～10月；宜花坛，盆栽，干花	全国各地
6	千日红	苋科	0.4～0.6m	阳性，喜干热，不耐寒	花色多，6～10月；宜花坛，盆栽，干花	全国各地
7	紫茉莉	紫茉莉科	0.8～1.2m	喜温暖向阳，不耐寒，直根性	花色丰富，芳香，夏至秋；林缘草坪边，庭院	全国各地
8	半支莲	马齿苋科	0.15～0.2m	喜暖畏寒，耐干旱瘠薄	花色丰富，6～8月；宜花坛镶边，盆栽	全国各地
9	须苞石竹	石竹科	0.6m	阳性，耐寒喜肥，要求通风好	花色变化丰富，5～10月；花坛，花境，切花	全国各地
10	锦团石竹	石竹科	0.2～0.3m	阳性，耐寒喜肥，要求通风好	花色变化丰富，5～10月；宜花坛，岩石园	全国各地
11	飞燕草	毛茛科	0.3～1.2m	阳性，喜高燥凉爽，忌涝，直根性	花色多，5～6月；花序长；宜花带，切花	全国各地
12	虞美人	罂粟科	0.3～0.6m	阳性，喜干燥，忌湿热，直根性	艳丽多彩，6月；宜花坛，花丛，花群	全国各地
13	凤仙花	凤仙花科	0.3～0.8m	阳性，喜暖畏寒，宜疏松肥沃土壤	花色多，6～7月；宜花坛，花筒，盆栽	全国各地
14	三色堇	堇菜科	0.15～0.3m	阳性，稍耐半荫，耐寒，喜凉爽	花色丰富艳丽，4～6月；花坛，花径，镶边	全国各地
15	大花牵牛	旋花科	3m	阳性，不耐寒，较耐旱，直根蔓性	花色丰富，6～10月；棚架，篱垣，盆栽	全国各地
16	羽叶茑萝	旋花科	6～7m	阳性，喜温暖，直根蔓性	花红、粉、白色，夏秋；宜矮篱，棚架，地被	全国各地
17	福禄考	花葱科	0.15～0.4m	阳性，喜凉爽，耐寒力弱，忌碱涝	花色繁多，5～7月；宜花坛，岩石园，镶边	全国各地

（续）

序号	中名	科名	株高（m）	习　　性	观赏特性及园林用途	适用地区
18	美女樱	马鞭草科	0.3~0.5m	阳性，喜湿润肥沃，稍耐寒	花色丰富，铺覆地面，6~9月；宜花坛，地被	全国各地
19	醉蝶花	白花菜科	1m	喜肥沃向阳，耐半荫，宜直播	花粉繁、白色，6~9月；宜花坛，丛植，切花	全国各地
20	羽衣甘蓝	十字花科	0.3~0.4m	阳性，耐寒，喜肥沃，宜凉爽	叶色美；宜凉爽季节花坛，盆栽	全国各地
21	香雪球	十字花科	0.15~0.3m	阳性，喜凉忌热，稍耐寒耐旱	花白色或紫色，6~10月；宜花坛，岩石园	全国各地
22	紫罗兰	十字花科	0.2~0.8m	阳性，喜冷凉肥沃，忌燥热	花色丰富，芳香，5月；宜花坛，切花	全国各地
23	一串红高型	唇形科	0.7~1m	阳性，稍耐半荫，不耐寒，喜肥沃	花红色或白、紫色，7~10月；宜花坛，盆栽	全国各地
24	一串红矮型	唇形科	0.3m以下	阳性，稍耐半荫，不耐寒，喜肥沃	花红色，7~10月；宜花坛，花带，盆栽	全国各地
25	矮牵牛	茄科	0.2~0.6m	阳性，喜温暖干燥，畏寒，忌涝	花大色繁，6~9月；宜花坛，自然布置，盆栽	全国各地
26	金鱼草	玄参科	0.12~1.2m	阳性，较耐寒，宜凉爽，喜肥沃	花色丰富艳丽，花期长；宜花坛，切花，镶边	全国各地
27	雏菊	菊科	0.07~0.15m	阳性，较耐寒，宜冷凉气候	花白、粉、紫色，4~6月；宜花坛镶边，盆栽	全国各地
28	金盏菊	菊科	0.3~0.6m	阳性，较耐寒，宜凉爽	花黄至橙色，4~6月；宜春花坛，盆栽	全国各地
29	翠菊	菊科	0.2~0.8m	阳性，喜肥沃湿润，忌连作和水涝	花色丰富，6~10月；宜各种布置和切花	全国各地
30	矢车菊	菊科	0.2~0.8m	阳性，好冷凉，忌炎热，直根性	花色多，5~6月；宜花坛，切花，盆栽	全国各地
31	蛇目菊	菊科	0.6~0.8m	阳性，耐寒，喜冷凉	花黄、红褐色，7~10月；宜花坛，地被	全国各地
32	波斯菊	菊科	1~2m	阳性，耐干燥瘠薄，肥水多易倒伏	花色多，6~10月；宜花群，花篱，地被	全国各地
33	万寿菊	菊科	0.2~0.9m	阳性，喜温暖，抗早霜，抗逆性强	花黄、橙色，7~9月；宜花坛，篱垣，花丛	全国各地
34	孔雀草	菊科	0.15~0.4m	阳性，喜温暖，抗早霜，耐移植	花黄带褐斑，7~9月；宜花坛，镶边，地被	全国各地
35	百日草	菊科	0.2~0.9m	阳性，喜肥沃，排水好土壤	花大色艳，6~7月；宜花坛，丛植，切花	全国各地

十、宿根花卉

序号	中名	科名	株高（m）	习性	观赏特性及园林用途	适用地区
1	芍药	毛茛科	1～1.4m	阳性，耐寒、喜深厚肥沃砂质土	花色丰富，5月；宜专类园，花境，群植，切花	全国各地
2	蜀葵	锦葵科	2～3m	阳性，耐寒，宜肥沃、排水良好土壤	花色多，6～8月；宜花坛，花境，花带背景	全国各地
3	桔梗	桔梗科	0.3～1m	阳性，喜凉爽湿润，排水良好土壤	花蓝色、白色，6～9月；宜花坛，花境，岩石园	全国各地
4	菊花	菊科	0.6～1.5m	阳性，多短日性，喜肥沃湿润土壤	花色繁多，10～11月；宜花坛，花境，盆栽	全国各地
5	萱草	百合科	0.3～0.8m	阳性，耐半荫，耐寒，适应性强	花艳叶秀，6～8月；宜丛植，花境，疏林地被	我国大部地区
6	玉簪	百合科	0.75m	喜阴耐寒，宜湿润，排水好土壤	花白色，芳香，6～8月；宜林下地被	全国各地
7	阔叶麦冬	百合科	0.3m	喜阴湿温暖，常绿性	株丛低矮；宜地被，花坛，花境边缘，盆栽	我国中部及南部
8	沿阶草	百合科	0.3m	喜阴湿温暖，常绿性	株丛低矮；宜地被，花坛，花境边缘，盆栽	我国中部及南部
9	德国鸢尾	鸢尾科	0.6～0.9m	阳性，耐寒，喜湿润而排水好土壤	花色丰富，5～6月；宜花坛，花境，切花	全国各地
10	鸢尾	鸢尾科	0.3～0.6m	阳性，耐寒，喜湿润而排水好土壤	花蓝紫色，3～5月；宜花坛，花境，丛植	全国各地

十一、球根花卉

序号	中名	科名	株高（m）	习性	观赏特性及园林用途	适用地区
1	花毛茛	毛茛科	0.2～0.4m	阳性，喜凉忌热，宜肥沃而排水好土壤	花色丰富，5～6月；宜丛植，切花	华东，华中，西南
2	大丽花	菊科	0.3～1.2m	阳性，畏寒惧热，宜高燥凉爽	花形，花色丰富，夏秋；宜花坛，花境，切花	全国各地
3	葡萄风信子	百合科	0.1～0.3m	耐半阴，喜肥沃湿润，凉爽，排水好土壤	株矮，花蓝色，春花；宜疏林地被，丛植，切花	华北，华东
4	郁金香	百合科	0.2～0.4m	阳性，宜凉爽湿润，喜疏松、肥沃土壤	花大，艳丽多彩，春花；宜花境，花坛，切花	全国各地
5	晚香玉	石蒜科	1～1.2m	阳性，喜温暖湿润，肥沃土壤，忌积水	花白色，芳香，7～9月；宜切花，夜花园，	全国各地
6	葱兰	石蒜科	0.15～0.2m	阳性，耐半荫，宜肥沃而排水好土壤	花白色，夏秋；花坛镶边，宜疏林地被，花径	全国各地

（续）

序号	中名	科名	株高（m）	习　性	观赏特性及园林用途	适用地区
7	唐菖蒲	鸢尾科	1～1.4m	阳性，喜通风好，忌闷热湿冷	花色丰富，夏秋；宜切花，花坛，盆栽	全国各地
8	西班牙鸢尾	鸢尾科	0.45～0.6m	阳性，稍耐荫，喜凉忌热，宜排水好土壤	花色丰富，春花；宜花坛，花境，丛植，切花	华东，华北（稍保护）
9	美人蕉	美人蕉科	0.8～2m	阳性，喜温暖湿润，肥沃而排水好土壤	花色变化丰富，夏秋；宜花坛，列植，花坛中心	全国各地
10	荷花	睡莲科	1.8～2.5m	阳性，耐寒，喜湿暖而多有机质土壤	花色多，6～9月；宜美化水面，盆栽或切花	全国各地
11	白睡莲	睡莲科	浮水面	阳性，喜温暖通风之静水，宜肥土	花白色或黄色，粉色，6～8月；宜美化水面	全国各地
12	睡莲	睡莲科	浮水面	阳性，宜温暖通风之静水，喜肥土	花白色，6～8月；宜水面点缀，盆栽或切花	全国各地
13	千屈菜	千屈菜科	0.8～1.2m	阳性，耐寒，通风好，浅水或地植	花玫红色，7～9月；宜花境，浅滩，沼泽地被	全国各地
14	水葱	莎草科	1～2m	阳性，夏宜半荫，喜湿润凉爽通风	株丛挺立；宜美化水面，岸边，也可盆栽	全国各地
15	凤眼莲	雨久花科	0.2～0.3m	阳性，宜温暖而富有机质的静水	花叶均美，7～9月；宜美化水面，盆栽，切花	全国各地

十二、草坪地被植物

序号	中名	科名	株高（m）	习　性	观赏特性及园林用途	适用地区
1	二月兰	十字花科	0.1～0.5m	宜半荫，耐寒，喜湿润	花淡蓝紫色，春夏；宜疏林地被，林缘绿化	东北南部至华东
2	白三叶	豆科	0.3～0.6m	耐半荫，耐寒，耐干旱，酸土，喜温湿	花白色，6月；宜地被	东北，华北至西南
3	剪股颖	禾本科	0.3～0.6m	稍耐荫，耐寒，喜湿润肥沃土壤，忌旱碱	绿色期长；宜为潮湿地区或疏林下草坪	华北，华东，华中
4	地毯草	禾本科	0.15～0.5m	阳性，要求温暖湿润，侵占力强	宽叶低矮；宜庭园，运动场，固土护坡草坪	华南
5	野牛草	禾本科	0.05～0.25m	阳性，耐寒，耐干旱瘠薄，不耐湿	叶细，色灰绿；为北方应用最多的草坪	我国北方广大地区
6	狗牙根	禾本科	0.1～0.4m	阳性，喜湿耐热，不耐荫，蔓延快	叶绿低矮；宜游憩、运动场草坪	华东以南温暖地区
7	草地早熟禾	禾本科	0.5～0.8m	喜光也耐荫，宜温湿，忌干热，耐寒	绿色期长；宜为潮湿地区草坪	华北，华东，华中

（续）

序号	中名	科名	株高（m）	习 性	观赏特性及园林用途	适用地区
8	结缕草	禾本科	0.15m	阳性，耐热、寒、旱，耐践踏	叶宽硬；宜游憩、运动场、高尔夫球场草坪	东北，华北，华南
9	细叶结缕草	禾本科	0.1~0.15m	阳性，耐湿，不耐寒，耐践踏	叶极细，低矮；宜观赏、游憩，固土护坡草坪	长江流域及其以南地区
10	羊胡子草	莎草科	0.05~0.4m	稍耐荫，耐寒，耐干旱瘠薄，耐践踏	叶鲜绿；宜观赏或人流少的庭园草坪	我国北方广大地区

十三、其他草本花卉

序号	中名	科 属	类别	枝叶特征	花	用 途
1	蜘蛛抱蛋	百合科、蜘蛛抱蛋属	常绿宿根	叶单生，矩圆状披针形，耐荫性强	4~5月，紫色	地被，切叶
2	金心吊兰	百合科、吊兰属	常绿宿根	肉质根白色，叶条形；喜半荫，较耐寒	白色	地被，盆栽
3	天门冬	百合科、天门冬属	常绿宿根	具块根，叶鳞片状；耐荫	花白，淡红色，香	盆栽，切叶
4	麦冬	百合科、沿阶草属	常绿宿根	具纺锤状肉质根，叶线形；管理粗放，喜半荫	5~8月，白或淡紫色	路边，地被
5	吉祥草	百合科、吉祥草属	常绿宿根	根茎匍匐，叶条形；喜半荫	花小，粉红色	地被
6	斑叶石菖蒲	天南星科、菖蒲属	多年生草本	根、茎、叶有香味，叶剑形，具乳白色纵条纹；喜阴湿	4~5月，肉穗花序，黄绿色	地被
7	马蹄莲	天南星科、马蹄莲属	球根花卉	地下具块茎，叶剑形，喜光耐荫，喜湿	花白色	盆栽，切花，湿地
8	石菖蒲	天南星科、菖蒲属	常绿宿根	全株具香气，叶剑状条形；喜阴湿	4~5月，肉穗花序，黄绿色	盆栽，地被
9	菖蒲	天南星科、菖蒲属	常绿宿根	全株具香气，叶剑状条形；喜阴湿，耐寒	4~5月，肉穗花序，淡黄色，香	水养，地被
10	金线石菖蒲	天南星科、菖蒲属	常绿宿根	植株矮小，叶细小有黄色条纹；喜阴湿	3~4月，肉穗花序，黄色	盆栽，地被
11	姜花	姜科、姜花属	多年生草本	叶大、长椭圆形忌霜冻，稍耐荫	花期秋季，白色，极香	群植，切花
12	白花鸢尾	鸢尾科、鸢尾属	球根花卉	地下具根茎，叶剑形；喜光，耐干旱	4~5月，白色	地被
13	黄菖蒲	鸢尾科、鸢尾属	球根花卉	叶剑形；喜水湿也耐干旱	5~6月，花黄色	水湿地
14	红叶甜菜	藜科、甜菜属	二年生草本	叶菱形，紫红色；喜光，好肥，耐寒	3~4月，全绿、深红或红褐色	盆栽，花坛

（续）

序号	中名	科　属	类别	枝叶特征	花	用　途
15	一串红	唇形科、鼠尾草属	多年生作一年生栽培	茎有四棱，叶对生，卵形；喜阳耐半荫，忌霜	7~10月，红、粉、紫、蓝、白色	盆栽，花坛
16	瓜叶菊	菊科，瓜叶菊属	二年生草本	全株被毛，叶三角状心形；喜温暖湿润，不耐高温，怕霜冻	2~4月，紫红、蓝、白色	盆栽，花坛
17	报春花	报春花科、报春花属	多年生作一、二年生栽培	种类多，叶基生；喜冷凉湿润，不耐高温和强光	2~4月，伞形、总状、头状花序	盆栽
18	芦苇	禾本科、芦苇属	宿根草本	具根茎，高2~5m，叶线形，长50cm，宽2.5cm；喜光，喜湿润，抗干旱	夏末，圆锥花序	水边成片种植
19	风车草	莎草科、莎草属	常绿宿根	叶大而窄，聚生茎顶成伞状；耐荫，喜潮湿	7月，花淡紫色	盆栽，水边
20	紫叶草	鸭趾草科、紫竹梅属	常绿宿根	全株紫红色，叶披针形；喜半荫	5~9月，花紫红色	地被，盆栽
21	白花三叶草	豆科、车轴草属	常绿宿根	匍匐茎，小叶3枚，椭圆形，有V形叶斑；喜光，耐热，耐寒，可刈剪	4~6月，头状花序，暗红色；秋播为主	阳性地被
22	红花三叶草	豆科、车轴草属	常绿宿根	植株多分枝，丛生，小叶3枚，椭圆形；耐阴湿，夏季适当灌溉	4~6月，总状花序，白色；秋播为主	地被
23	红花酢浆草	酢浆草科、酢浆草属	常绿宿根	具根茎，小叶3枚，倒心脏形；喜荫蔽、湿润	4~11月，伞形花序，淡红色	疏林，林缘观花地被，盆栽
24	肾蕨	骨碎补科、肾蕨属	多年生草本	具根茎，叶羽状深裂，密集丛生；喜半荫，耐寒		盆栽，插花配叶，地被
25	蕨	蕨科、蕨属	多年生落叶草本	高可达1m，根状茎黑色，三回羽叶；喜阳，耐旱，耐水湿		疏林下层

参 考 文 献

［1］李玉舒．园林植物基础［M］．北京：机械工业出版社，2012．

［2］夏振平．园林植物栽培与养护［M］．北京：中国农业大学出版社，2010．

［3］罗镢．园林植物栽培养护［M］．重庆：重庆大学出版社，2006．

［4］苏振保．园林植物栽培与养护［M］．北京：中国科学技术出版社，2003．

［5］刘燕．园林花卉学［M］．2版．北京：中国林业出版社2009．

［6］祝遵凌，王瑞辉．园林花卉栽培养护［M］．北京：中国林业出版社，2005．

［7］张天麟．园林树木1200种［M］．北京：中国建筑工业出版社，2005．

［8］关雪莲．植物学实验指导［M］．北京．中国农业大学出版社，2002．

［9］吴丁丁．园林植物栽培与养护［M］．北京．中国农业大学出版社，2007．

［10］廖飞勇．事妮，等．植物景观设计［M］．北京．化学工业出版社，2012．

［11］孙吉雄．草坪学［M］．北京：2版．中国农业出版社，2003．

［12］孙吉雄．草坪技术指南［M］．北京：科学技术文献出版社，2000．

［13］李善林，刘德荣，韩烈刚．草坪杂草［M］．北京：中国林业出版社，1999．

［14］韩烈保，扬碚，邓菊芬．草坪草种及其品种［M］．北京：中国林业出版社，1999．

［15］刘自学．草皮生产技术［M］．北京：中国林业出版社，2000．

［16］杨秀珍．园林草坪与地被［M］．北京：中国林业出版社，2010．

［17］孙本信，尹公，张绵．草坪植物种植技术［M］．北京：中国林业出版社，2000．

［18］陈志明．草坪建植与养护［M］．北京：中国林业出版社，2003．

［19］孙晓刚．草坪建植与养护［M］．北京：中国农业出版社，2002．

［20］鲁朝辉．草坪建植与养护［M］．重庆：重庆出版社，2008．

［21］刘南清，周兴元．草坪建植与养护［M］．北京：中国林业出版社，2015．

［22］胡中华．草坪与地被植物［M］．北京：中国林业出版社，2000．

［23］赵美琦，孙彦，张青文．草坪养护技术［M］．北京：中国农业出版社，2000．

［24］韩烈保，丁波．运动场草坪［M］．北京：中国林业出版社，1999．

［25］杰弗 斯蒂宾斯．草坪建植与养护彩色图说［M］．王彩云，译．北京：中国农业出版社，2002．

教材使用调查问卷

尊敬的教师：

您好！欢迎您使用机械工业出版社出版的"高职高专园林专业系列规划教材"，为了进一步提高我社教材的出版质量，更好地为我国教育发展服务，欢迎您对我社的教材多提宝贵的意见和建议。敬请您留下您的联系方式，我们将向您提供周到的服务，向您赠阅我们最新出版的教学用书、电子教案及相关图书资料。

本调查问卷复印有效，请您通过以下方式返回：

邮寄：北京市西城区百万庄大街 22 号机械工业出版社建筑分社（100037）

　　　时　颂　（收）

传真：010-68994437（时颂收）　　　E-mail：2019273424@ qq.com

一、基本信息

姓名：_____ 职称：_____ 职务：_____

所在单位：_____

任教课程：_____

邮编：_____ 地址：_____

电话：_____ 电子邮件：_____

二、关于教材

1. 贵校开设土建类哪些专业？

☐建筑工程技术　　　☐建筑装饰工程技术　　　☐工程监理　　　☐工程造价

☐房地产经营与估价　☐物业管理　　　　　　　☐市政工程　　　☐园林景观

2. 您使用的教学手段：　☐传统板书　　☐多媒体教学　　☐网络教学

3. 您认为还应开发哪些教材或教辅用书？_____

4. 您是否愿意参与教材编写？希望参与哪些教材的编写？

　课程名称：_____

　形式：　☐纸质教材　　☐实训教材（习题集）　　☐多媒体课件

5. 您选用教材比较看重以下哪些内容？

☐作者背景　　☐教材内容及形式　　☐有案例教学　　☐配有多媒体课件

☐其他

三、您对本书的意见和建议（欢迎您指出本书的疏误之处）_____

_____

_____

_____

四、您对我们的其他意见和建议_____

_____

_____

_____

请与我们联系：

100037　北京百万庄大街 22 号

机械工业出版社·建筑分社　时颂　收

Tel：010-88379010（O），6899 4437（Fax）

E-mail：2019273424@ qq.com

http：//www.cmpedu.com（机械工业出版社·教材服务网）

http：//www.cmpbook.com（机械工业出版社·门户网）

http：//www.golden-book.com（中国科技金书网·机械工业出版社旗下网站）